Nelson J. G. Fonseca

Systèmes micro-ondes d'alimentation d'antennes réseaux multifaisceaux

AF272979

Nelson J. G. Fonseca

Systèmes micro-ondes d'alimentation d'antennes réseaux multifaisceaux

Étude comparative de circuits d'alimentation

Presses Académiques Francophones

Impressum / Mentions légales

Bibliografische Information der Deutschen Nationalbibliothek: Die Deutsche Nationalbibliothek verzeichnet diese Publikation in der Deutschen Nationalbibliografie; detaillierte bibliografische Daten sind im Internet über http://dnb.d-nb.de abrufbar.

Alle in diesem Buch genannten Marken und Produktnamen unterliegen warenzeichen-, marken- oder patentrechtlichem Schutz bzw. sind Warenzeichen oder eingetragene Warenzeichen der jeweiligen Inhaber. Die Wiedergabe von Marken, Produktnamen, Gebrauchsnamen, Handelsnamen, Warenbezeichnungen u.s.w. in diesem Werk berechtigt auch ohne besondere Kennzeichnung nicht zu der Annahme, dass solche Namen im Sinne der Warenzeichen- und Markenschutzgesetzgebung als frei zu betrachten wären und daher von jedermann benutzt werden dürften.

Information bibliographique publiée par la Deutsche Nationalbibliothek: La Deutsche Nationalbibliothek inscrit cette publication à la Deutsche Nationalbibliografie; des données bibliographiques détaillées sont disponibles sur internet à l'adresse http://dnb.d-nb.de.

Toutes marques et noms de produits mentionnés dans ce livre demeurent sous la protection des marques, des marques déposées et des brevets, et sont des marques ou des marques déposées de leurs détenteurs respectifs. L'utilisation des marques, noms de produits, noms communs, noms commerciaux, descriptions de produits, etc, même sans qu'ils soient mentionnés de façon particulière dans ce livre ne signifie en aucune façon que ces noms peuvent être utilisés sans restriction à l'égard de la législation pour la protection des marques et des marques déposées et pourraient donc être utilisés par quiconque.

Coverbild / Photo de couverture: www.ingimage.com

Verlag / Editeur:
Presses Académiques Francophones
ist ein Imprint der / est une marque déposée de
OmniScriptum GmbH & Co. KG
Heinrich-Böcking-Str. 6-8, 66121 Saarbrücken, Deutschland / Allemagne
Email: info@presses-academiques.com

Herstellung: siehe letzte Seite /
Impression: voir la dernière page
ISBN: 978-3-8381-4578-5

Zugl. / Agréé par: Toulouse, Université de Toulouse - Institut National Polytechnique de Toulouse, 2010

Remerciements

Compte tenu du format un peu particulier de ma thèse de doctorat, qui regroupe les résultats de travaux réalisés dans le cadre de mon poste d'ingénieur antennes au CNES, je me dois de remercier tout d'abord l'école doctorale GEET et plus particulièrement son directeur, le professeur Jacques Graffeuil, pour avoir accepté de m'accorder les dérogations nécessaires à la valorisation de ces activités de recherche sous cette forme. Sans nuls doutes, cet aboutissement viendra valoriser mon profil d'ingénieur chercheur et j'espère que mes activités futures sauront en retour faire honneur à l'excellence de cette formation et plus particulièrement de son personnel encadrant.

J'en viens donc naturellement à remercier le professeur Hervé Aubert, qui a su éveiller mon intérêt pour les thématiques liées à l'électromagnétisme et la conception d'antennes en particuliers au travers de ses cours très pédagogiques et ses travaux particulièrement intéressants sur les antennes fractales. Son soutien très appuyé dans mes démarches pour défendre cette thèse a également été très apprécié, ainsi que la confiance mutuelle qui s'est forgée au court des nombreuses activités de recherche menées ensemble. Je remercie enfin le professeur Hervé Aubert d'avoir accepté d'être directeur de cette thèse un peu particulière. Au même titre, je remercie le professeur Ke Wu d'avoir accepté de figurer comme co-directeur de cette thèse. Son apport sur la technologie SIW a été particulièrement apprécié sur la thématique des matrices multifaisceaux.

Je remercie également les personnes qui ont su guider mon attention vers la thématique des antennes spatiales et plus particulièrement des antennes réseaux dans le cadre de ma formation précédente, nommément le professeur Jean-Jacques Laurin et le docteur Luis Martins Camelo.

Je remercie également ceux qui m'ont fait confiance dans mon parcours professionnel et notamment Philippe Lepeltier pour m'avoir proposé une première expérience professionnelle particulièrement enrichissante. Je suis également très reconnaissant à Frédéric Lemagner, et par son intermédiaire au CNES, pour m'avoir placé dès mon arrivée dans des conditions favorables pour pleinement exprimer ma créativité et mener à bien les activités qui me tenaient à cœur, et tout particulièrement celles que j'ai pu mener en interne et dont une bonne partie des résultats est présentée dans ce mémoire de thèse.

Je remercie encore tous ceux avec qui j'ai travaillé ces dernières années et notamment Ahmed Ali, Tarek Djerafi, Sami Hebib, Alexandru Takacs, Fabio Coccetti, Baptiste Palacin, Nicolas Ferrando, Jacques Sombrin, José Da Benta, Daniel Belot et Lise Féat. Cette liste n'est évidemment pas complète et je m'excuse auprès de tous ceux que je ne cite pas ici, mais qui ont aussi contribué directement ou indirectement à soutenir mes activités de recherche, notamment tous mes collègues du service antennes du CNES, Hubert, Isabelle, Thierry, Cécile, Karine, Anthony, Jean-Marc… et plus globalement de la sous-direction Radio-Fréquences, Caroline, Christine, Christophe, Luc, Daniel, Francis, Geoffrey, Laetitia... Je remercie également Romain Desplats, du service valorisation du CNES, pour m'avoir toujours soutenu dans les démarches relatives à la protection de la propriété intellectuelle.

Enfin, je remercie ma famille et plus particulièrement mes parents, mes amis et toutes ces personnes qui ont un jour croisé mon chemin et m'ont encouragé à toujours aller plus loin.

In memoriam **Luis Miguel Gonçalves Fonseca**

Ce qui est incompréhensible,
C'est que le monde soit compréhensible.

Albert Einstein

Table des matières

Liste des Figures

xvi

Liste des Tableaux

Introduction générale

Les premiers travaux sur la théorie des antennes réseaux datent très certainement du début du XXième siècle, mais les avancées les plus significatives ont été réalisées durant la Seconde Guerre Mondiale. Au début des années 60, un regain d'intérêt a été constaté pour ces solutions avec l'apparition de circuits d'alimentation multifaisceaux : ceux-ci offrent la possibilité de produire plusieurs faisceaux pointant dans des directions éventuellement différentes à partir d'une même ouverture rayonnante. Dans le cas d'un fonctionnement en émission, ces circuits sont caractérisés par plusieurs entrées, une par faisceau, et plusieurs sorties, chacune reliée à un élément rayonnant. L'application à l'origine de ces développements était principalement le radar à balayage électronique, obtenu par un multiplexage entre les différents faisceaux produits par l'antenne réseau.

Deux grandes familles de solutions sont apparues dans la littérature : celles à base de systèmes quasi-optiques ou lentilles et celles en structures guidées. Dans la première famille de solutions, nous trouvons les lentilles de Luneburg [1], de Rotman [2, 3], de Shelton [4], etc. Les deux premières lentilles mentionnées sont les plus utilisées dans le domaine spatial ou des télécommunications par satellite. Les lentilles de Luneburg sont constituées d'une sphère à gradient d'indice décroissant quadratiquement du centre de la sphère vers sa périphérie et permettent de focaliser une onde plane incidente en un point de la surface de la sphère. Cette solution a récemment été étudiée pour des antennes flexibles véhiculaires nécessitant des pointages de faisceaux à basse élévation car elle présente un encombrement réduit par rapport à des solutions plus standards (antennes réseaux, antennes à réflecteur, etc.). Pour obtenir un fonctionnement multifaisceaux, les lentilles de Luneburg doivent être associées à un réseau de sources distribuées sur la surface de la sphère [5-7]. Les lentilles de Rotman, ou Rotman-Turner, sont des lentilles planaires avec trois points focaux (un point central et deux points symétriques de part et d'autre du point central), permettant ainsi de réduire les aberrations de phase liées au dépointage des faisceaux. De nombreuses réalisations en structure pseudo-guidée sont présentées dans la littérature : le rayonnement est contraint entre deux plaques métalliques. Une telle réalisation est possible en technologie micro-ruban [8], mais aussi en guide d'onde et équivalents [9-11].

Dans le cadre de ces travaux, présentés dans le cadre d'une thèse de doctorat, nous nous sommes intéressés à la deuxième famille de solutions, à savoir les structures guidées. Le circuit ou matrice multifaisceaux le plus utilisé et certainement aussi le plus connu est la matrice de Butler [12], dont le concept a été introduit en 1961. En réalité, une autre matrice multifaisceaux, habituellement connue sous le nom de matrice de Blass, a été la première structure guidée multifaisceaux présentée dans la littérature [13], avec une première publication datant de 1960. Ces deux matrices font encore aujourd'hui l'objet de nombreux travaux et ce plus particulièrement avec l'essor récent et rapide des télécommunications. En effet, les antennes multifaisceaux apparaissent comme une solution pertinente pour augmenter la capacité d'un système de communication par multiplexage spatial (SDMA pour Space Division Multiple Access) : des utilisateurs dans des faisceaux différents peuvent utiliser simultanément le même système de communication. De plus, si la distance entre utilisateurs le permet, il est possible de réutiliser certaines ressources (canaux fréquentiels) dans des faisceaux suffisamment disjoints afin de limiter les interférences. L'intérêt de cette application est d'autant plus significatif dans le domaine des télécommunications spatiales où les ouvertures rayonnantes et les ressources (plan de fréquence) sont naturellement très limitées à bord d'un satellite. D'autres matrices multifaisceaux ont progressivement été introduites dans la littérature. En 1965, Nolen a proposé une matrice combinant certaines caractéristiques des matrices de Blass (topologie et flexibilité) et Butler (orthogonalité des lois d'alimentation et caractère sans pertes) [14]. Parallèlement, des structures multifaisceaux non-orthogonales ont été développées afin de permettre une flexibilité plus importante par un contrôle éventuel des lois d'alimentation réalisées et par voie de conséquence des diagrammes de rayonnement. Une solution encore très utilisée est celle décrite dans [15], qui a la particularité d'être composée de sous-systèmes parallèles (circuits d'alimentation 'en chandelier') permettant un contrôle indépendant en amplitude et phase des lois d'alimentation de chaque faisceau produit. Plus récemment, une autre topologie de formateur de faisceaux à lois de phase uniformes, appelée C-BFN pour Coherently Radiating Periodic Structure Beam Forming Network, a été proposée pour produire des lois d'alimentation à distribution d'amplitude gaussienne [16].

Cette liste, qui n'est évidemment pas exhaustive (d'autres structures et une bibliographie plus étoffée sont données par exemple dans [17]), correspond à l'ensemble des structures que nous avons approfondi dans le cadre de cette thèse. Nous avons en effet constaté que ces différents circuits étaient documentés de façon très inégale. De nombreux travaux traitent par exemple des matrices de Butler, mais très peu s'intéressent aux matrices de Nolen. Egalement, certaines informations pourtant importantes pour un dimensionnement éclairé des C-BFN ne sont pas disponibles dans la littérature. Les travaux présentés dans ce mémoire se proposent donc de combler certaines lacunes identifiées sur la thématique des matrices multifaisceaux. Plus précisément, une méthode de dimensionnement des matrices de Nolen, reposant sur un algorithme de conception des matrices de Blass, est proposée et validée expérimentalement. Une étude poussée des caractéristiques de cette matrice est également réalisée, et une comparaison est faite avec les matrices de Butler. Les travaux menés dans le cadre de cette thèse ont également été l'occasion de mieux comprendre le fonctionnement et les limites des C-BFN, notamment au niveau des pertes introduites, et de proposer un mode de dimensionnement matriciel de ces structures pour des applications mono et multifaisceaux. Une fois ce concept assimilé et maîtrisé, nous avons pu proposer et valider une évolution originale des C-BFN particulièrement adaptée à des antennes réseaux circulaires. Nous pourrions regrouper l'ensemble des circuits multifaisceaux étudiés en deux catégories : les circuits sans pertes (Nolen et Butler) et les circuits à pertes (Blass, C-BFN). Cette distinction est également liée en partie aux types de lois d'alimentation accessibles pour chacune de ces catégories, la flexibilité sur ces lois d'alimentation se faisant bien souvent au détriment des pertes intrinsèques de la structure.

Ce rapport de thèse est organisé comme suit. Le premier chapitre est consacré aux rappels théoriques utiles à la fois sur les réseaux rayonnants, qu'ils soient linéaires, planaires ou circulaires, et sur la définition de l'orthogonalité tant au niveau des matrices que des faisceaux produits par l'association d'une antenne réseau et d'une matrice multifaisceaux. Le second chapitre aborde le dimensionnement des matrices de Blass. Ce chapitre est bref car cette matrice est relativement bien documentée dans la littérature, mais il s'agit d'un point de départ important pour la compréhension et le dimensionnement des matrices de Nolen. Nous présentons donc le principe de la matrice de Blass, ainsi qu'une méthode de dimensionnement pour des applications nécessitant plus de deux faisceaux. Le troisième chapitre est dédié aux matrices orthogonales et plus particulièrement la matrice de Nolen. Nous commençons néanmoins par un bref rappel des caractéristiques et du mode de conception des matrices de Butler. Puis nous présentons une méthode originale de dimensionnement des matrices de Nolen s'appuyant sur l'analogie structurelle avec les matrices de Blass. Cette méthode de conception est validée par une réalisation et une caractérisation expérimentale, bénéficiant de coupleurs hybrides circulaires particulièrement adaptés à la topologie spécifique des matrices de Nolen et permettant ainsi une réalisation planaire relativement compacte. Ce chapitre se termine par une brève description des activités qui ont résulté de celles effectuées dans le cadre de cette thèse, et plus particulièrement l'utilisation d'une nouvelle technologie pour la réalisation de matrices orthogonales : le Guide d'onde Intégré au Substrat (GIS). Le quatrième chapitre adresse les matrices à lois de phase uniformes. Nous commençons par une description rapide de la structure proposée par Kadak [15], car celle-ci est bien connue et relativement simple dans son principe de fonctionnement. Les solutions de circuits d'alimentation multifaisceaux habituellement utilisées pour les applications spatiales sont dérivées de ce concept dans le cas d'antennes réseaux à rayonnement direct. Nous nous attardons ensuite sur le concept des C-BFN et plus précisément l'évaluation de l'efficacité de ces structures en fonction des modes de réalisation. Nous proposons une formulation matricielle relativement simple permettant un dimensionnement rapide et maîtrisé de ce type de structures. Nous proposons ensuite une évolution originale de ce concept, mieux adaptée à l'alimentation de réseaux circulaires pour applications multifaisceaux. Enfin, nous concluons ce rapport de thèse en mettant en avant les avantages et inconvénients de chacune des structures étudiées et en identifiant les domaines d'applications respectifs.

Certains dimensionnements de matrices présentés dans ce rapport, notamment ceux validant la formulation théorique proposée et l'efficacité des C-BFN, ont été optimisés par N. Ferrando dans le cadre de son stage au CNES. Les mesures associées à ces matrices ont été réalisées par M. Romier, D. Belot et L. Féat. Leurs contributions respectives sont clairement identifiées dans ce rapport. Par ailleurs, ce rapport est organisé afin de présenter une synthèse cohérente sur l'ensemble des structures analysées, nécessitant d'associer régulièrement nos contributions à l'état de l'art. Pour éviter toute confusion sur nos contributions, toute information issue de la littérature ouverte est clairement référencée. Enfin, il a été fait le choix dans ce rapport de comparer entre elles des structures d'alimentation présentant des caractéristiques similaires. Ces matrices sont étudiées pour leurs caractéristiques intrinsèques. Néanmoins, pour illustrer l'intérêt au niveau antenne des structures étudiées, nous avons parfois associé ces structures d'alimentation à une antenne réseau à rayonnement direct. Cela n'exclut toutefois pas l'utilisation des structures étudiées pour alimenter des réseaux focaux dans des architectures d'antennes à réflecteurs. Des recommandations sur le type d'architecture à privilégier au niveau antenne sont données pour certains des réseaux d'alimentation étudiés lorsque les informations recueillies permettent un avis tranché. Lorsque nous l'avons jugé pertinent, nous avons distingué les fonctionnements en émission et en réception, pour détailler la manière dont est distribuée l'énergie dans les deux cas. Ces modes de fonctionnement sont associés au bilan de liaison entre l'antenne étudiée et une antenne de référence ponctuelle, isotrope et infiniment éloignée. Certaines matrices étudiées peuvent également être utilisées dans les systèmes à amplification distribuée. Cette application spécifique est précisée dans le chapitre approprié.

Nous espérons que l'ensemble des informations regroupées dans ce rapport de thèse sera particulièrement utile à un concepteur qui cherche à identifier rapidement la matrice multifaisceaux la mieux adaptée à un besoin donné.

Chapitre I - <u>Rappels sur les antennes réseaux</u>

I. 1 Introduction

Pour faciliter la lecture du présent rapport, nous avons jugé utile de commencer celui-ci par quelques rappels théoriques sur les antennes réseaux et les notions d'orthogonalité de matrices et de faisceaux, rappels plus ou moins détaillés en fonction de l'utilité que nous en aurons dans la suite de ce rapport. Par défaut, les éléments rayonnants ou sources élémentaires sont supposés ponctuels, confondus avec leur centre de phase et isotropes. Des précisions sont systématiquement apportées lorsque d'autres hypothèses sont prises en compte dans certains développements ou résultats. Pour les grandeurs électriques, nous retenons la notation : $G = Ae^{-j\alpha}$, où A désigne l'amplitude et α la phase ou plus exactement le retard de phase, j étant le nombre complexe tel que $j^2 = -1$. Egalement, la composante temporelle multiplicative $\left(e^{jwt}\right)$ des grandeurs électriques est sous-entendue afin d'alléger les écritures.

I. 2 Réseaux linéaires

I. 2. 1 Définition

Un réseau linéaire est un ensemble de N sources élémentaires disposées selon un axe donné et excitées par un même système d'alimentation à une entrée et N sorties. Dans le cas des antennes multifaisceaux, le système d'alimentation a M entrées et N sorties, mais il peut être vu, au niveau du rayonnement, comme la superposition linéaire de M sous-systèmes à une entrée, ce qui nous ramène au cas élémentaire que nous détaillons ici.

Les sources élémentaires sont espacées deux à deux de la distance d, appelée pas du réseau (voir Figure 1).

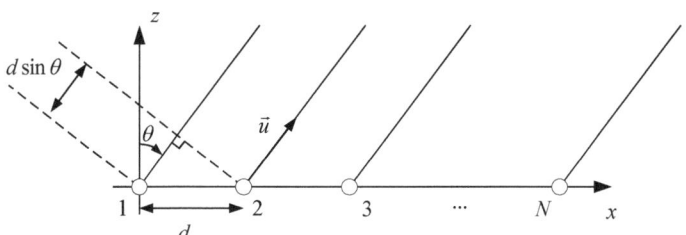

Figure 1 : Géométrie d'un réseau linéaire

I. 2. 2 Facteur de réseau

Le réseau d'alimentation définit la distribution du signal au niveau de l'antenne réseau, à savoir les coefficients complexes d'alimentation de chaque source élémentaire, notés C_1, C_2 ..., C_{N-1}, C_N. De plus, chaque source possède un diagramme vectoriel de rayonnement[1], noté $\vec{e}_n(\theta,\phi)$ pour la source n, θ et ϕ étant les angles des coordonnées sphériques. On considère que toutes les sources ont le même diagramme $\vec{e}(\theta,\phi)$ exprimé dans le repère centré sur la source. Ainsi, le diagramme vectoriel de rayonnement de la source n, exprimé dans le repère global, peut s'écrire :

$$\vec{e}_n(\theta,\phi) = C_n e^{jk\vec{d}_n.\vec{u}} \cdot \vec{e}(\theta,\phi) \tag{1}$$

où k est le nombre d'onde, défini par la relation $k = \dfrac{2\pi}{\lambda_0}$, et $\vec{d}_n$ est le vecteur position de la source n dans le repère global.

En effectuant le produit scalaire, la relation (1) s'écrit :

$$\vec{e}_n(\theta,\phi) = C_n e^{jk(n-1)d\sin\theta\cos\phi} \cdot \vec{e}(\theta,\phi) \tag{2}$$

En appliquant le théorème de superposition, le diagramme vectoriel de rayonnement du réseau linéaire peut s'écrire :

$$\vec{\Sigma}(\theta,\phi) = \sum_{n=1}^{N} \vec{e}_n(\theta,\phi) = \vec{e}(\theta,\phi)\sum_{n=1}^{N} C_n e^{jk(n-1)d\sin\theta\cos\phi} \tag{3}$$

On pose :

$$f(\theta,\phi) = \sum_{n=1}^{N} C_n e^{jk(n-1)d\sin\theta\cos\phi} \tag{4}$$

---

[1] Le diagramme vectoriel de rayonnement, noté $\vec{e}$, est défini en champ lointain comme la composante du champ électrique, noté $\vec{E}$, indépendante de r. Ces deux grandeurs sont reliées par la relation :

$$\vec{E}(r,\theta,\phi) = \frac{e^{-jkr}}{4\pi r}\vec{e}(\theta,\phi).$$

De plus, le vecteur $\vec{e}$ est contenu dans le plan orthogonal à la direction de propagation.

8

$f(\theta,\phi)$ est appelé le facteur de réseau car ce terme est fonction uniquement des coefficients d'alimentation et des positions des éléments rayonnants. Il caractérise donc le réseau indépendamment des éléments rayonnants utilisés. Dans le cas d'un réseau linéaire, les propriétés de la mise en réseau apparaissent dans le plan défini par le réseau lui-même et la normale aux sources élémentaires, soit pour $\phi = 0$ dans le repère choisi. L'étude se limite donc généralement à ce plan. Le facteur de réseau se simplifie alors comme suit :

$$f(\theta) = \sum_{n=1}^{N} C_n e^{jk(n-1)d\sin\theta} \qquad (5)$$

Dans le cas particulier de sources élémentaires isotropes, la normale au réseau n'est pas un vecteur mais un plan, ce qui sous-entend que le facteur de réseau, tel que défini par l'équation (5), est invariant par rotation autour de l'axe défini par le réseau. La Figure 2 illustre le facteur de réseau d'un réseau linéaire constitué de 10 éléments rayonnants espacés de $\lambda_0/2$. On note en particulier la décroissance des lobes secondaires, avec un premier lobe secondaire à environ 13dB sous le maximum du facteur de réseau dans le cas d'une loi d'alimentation en amplitude uniforme.

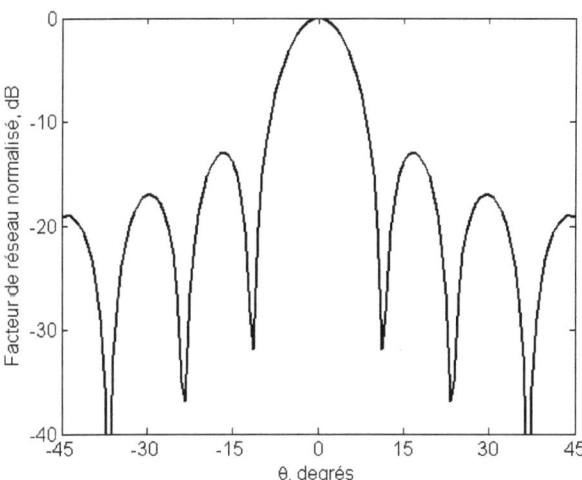

Figure 2 : Facteur de réseau normalisé en représentation cartésienne d'un réseau linéaire à 10 éléments rayonnants espacés de $\lambda_0/2$

I. 2. 3 Pointage angulaire du faisceau principal

La loi d'alimentation du réseau linéaire peut se décomposer en une loi d'amplitude et une loi de phase, correspondant respectivement aux amplitudes c_n et aux phases α_n des nombres complexes C_n. Pour simplifier les écritures, nous nous limitons dans un premier temps au cas des réseaux phasés, c'est-à-dire les réseaux à loi d'amplitude uniforme et unitaire, mais la propriété dérivée reste vraie dans le cas d'une loi d'amplitude quelconque. Le facteur d'un réseau phasé s'écrit donc :

$$f(\theta,\phi) = \sum_{n=1}^{N} e^{j[k(n-1)d\sin\theta\cos\phi - \alpha_n]} \qquad (6)$$

Dans le cas particulier de sources élémentaires isotropes, la direction du faisceau principal est définie par le maximum en valeur absolue du facteur de réseau. Plus généralement, les sources élémentaires étant souvent peu directives, le faisceau principal reste souvent défini par le facteur de réseau. Nous allons donc étudier la condition sur le facteur de réseau pour pointer le faisceau principal dans une direction θ_0 donnée.

D'après la formule (6), le facteur de réseau est une somme de nombres complexes, il est donc maximal en valeur absolue pour une direction θ_0 donnée lorsque tous les termes de la somme sont en phase dans cette direction.

Cela se traduit mathématiquement par la relation suivante :

$$knd\sin\theta_0 - \alpha_n = a[2\pi] \qquad \text{pour } n = 1...N \qquad (7)$$

où a est une constante réelle, traduisant le fait que cette propriété est valable en phases relatives et non absolues.

À la constante a près, le diagramme vectoriel de rayonnement est donc maximal dans la direction θ_0 lorsque la loi d'illumination présente la progression de phase suivante :

$$\alpha_n = knd\sin\theta_0 \qquad \text{pour } n = 1...N \qquad (8)$$

I. 2. 4 Gain de réseau

Dans le cas d'un réseau phasé, les éléments rayonnants sont alimentés de façon uniforme. Supposons un réseau d'alimentation sans perte ayant une puissance de 1 W en entrée. Chaque élément reçoit donc une puissance égale à $1/N$ W. Lorsque la condition de phase décrite dans la section précédente est vérifiée, les différentes contributions des sources élémentaires s'ajoutent en amplitude dans la direction θ_0. L'amplitude de champ maximale résultante est alors égale à $\sqrt{N}$. Il s'en suit que le gain de réseau en dB d'un réseau phasé peut s'écrire :

$$G_{r,dB} = 10\log_{10}(N) \tag{9}$$

Ce gain de réseau vient s'ajouter au gain de la source élémentaire. Plus généralement, le gain de réseau peut s'écrire :

$$G_{r,dB} = 10\log_{10}\left[\left(\sum_{n=1}^{N} C_n\right)^2 \bigg/ \sum_{n=1}^{N} C_n^2\right] \tag{10}$$

Ce gain est maximum dans le cas des réseaux phasés. Lorsque la loi en amplitude est non-uniforme, on constate une baisse du gain de réseau. Pour illustrer ce phénomène, nous avons considéré le cas d'une loi d'alimentation en amplitude binomiale [18]. Les coefficients d'alimentation correspondant sont obtenus par le triangle de Pascal, et s'écrivent sous la forme :

$$C_n = \binom{N-1}{n-1} = \frac{(N-1)!}{(n-1)!(N-n)!} \qquad \text{pour } n = 1...N \tag{11}$$

La Figure 3 compare la variation du gain de réseau avec le nombre d'éléments rayonnants dans le cas des lois d'amplitude uniforme et binomiale, et confirme donc qu'une loi uniforme assure un gain de réseau plus important, l'écart étant d'autant plus significatif que le réseau est grand. Ce phénomène est le pendant en discret du rendement d'ouverture bien connu dans le cas des antennes à distributions de champs continues dans l'ouverture comme les cornets, les antennes à réflecteurs, etc. Les lois d'amplitude non-uniformes restent néanmoins intéressantes pour réduire les niveaux de lobes secondaires ou former le lobe principal. Il apparaît donc qu'un compromis est parfois nécessaire en fonction des applications entre gain de réseau et niveau de lobes secondaires.

Dans la suite de ce rapport, lorsque nous parlons de facteur de réseau normalisé, il s'agit en fait du facteur de réseau exprimé en dB auquel est soustrait le gain de réseau évalué dans le cas d'une loi en amplitude uniforme.

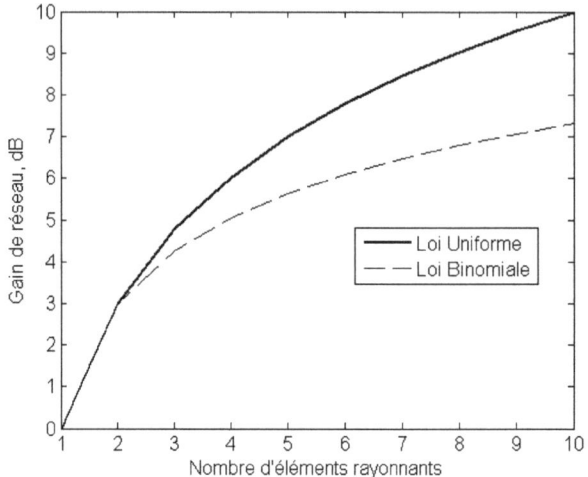

Figure 3 : Gain de réseau en fonction du nombre d'éléments rayonnants dans les cas d'une loi d'amplitude uniforme et binomiale

I. 2. 5 Cercle unitaire de Schelkunoff et lobes de réseau

Le cercle unitaire de Schelkunoff est une méthode intéressante pour visualiser les propriétés du facteur de réseau [19]. On transforme l'équation (5) de la façon suivante :

$$f(\theta) = \sum_{n=1}^{N} C_n W^{n-1} \qquad \text{avec } W = e^{jkd\sin\theta} \tag{12}$$

On introduit le polynôme suivant :

$$P(Z) = \sum_{n=1}^{N} C_n Z^{n-1} \tag{13}$$

où Z est un nombre complexe.

Il s'agit d'un polynôme de degré $N-1$, qui admet donc exactement $N-1$ zéros dans l'ensemble des nombres complexes, notés z_1, z_2, ... z_{N-1}.

Ce polynôme peut donc s'écrire :

$$P(Z) = C_N \prod_{n=1}^{N-1} (Z - z_n) \tag{14}$$

L'étude de ce polynôme sur le cercle unitaire du plan complexe est particulièrement intéressante puisque d'après la relation (12), $P(W)$ est le facteur de réseau. On appelle cercle unitaire de Schelkunoff la représentation des zéros du polynôme P sur le cercle unitaire du plan complexe. On appelle « domaine visible » la portion du cercle décrite par W lorsque θ varie dans l'intervalle $\left[-\dfrac{\pi}{2};\dfrac{\pi}{2}\right]$. Les Figure 4 (a) à 4 (c) illustrent différentes configurations possibles du cercle unitaire de Schelkunoff. Sur cette représentation, plus les zéros sont éloignés sur le cercle, plus le lobe est important. Ainsi, sur les Figure 4 (a) et 4 (b), le lobe principal du réseau pointe dans la direction $\theta = 0$ et sur la Figure 4 (c) il pointe dans la direction $\theta = \theta_0$. Également, on note que lorsque le produit kd est supérieur à π, le motif du facteur de réseau se répète dans le domaine visible car le facteur de réseau est une fonction 2π – périodique. Cette remarque nous permet d'introduire la notion de lobes de réseaux. En

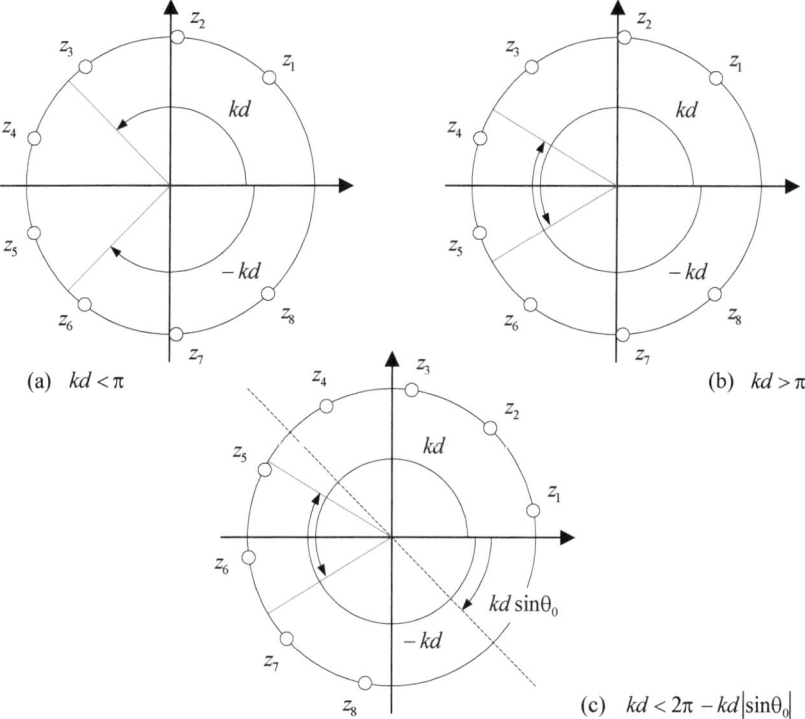

(a) $kd < \pi$

(b) $kd > \pi$

(c) $kd < 2\pi - kd|\sin\theta_0|$

Figure 4 : Cercles unitaires de Schelkunoff

effet, sous certaines conditions, le lobe principal peut être répété dans le domaine visible. Le lobe ainsi formé est appelé lobe de réseau. La Figure 5 donne une représentation cartésienne de ces lobes de réseaux pour un réseau linéaire de 10 éléments rayonnants espacés de 2 λ_0. Comme on peut le voir sur cette figure, les lobes de réseau ont le même niveau de puissance que le lobe principal pour des sources élémentaires isotropes. Pour cette raison, on cherche souvent à éviter ces lobes, car ils induisent une perte de puissance dans des directions non désirées. Le gain de réseau maximum est inchangé puisqu'il ne dépend que du nombre d'éléments rayonnants, par contre la perte de puissance liée aux lobes de réseaux se traduit par le fait que le faisceau principal devient plus étroit.

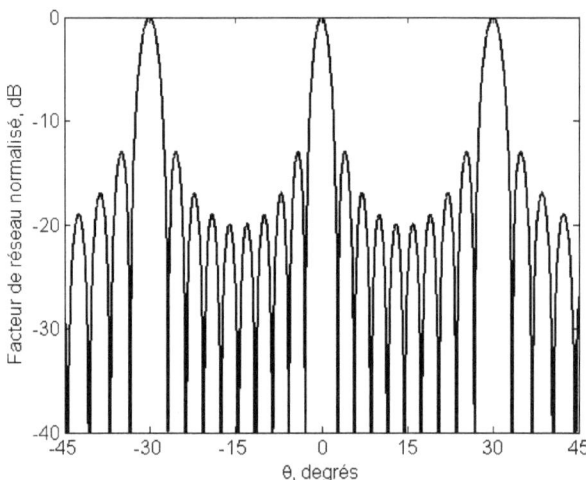

Figure 5 : Facteur de réseau normalisé en représentation cartésienne d'un réseau linéaire à 10 éléments rayonnants espacés de 2 λ_0

D'après la Figure 4 (c), on peut dériver la condition d'apparition du maximum d'un lobe de réseau comme suit :

$$kd > 2\pi - kd|\sin\theta_0| \qquad (15)$$

On écrit généralement la condition (15) sous la forme suivante :

$$\frac{d}{\lambda} > \frac{1}{1+|\sin\theta_0|} \qquad (16)$$

14

Il ressort donc de cette formule que pour $d < \dfrac{\lambda}{2}$, il n'y a pas de lobes de réseau indépendamment de θ_0. Mais généralement, on utilise des valeurs de pas de réseau plus grandes, notamment en raison des dimensions des sources élémentaires, pour réduire le couplage ou tout simplement pour réduire le nombre d'éléments pour un encombrement spatial donné. En effet, le diagramme de rayonnement de l'antenne réseau est en fait le facteur de réseau pondéré par le diagramme de rayonnement de la source élémentaire. De sorte que pour des cas pratiques de réalisation, l'hypothèse d'un diagramme élémentaire isotrope n'est évidemment pas représentative. La chute de directivité de la source élémentaire à basse élévation permet alors d'atténuer l'apparition des lobes de réseaux.

I. 3 Réseaux planaires

I. 3. 1 Cas du réseau planaire à forme rectangulaire

Un réseau planaire est une généralisation au plan du réseau linéaire. Le cas le plus simple à mettre en équation correspond à la mise en réseau selon un maillage rectangulaire de $N \times M$ éléments rayonnants. Le pas du réseau rectangulaire ainsi obtenu peut être différent selon les deux axes principaux du réseau, tel qu'illustré sur la Figure 6. Le facteur de réseau s'écrit de manière générale :

$$f(u,v) = \sum_{n=1}^{N} \sum_{m=1}^{M} C_{nm} e^{j[k(n-1)d_x u + k(m-1)d_y v]} \tag{17}$$

où $\quad u = \sin\theta \cos\phi$ et $v = \sin\theta \sin\phi$.

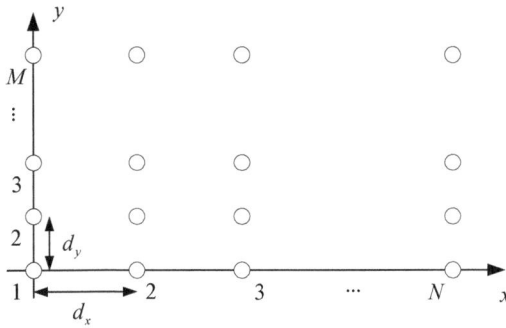

Figure 6 : Géométrie d'un réseau planaire rectangulaire à maillage rectangulaire

Dans le cas d'un réseau phasé, il est possible de découpler les deux axes principaux du réseau. Le facteur de réseau se réécrit alors :

$$f(u,v) = \left(\sum_{n=1}^{N} e^{j[k(n-1)d_x u - \alpha_n]} \right) \left(\sum_{m=1}^{M} e^{j[k(m-1)d_y v - \alpha_m]} \right)$$ (18)

En utilisant une condition de phase similaire à celle dérivée dans la section I. 2. 3, le maximum du facteur de réseau pointe dans la direction (θ_0, ϕ_0) en appliquant le retard de phase $\alpha_n + \alpha_m$ à chacun des éléments du réseau avec :

$$\begin{cases} \alpha_n = knd_x \sin\theta_0 \cos\phi_0 & n = 1...N \\ \alpha_m = kmd_y \sin\theta_0 \cos\phi_0 & m = 1...M \end{cases}$$ (19)

On constate par ailleurs que dans les deux plans principaux du réseau, à savoir $\phi = 0°$ et $\phi = 90°$, on retrouve exactement l'expression du facteur de réseau d'un réseau linéaire dont les caractéristiques sont celles du réseau linéaire selon l'axe principal considéré (x ou y). On retrouve cette particularité en visualisant le facteur de réseau d'un réseau rectangulaire en deux dimensions, tel qu'illustré sur la Figure 7 où ϕ varie de 0 à 360° et θ de 0 à 40°. Pour bien distinguer les deux axes, nous avons pris deux pas différents : $\lambda_0/2$ en x et λ_0 en y.

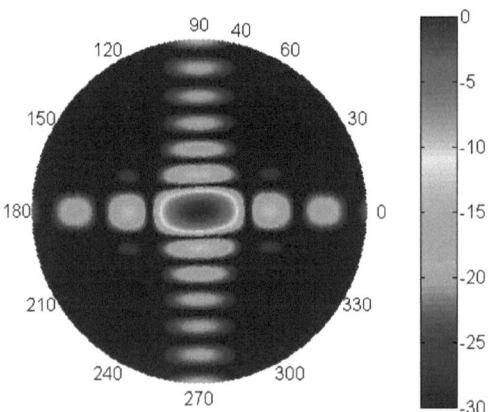

Figure 7 : Facteur de réseau normalisé en représentation polaire d'un réseau rectangulaire de 10×10 éléments rayonnants espacés de $\lambda_0/2$ en x et λ_0 en y

Pour améliorer le rendement de surface du réseau en exploitant au mieux l'espace disponible en fonction de la forme de l'élément rayonnant, un pas triangulaire (également appelé pas hexagonal) est parfois retenu (voir Figure 8).

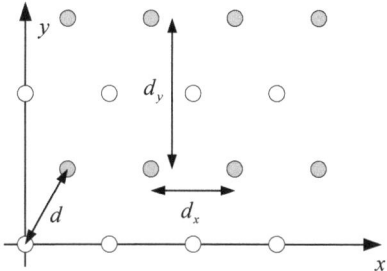

Figure 8 : Géométrie d'un réseau planaire rectangulaire à maillage triangulaire

On peut en fait ramener ce cas au cas précédent en considérant que le maillage triangulaire est la superposition de deux maillages rectangulaires identiques mais décalés dans le plan l'un par rapport à l'autre de d (éléments rayonnants de même couleur sur la Figure 8). Pour un réseau triangulaire régulier, le pas équivalent en x est égal au pas du réseau triangulaire, soit $d_x = d$, tandis que le pas équivalent en y vaut $d_y = d\sqrt{3}$.

I. 3. 2 Cas du réseau planaire à forme circulaire

Le cas des réseaux planaires à forme globale circulaire est particulièrement intéressant car il permet une répartition azimutale des lobes secondaires et réduit ainsi les niveaux pires cas. Par contre, la formulation pour ces réseaux est un peu plus compliquée puisqu'il n'est plus possible de séparer les deux axes comme dans la section précédente. Dans le cas d'un maillage rectangulaire, le facteur de réseau peut s'écrire comme suit :

$$f(u,v) = \sum_{n=1}^{N} \left(e^{j[k(n-1)d_x u - \alpha_n]} \left(\sum_{m=I_n}^{M_n} e^{j[k(m-1)d_y u - \alpha_m]} \right) \right) \tag{20}$$

où I_n et M_n sont des entiers qui dépendent de n et tels que $0 \leq I_n \leq M_n \leq M$.

Ces entiers permettent de décrire la variation du nombre d'éléments rayonnants par « rangées », tel qu'illustré sur la Figure 9. Un exemple de facteur de réseau, obtenu pour un réseau circulaire $(M = N)$ de 101 éléments rayonnants espacés de $\lambda_0/2$ selon une maille rectangulaire, est reporté sur la Figure 10. On remarque en particulier que les lobes secondaires sont 17dB en dessous du maximum dans toutes les directions (à comparer avec le niveau pire cas à 13dB obtenu pour un réseau carré ou rectangulaire).

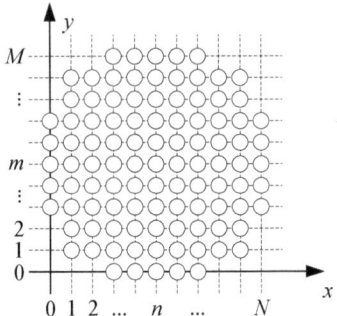

Figure 9 : Géométrie d'un réseau planaire à forme circulaire et maillage rectangulaire

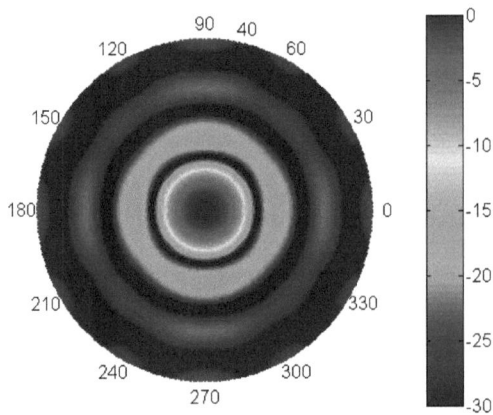

Figure 10 : Facteur de réseau normalisé en représentation polaire d'un réseau planaire à forme circulaire de 101 éléments rayonnants espacés de $\lambda_0/2$ selon un maillage rectangulaire

I. 3. 3 Autres cas de réseaux planaires

D'autres configurations de réseaux planaires sont présentes dans la littérature. L'objectif de ces solutions est souvent de réduire les niveaux des lobes secondaires et/ou des lobes de réseau. Les lobes secondaires sont particulièrement pénalisants dans des applications

18

multifaisceaux car ils contraignent généralement la distance minimum de réutilisation des canaux fréquentiels. C'est d'ailleurs la raison pour laquelle les applications à couverture multifaisceaux régulières sont généralement réalisées dans le secteur spatial avec des antennes à réflecteur (dont les lobes secondaires sont souvent au moins 20dB sous le maximum de directivité [20, 21]). Les lobes de réseaux sont quant à eux pénalisants lorsqu'il est nécessaire de dépointer les faisceaux. Les dimensionnements de réseaux à rayonnement direct pour des applications spatiales sont souvent réalisés afin d'assurer un écart angulaire entre le lobe principal et le premier lobe de réseau tel qu'en dépointant le faisceau principal sur l'ensemble de la zone à couvrir le premier lobe de réseau ne pointe pas en direction de la Terre. Cet écart angulaire dépend fortement de l'orbite considérée. L'intérêt de ce dimensionnement est d'utiliser des éléments rayonnants dont les dimensions sont souvent supérieures à 3 λ_0 pour des orbites géostationnaires, permettant ainsi de réduire le nombre de sources élémentaires pour une surface rayonnante donnée. Les solutions à l'étude englobent les réseaux à lois d'amplitude formées par atténuateurs ou regroupement de sources, les réseaux irréguliers, les réseaux raréfiés, les réseaux entrelacés, etc. [22-26]. Ces solutions plus complexes nécessitent parfois des dimensionnements basés sur des algorithmes d'optimisation.

I. 4 Réseaux circulaires

Le dernier cas de réseau que nous abordons dans ce chapitre concerne les réseaux circulaires, c'est-à-dire les réseaux dont les éléments rayonnants sont répartis sur un cercle, tel qu'illustré sur la Figure 11. Selon une méthodologie équivalente à celle des réseaux linéaires, on peut démontrer que le facteur de réseau d'un réseau circulaire se met sous la forme :

$$f(\theta,\phi) = \sum_{n=1}^{N} C_n e^{j[ka\sin\theta\cos(\phi-\phi_n)]} \tag{21}$$

où ϕ_n est la position angulaire de l'élément rayonnant n, soit $\phi_n = 2\pi n/N$.

Comme pour les réseaux linéaires, le maximum du facteur de réseau est obtenu dans la direction (θ_0, ϕ_0) lorsque les coefficients d'alimentation présentent les retards de phase suivants :

$$\alpha_n = ka\sin\theta_0\cos(\phi_0 - \phi_n) \quad n = 1...N \tag{22}$$

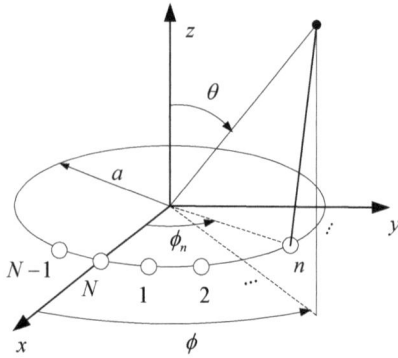

Figure 11 : Géométrie d'un réseau circulaire

Cette configuration peut évidemment être généralisée aux réseaux cylindriques, voire coniques, en y associant un réseau linéaire pour former le diagramme en élévation. De telles configurations sont intéressantes pour produire des faisceaux pointant naturellement à des élévations intermédiaires ou basses et ainsi éviter les pertes par dépointage d'un réseau planaire plus classique. Lorsque l'on opère à élévation nulle, les sources élémentaires ont généralement leur maximum de rayonnement orienté selon l'axe radial.

I. 5 Orthogonalité et matrices sans pertes

I. 5. 1 Propriété des matrices sans pertes

Nous allons maintenant faire le lien entre les pertes d'un circuit d'alimentation multifaisceaux et l'orthogonalité des lois d'alimentation qu'il produit [27]. Un circuit d'alimentation à P ports peut être mis sous la forme matricielle suivante :

$$B = [S] \cdot A \qquad (23)$$

où $A = [a_1 \ \dots \ a_i \ \dots \ a_P]^T$ est le vecteur des ondes incidentes,

$B = [b_1 \ \dots \ b_i \ \dots \ b_P]^T$ le vecteur des ondes réfléchies,

et $[S]$ la matrice des paramètres de répartition, de dimension $P \times P$.

Les quantités représentées étant des nombres complexes, la norme des vecteurs est définie par un produit scalaire hermitien, de sorte que les puissances en entrée et en sortie peuvent s'écrire comme suit :

$$P_{entrée} = \sum_{i=1}^{P} a_i \cdot a_i^* = A^T \cdot A^* \qquad (24)$$

$$P_{sortie} = \sum_{i=1}^{P} b_i \cdot b_i^* = B^T \cdot B^* \qquad (25)$$

La conservation de l'énergie se traduit donc par l'égalité matricielle suivante :

$$A^T \cdot A^* = B^T \cdot B^* \qquad (26)$$

Nous montrons en annexe A que la conservation de l'énergie, autrement dit le caractère sans pertes du réseau d'alimentation, se traduit par l'orthogonalité au sens du produit scalaire hermitien de la matrice $[S]$ associée[2], à savoir :

$$[S]^T . [S]^* = I_p \qquad (27)$$

où I_p est la matrice unité de dimension $P \times P$.

Supposons maintenant que le circuit d'alimentation soit conçu pour produire M faisceaux. Le circuit d'alimentation possède donc M ports d'entrée et N ports de sortie, tels que $M + N = P$. Les coefficients d'alimentation par faisceaux sont notés $C_n^{(m)}$ pour $m = 1...M$ et $n = 1...N$. Ils correspondent dans la matrice $[S]$ aux coefficients de transmission des entrées m vers les sorties n et inversement, la matrice $[S]$ d'un composant passif étant symétrique par théorème de réciprocité. De plus, pour un bon fonctionnement global du circuit multifaisceaux, on exige habituellement que les ports d'entrée et de sortie

---

[2] Nous utilisons systématiquement dans ce mémoire l'appellation de matrice orthogonale pour faire référence à une matrice vérifiant la condition d'orthogonalité au sens du produit scalaire hermitien, car cette appellation est assez répandue parmi les spécialistes en systèmes d'alimentation micro-ondes. Mathématiquement parlant, il serait plus rigoureux d'utiliser l'appellation de matrice unitaire car les coefficients de la matrice sont complexes. Une matrice unitaire est définie par la relation :

$$[S]^* . [S] = [S][S]^* = I_p$$

Cette écriture englobe le caractère réciproque des matrices considérées, à savoir $[S]^T = [S]$.

soient bien adaptés, que les ports d'entrée soient découplés entre eux, et que les ports de sortie soient également découplés entre eux.

En exploitant cet ensemble d'informations, il est possible de détailler la matrice $[S]$ du circuit d'alimentation comme suit :

$$[S] = \begin{bmatrix} 0 & 0 & \cdots & 0 & C_1^{(1)} & C_2^{(1)} & \cdots & C_N^{(1)} \\ 0 & 0 & \cdots & 0 & C_1^{(2)} & C_2^{(2)} & \cdots & C_N^{(2)} \\ \vdots & \vdots & & \vdots & \vdots & \vdots & & \vdots \\ 0 & 0 & \cdots & 0 & C_1^{(M)} & C_2^{(M)} & \cdots & C_N^{(M)} \\ C_1^{(1)} & C_1^{(2)} & \cdots & C_1^{(M)} & 0 & 0 & \cdots & 0 \\ C_2^{(1)} & C_2^{(2)} & \cdots & C_2^{(M)} & 0 & 0 & \cdots & 0 \\ \vdots & \vdots & & \vdots & \vdots & \vdots & & \vdots \\ C_N^{(1)} & C_N^{(2)} & \cdots & C_N^{(M)} & 0 & 0 & \cdots & 0 \end{bmatrix}_{P \times P} \tag{28}$$

Il en résulte que l'orthogonalité d'une matrice sans pertes, qui se traduit par l'orthogonalité deux à deux des vecteurs qui la composent, nécessite l'orthogonalité deux à deux des vecteurs constitués des coefficients d'alimentation par faisceau. Dans la suite de ce rapport, nous utiliserons régulièrement une matrice $[S]$ réduite limitée aux coefficients de transmission ou matrice de transfert afin d'en simplifier l'écriture :

$$[S]_{N \times M} = \begin{bmatrix} C_1^{(1)} & C_1^{(2)} & \cdots & C_1^{(M)} \\ C_2^{(1)} & C_2^{(2)} & \cdots & C_2^{(M)} \\ \vdots & \vdots & & \vdots \\ C_N^{(1)} & C_N^{(2)} & \cdots & C_N^{(M)} \end{bmatrix}_{N \times M} \tag{29}$$

Cette matrice réduite n'est pas orthogonale en règle générale, sauf lorsqu'elle est carrée $(N = M)$. Dans le cas général, à savoir une matrice telle que $N \neq M$, le caractère sans pertes de la matrice peut être conservé si les vecteurs colonnes qui la constituent sont orthogonaux deux à deux et forment une famille de vecteurs unitaires linéairement indépendants, c'est-à-dire qu'aucun des vecteurs colonnes ne peut être écrit comme une combinaison linéaire des autres vecteurs colonnes de la matrice. Cette propriété ne peut être vérifiée que si le nombre d'entrées est inférieur au nombre de sorties. Le mode de fonctionnement réciproque, associé à la matrice de transfert transposée, ne vérifie donc pas la contrainte d'orthogonalité. Ce point est également détaillé en annexe A. Cette contrainte d'orthogonalité sur les lois d'alimentation est une contrainte forte et lie les lois de phase et d'amplitude retenues. Il a même été démontré que si l'on souhaite des faisceaux de formes similaires (même loi d'amplitude pour tous les faisceaux) avec un pointage optimal dans une direction donnée (loi de phase définie par une progression arithmétique), la condition d'orthogonalité conduit à une unique solution dans le cas d'un réseau d'alimentation dont les nombres de ports d'entrée et de sortie sont égaux [28]. Il est important de préciser que cette contrainte est propre au circuit d'alimentation et ne dépend pas du type de réseau rayonnant associé. Cette contrainte permet également de voir qu'un circuit d'alimentation multifaisceaux (au moins une sortie commune à deux faisceaux) produisant des lois de phase uniformes par faisceaux induit nécessairement des pertes, puisque la condition d'orthogonalité au sens du produit scalaire hermitien ne peut être vérifiée dans ce cas particulier. Enfin, la contrainte d'orthogonalité impose que dans le cas d'un circuit d'alimentation multifaisceaux produisant des lois d'alimentation orthogonales, un partage minimum de deux sources est nécessaire.

I. 5. 2 Orthogonalité et indépendance linéaire de faisceaux

Évaluons maintenant l'impact de l'orthogonalité des coefficients d'alimentation sur les faisceaux produits [27]. Considérons de nouveau M faisceaux produits par un circuit d'alimentation sans pertes associé à un réseau linéaire de N éléments rayonnants. Les facteurs de réseaux respectifs s'écrivent donc comme suit :

$$f^{(m)}(u) = \sum_{n=1}^{N} C_n^{(m)} e^{jnu} \qquad \text{pour } m = 1...M \qquad (30)$$

avec $u = kd \sin\theta$.

Si l'on applique le produit scalaire hermitien intégral normalisé à cette famille de fonctions sur l'intervalle $u \in [-\pi, \pi]$, il vient le résultat suivant (voir annexe B) :

$$\frac{1}{2\pi} \int_{-\pi}^{\pi} f^{(i)}(u) \cdot f^{(j)*}(u) du = \delta_{ij} \qquad i, j = 1...N \qquad (31)$$

où δ_{ij} est le symbole de Kronecker, tel que $\delta_{ii} = 1$ pour $i = 1...N$ et $\delta_{ij} = 0$ pour $i, j = 1...N$ et $i \neq j$.

Cette propriété traduit donc l'orthogonalité, au sens du produit scalaire hermitien intégral normalisé, des faisceaux générés par un réseau d'alimentation sans pertes. L'étude du cercle unitaire de Schelkunoff, présentée dans la section I. 2. 5, nous avait montré que le domaine du visible correspond à $u \in [-kd, kd]$. Cet intervalle est en règle générale différent de l'intervalle $[-\pi,\pi]$. Ce qui se traduit par le fait que la propriété d'orthogonalité n'est valable que sur une période du facteur de réseau et non sur le domaine visible (en réalité, la propriété peut être étendue sur un intervalle correspondant à un multiple entier de la période du facteur de réseau).

On parle également d'indépendance linéaire des faisceaux. Une famille de M faisceaux est dite linéairement indépendante si aucun des faisceaux qui la compose ne peut être exprimé comme une combinaison linéaire des faisceaux restant. On note que des faisceaux orthogonaux sont nécessairement linéairement indépendants. La démonstration en est simple. La propriété d'indépendance linéaire se traduit mathématiquement comme suit : soit une famille de M faisceaux, représentés par leurs facteurs de réseau, notés $f^{(m)}$ pour $m = 1...M$. Cette famille de fonctions est linéairement indépendante si la propriété suivante est vérifiée :

$$\sum_{m=1}^{M} \gamma_m f^{(m)} = 0 \Leftrightarrow \forall m = 1...M, \quad \gamma_m = 0 \tag{32}$$

En exploitant la relation (31), il vient naturellement pour une famille orthogonale :

$$\frac{1}{2\pi} \int_{-\pi}^{\pi} \left(\sum_{m=1}^{M} \gamma_m f^{(m)}(u) \right) \cdot f^{(k)*}(u) du =$$

$$\sum_{m=1}^{M} \gamma_m \left[\frac{1}{2\pi} \int_{-\pi}^{\pi} f^{(m)}(u) \cdot f^{(k)*}(u) du \right] = \gamma_k$$

$$\text{pour } k = 1...M \tag{33}$$

Une famille de fonctions orthogonales vérifie donc nécessairement la relation (32), d'où le lien entre orthogonalité et indépendance linéaire de faisceaux.

Cette propriété d'indépendance linéaire des faisceaux assure la possibilité d'un fonctionnement simultané des différents faisceaux sans ambiguïté. En contre partie, elle impose des contraintes fortes sur la forme du diagramme de rayonnement, et notamment sur les angles de pointage respectifs des faisceaux, les niveaux de recouvrement entre faisceaux adjacents et les niveaux de lobes secondaires [29, 30]. Ces contraintes peuvent varier en fonction du type de réseau rayonnant retenu.

I. 5. 3 Matrices multifaisceaux et transformée de Fourier

Nous terminons ces considérations générales en évoquant le lien entre les matrices multifaisceaux et la transformée de Fourier discrète (communément notée DFT pour Discrete Fourier Transform). Cette dernière est particulièrement employée en traitement du signal, car elle permet un passage du domaine temporel au domaine fréquentiel.

Pour une famille $\{x_n\}_{1 \leq n \leq N}$ de N échantillons, la DFT donne par définition la famille $\{X_k\}_{1 \leq k \leq N}$ de N échantillons obtenue par la relation suivante :

$$X_k = \frac{1}{\sqrt{N}} \sum_{n=1}^{N} x_n e^{-j\frac{2\pi}{N}(k-1)(n-1)} \quad \text{pour } k = 1...N \tag{34}$$

Nous trouvons parfois dans la littérature cette même forme sans le coefficient multiplicatif $1/\sqrt{N}$. Ce dernier permet en fait de normaliser la transformation.

Cette définition est généralement employée en traitement du signal sous la forme suivante :

$$\overline{F}(\omega) = \frac{1}{\sqrt{N}} \sum_{n=1}^{N} f((n-1)T_e) e^{-j\omega(n-1)T_e} \tag{35}$$

où $\overline{F}(\omega)$ est la fonction Transformée de Fourier Discrète, définie dans le domaine spectral, de la fonction $f(t)$, définie dans le domaine temporel ;

T_e est la période d'échantillonnage, associée à la fréquence $f_e = 1/T_e$;

N est le nombre d'échantillons utilisés pour le calcul ;

et ω est la pulsation angulaire de la fonction $\overline{F}$, associée à la fréquence $f = \omega/2\pi$.

Il ressort de l'analogie entre les relations (34) et (35) que la DFT d'une fonction temporelle échantillonnée à la fréquence f_e peut être calculée aux fréquences suivantes :

$$f_k = \frac{k-1}{N} f_e \quad \text{pour } k = 1...N \tag{36}$$

Nous allons maintenant revenir à l'écriture générale de la relation (34) pour faire le lien avec les matrices multifaisceaux. En considérant une matrice multifaisceaux de dimension $N \times N$ avec une matrice de transfert telle que décrite par la relation (29), il en ressort que tout signal de sortie est une combinaison linéaire des signaux en entrée. La question est donc de savoir s'il est possible de dimensionner une matrice multifaisceaux de dimension $N \times N$ réalisant exactement la combinaison linéaire de la relation (34) en associant la famille de N échantillons $\{x_n\}_{1 \leq n \leq N}$ aux entrées et la famille de N échantillons $\{X_k\}_{1 \leq k \leq N}$ aux sorties de la matrice.

Nous montrons en annexe C que la relation (34) impose que la matrice associée à la DFT soit « sans pertes », ce qui sous entend que les coefficients des combinaisons linéaires forment une famille de vecteurs orthonormés. Les matrices multifaisceaux orthogonales, comme les matrices de Butler et Nolen sont donc particulièrement adaptées pour appliquer la DFT aux signaux présentés en entrée.

Il est néanmoins intéressant de souligner que le coefficient multiplicatif de la relation (34) n'est pas primordial dans le calcul de la DFT. En réécrivant cette relation comme suit il est possible d'associer également les matrices à pertes, telles que les matrices de Blass, à la DFT à condition que les lois d'illumination produites restent orthogonales :

$$X_k = \sqrt{\frac{\varepsilon}{N}} \sum_{n=1}^{N} x_n e^{-j\frac{2\pi}{N}(k-1)(n-1)} \quad \text{pour } k = 1...N \tag{37}$$

où ε est un coefficient multiplicatif inférieur ou égal à 1 traduisant le rendement de la matrice multifaisceaux.

En effet, en reprenant le calcul dérivé en annexe C avec cette nouvelle formulation, il vient :

$$P_{sortie} = \varepsilon P_{entrée} \tag{38}$$

Nous reviendrons sur ces propriétés dans le chapitre sur les matrices orthogonales.

Chapitre II - <u>Matrices de Blass</u>

II. 1 Introduction

Nous avons jugé utile de dédier un chapitre de ce rapport à cette matrice, car elle est assez particulière. En fait, la matrice de Blass présente une flexibilité totale sur la définition des lois d'alimentation à la fois en amplitude et en phase. Elle peut donc être utilisée pour produire des lois d'alimentation orthogonales ou même uniformes en phases, en fonction des contraintes que l'on s'impose dans sa conception. Par contre, comme nous allons le voir dans ce chapitre, son dimensionnement est relativement complexe, et il n'existe à ce jour aucune formulation mathématique permettant une conception systématique optimale maximisant le rendement pour un ensemble de lois d'alimentation donné lorsque plus de deux faisceaux doivent être produits (en pratique, une optimisation numérique des paramètres de la matrice est souvent effectuée mais cette approche ne garantie pas l'obtention d'un optimum global). Néanmoins, il est intéressant d'approfondir cette solution car elle nous servira dans notre étude des matrices de Nolen.

II. 2 Description des matrices de Blass

II. 2. 1 Composants de base

Avant de décrire la matrice de Blass en elle-même, nous commençons par introduire les composants de base nécessaires. Il s'agit de composants passifs et sans pertes possédant 4 ports : deux entrées et deux sorties. Ces composants sont généralement appelés coupleurs directionnels et peuvent être représentés par le schéma fonctionnel de la Figure 12. Sur cette figure, les ports 1 et 4 sont les entrées, tandis que les ports 2 et 3 sont les sorties.

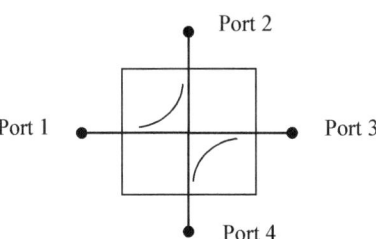

Figure 12 : Schéma fonctionnel d'un coupleur directionnel

Un coupleur directionnel est habituellement dimensionné pour que tous les ports soient adaptés, les entrées (respectivement les sorties) soient découplées entre elles, et l'ensemble de l'énergie entrant dans un port d'entrée est distribuée sans pertes vers les deux sorties (de façon équilibrée ou non). Ces propriétés se traduisent de la manière suivante sur les paramètres $[S]$:

$$\begin{cases} S_{11} = 0 \\ S_{14} = 0 \\ |S_{12}|^2 + |S_{13}|^2 = 1 \end{cases} \tag{39}$$

Les deux entrées étant symétriques, on peut obtenir un jeu de conditions similaires en intervertissant les indices 1 et 4. Une écriture élégante de la matrice $[S]$ est obtenue en introduisant le paramètre de couplage θ_C tel que :

$$[S] = \begin{bmatrix} 0 & j\sin\theta_C & \cos\theta_C & 0 \\ j\sin\theta_C & 0 & 0 & \cos\theta_C \\ \cos\theta_C & 0 & 0 & j\sin\theta_C \\ 0 & \cos\theta_C & j\sin\theta_C & 0 \end{bmatrix} \tag{40}$$

Il est important de noter que l'intervalle des valeurs possibles pour θ_C est fortement dépendant de la technologie utilisée. Par exemple, un coupleur directionnel dit coupleur à branches [31], dont le schéma fonctionnel est présenté sur la Figure 13, permet des valeurs de couplage plutôt proches de l'équilibre (autour de -3dB). Ce coupleur peut être réalisé en technologie imprimée ou guide d'onde. Selon les notations de la Figure 13 et pour une alimentation en port 1, le port 2 est le port direct, le port 3 est le port couplé et le port 4 est le port isolé. D'autres types de coupleurs peuvent être utilisés pour des couplages plus faibles, donc des sorties plus déséquilibrées. En technologie imprimée, on peut par exemple utiliser des lignes couplées [32], tel qu'illustré sur la Figure 14. La particularité de ce coupleur réside dans l'agencement des ports, qui est différent d'un coupleur à branches. En effet, le port couplé (port 3) se trouve du même côté que le port d'entrée (port 1). En technologie guide d'onde et équivalent, on peut utiliser des coupleurs à fentes [33], tel qu'illustré sur la Figure 15. Sur ce dernier exemple, il est important de savoir qu'avec des fentes plus grandes ou plus nombreuses ou en modifiant l'orientation relative des guides, il est possible d'augmenter le coefficient de couplage et donc de concevoir des coupleurs plus équilibrés [34].

28

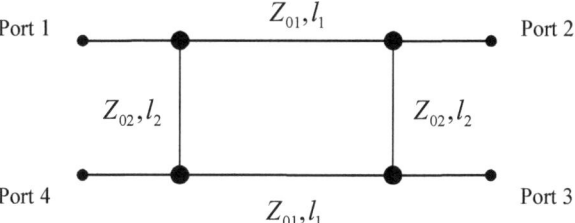

Figure 13 : Schéma fonctionnel d'un coupleur à branches

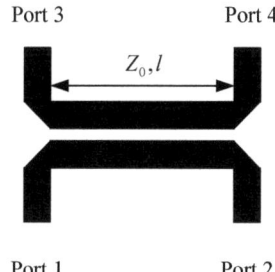

Figure 14 : Exemple de coupleur directionnel à lignes couplées

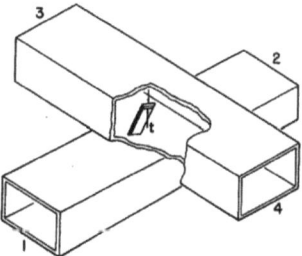

Figure 15 : Exemple de coupleur directionnel à fentes [33]

La liste présentée n'est évidemment pas exhaustive, plusieurs autres topologies sont disponibles dans la littérature. Finalement, le choix du coupleur va être essentiellement guidé par la technologie retenue (contraintes de compacité, planéité, tenue en puissance, pertes d'insertion, etc.) et l'adéquation de sa topologie (essentiellement l'orientation des ports) avec la matrice à réaliser afin de minimiser les interconnexions.

29

II. 2. 2 Forme générique des matrices de Blass et mise en équations

La forme générique des matrices de Blass telle que proposée par leur auteur [13] est illustrée sur la Figure 16. Ces matrices sont constituées de M ports d'entrée prolongés par autant de lignes d'alimentation (lignes plus ou moins verticales sur la Figure 16), permettant une alimentation en série des N ports de sortie (dans le prolongement des voies horizontales sur la Figure 16). Un coupleur directionnel est positionné à l'intersection de chaque ligne d'alimentation avec les voies menant aux sorties. Chaque ligne d'alimentation est terminée par une charge adaptée, permettant un fonctionnement en onde progressive simplifiant significativement la description d'une telle structure. Les sorties sont connectées chacune à un des N éléments rayonnants d'un réseau linéaire. On note que les lignes d'alimentation présentent un angle d'inclinaison variant progressivement d'une entrée à l'autre. L'idée est de produire par entrée un déphasage suivant une progression arithmétique, permettant ainsi d'orienter le faisceau comme nous l'avons vu dans la section I. 2. 3. L'angle de pointage du faisceau principal varie donc avec l'inclinaison de la ligne d'alimentation (ceci est illustré sur le coin en bas à gauche de la Figure 16). Nous reviendrons sur cette propriété ultérieurement.

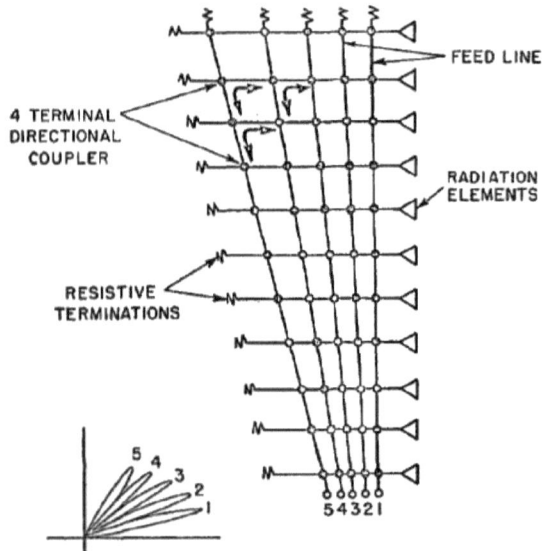

Figure 16 : Schéma de principe des Matrices de Blass [13]

30

Maintenant que nous avons introduit le principe des matrices de Blass, voyons leur mise en équations. Pour cela, procédons par étapes. Nous considérons d'abord une matrice de Blass élémentaire, c'est-à-dire ne produisant qu'un faisceau. Celle-ci est illustrée sur la Figure 17. En fait, il s'agit d'une alimentation en série des éléments d'un réseau linéaire, la charge adaptée en bout de ligne produisant un fonctionnement en onde progressive, évitant ainsi une réflexion de l'énergie encore présente en bout de ligne qui perturberait le fonctionnement de l'ensemble et surtout rendrait la mise en équation plus complexe.

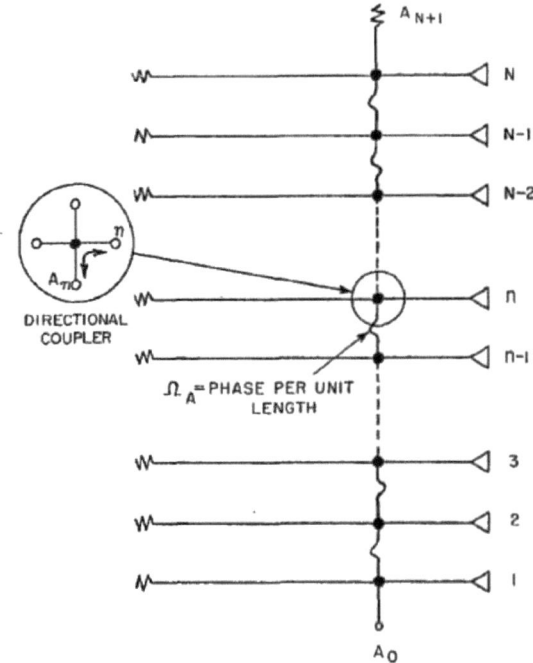

Figure 17 : Matrice de Blass à une entrée [13]

Le nœud A_n est associé au coupleur directionnel alimentant la source élémentaire n, n variant de 1 à N. Soit θ_n^A le paramètre de couplage caractérisant ce coupleur. Entre deux nœuds successifs est placée une longueur de ligne introduisant le déphasage φ_A ($\varphi_A = l\Omega_A$ où Ω_A est la phase par unité de longueur tel que défini dans [13] et l la longueur entre deux

31

coupleurs directionnels successifs). Le coefficient de transmission entre l'accès A (repéré sur la Figure 17 par le nœud A_0) et la source élémentaire n peut être écrit sous la forme :

$$T_n^A = j \sin \theta_n^A \prod_{k=1}^{n-1} e^{-j\varphi_A} \cos \theta_k^A \qquad (41)$$

Avec la convention que si l'indice de début est supérieur à l'indice de fin, le produit en question vaut 1, il est possible d'inclure dans la même formule le cas particulier $n = 1$, pour lequel le coefficient de transmission s'écrit :

$$T_1^A = j \sin \theta_1^A \qquad (42)$$

La relation (41) peut également se mettre sous la forme suivante, en sortant le terme exponentiel complexe du produit et en conservant la convention définie ci-dessus :

$$T_n^A = j \left(\sin \theta_n^A \prod_{k=1}^{n-1} \cos \theta_k^A \right) e^{-j(n-1)\varphi_A} \qquad (43)$$

Il ressort ainsi de cette relation que le déphasage entre deux sources élémentaires successives est exactement φ_A. Le réseau linéaire présente alors une progression de phase arithmétique. D'après la relation (8), le faisceau principal pointe donc dans la direction angulaire suivante :

$$\theta_0 = \sin^{-1} \left(\frac{\lambda_0}{d} \frac{\varphi_A}{2\pi} \right) \qquad (44)$$

Le niveau des lobes secondaires peut être contrôlé en définissant une loi d'amplitude appropriée, qui contraint le choix des paramètres de couplage des coupleurs directionnels. Quant à la puissance dissipée dans la charge, elle est également fonction de la définition des coupleurs directionnels. Le rapport entre la puissance en entrée et la puissance dissipée dans la charge peut s'écrire comme suit :

$$\frac{P_{Charge}}{P_{Accès}} = \left(\prod_{k=1}^{N} \cos \theta_k^A \right)^2 \qquad (45)$$

Comme il s'agit d'un produit de termes tous inférieurs à 1, il vient naturellement que plus le réseau linéaire contient d'éléments, moins il y a de puissance dissipée dans la charge. La mise en équation se complique avec l'ajout du deuxième accès selon le schéma de la Figure 18. En effet, le comportement de l'accès A n'est pas affecté par l'ajout de l'accès B

du fait des propriétés des coupleurs directionnels (ports isolés). Par contre, le signal introduit en B va être affecté par la présence de la ligne d'alimentation A, car il n'existe plus un trajet unique entre le point B_0 et l'élément rayonnant n.

Soit θ_n^B le paramètre du coupleur directionnel matérialisé par le point B_n. On fait l'hypothèse que le déphasage entre les points A_n et B_n est indépendant de n (lignes d'alimentation parallèles). On peut donc négliger ce terme puisque seules les phases relatives sont pertinentes dans l'analyse des réseaux linéaire. On pourrait faire une hypothèse équivalente en considérant que les déphaseurs de l'accès B sont placés entre les points A_n et B_n, et que les distances entre points d'une même ligne d'alimentation sont constantes. Une loi de phase progressive se traduirait alors par une inclinaison de la ligne d'alimentation comme illustré sur la Figure 16 si l'on néglige les perturbations induites par les lignes d'alimentation comprises entre la ligne considérée et le réseau d'éléments rayonnants.

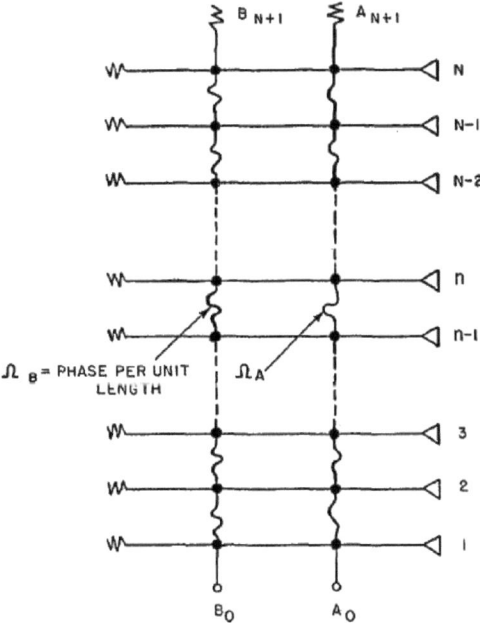

Figure 18 : Matrice de Blass à deux entrées [5]

33

Il s'en suit que le coefficient de transmission entre l'accès B (repéré sur la Figure 18 par le nœud B_0) et la source élémentaire n peut être mis sous la forme :

$$T_n^B = j\sin\theta_n^B \cos\theta_n^A \left(\prod_{k=1}^{n-1} e^{-j\varphi_B} \cos\theta_k^B \right)$$

$$- j\sin\theta_n^A \sum_{m=1}^{n-1} \sin\theta_m^A \sin\theta_m^B e^{-j\varphi_A} \left(\prod_{i=1}^{m-1} e^{-j\varphi_B} \cos\theta_i^B \right) \left(\prod_{j=m+1}^{n-1} e^{-j\varphi_A} \cos\theta_j^A \right)$$

$$(46)$$

Pour que cette formule soit valable pour n variant de 1 à N, nous étendons au signe somme la convention adoptée pour le produit dans le cas des matrices de Blass à une seule entrée, à savoir que si l'indice de début est supérieur à l'indice de fin, la somme est égale à 1. Ce qui donne pour le cas particulier $n = 1$, la formule suivante :

$$T_1^B = j\sin\theta_1^B \cos\theta_1^A \qquad (47)$$

Pour faciliter la compréhension de la formule (46), nous avons illustré avec la Figure 19 le principe des trajets multiples induits par la ligne d'alimentation A sur la ligne d'alimentation B.

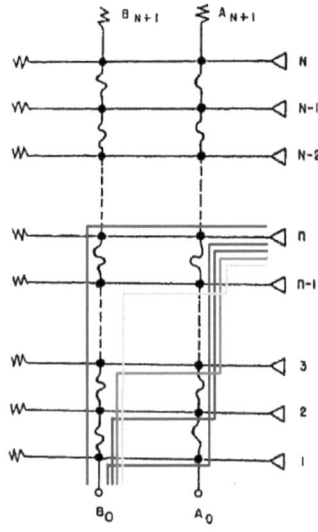

Figure 19 : Trajets multiples induits par l'accès A sur l'accès B

34

Le premier terme de la formule (46) est le trajet principal, en rouge sur la Figure 19. Il correspond à la formule (43) dérivée dans le cas à une seule entrée, à l'impact près du coupleur matérialisé par le point A_n. Le deuxième terme de la formule (46) traduit les trajets multiples induits par la présence de la ligne d'alimentation A. Il se décompose comme suit, pour un trajet m donné :

- $\prod_{i=1}^{m-1} e^{-j\varphi_B} \cos \theta_i^B$: trajet parcouru sur la ligne d'accès B avant le coupleur m.

- $\sin \theta_m^A \sin \theta_m^B e^{-j\varphi_A}$: trajet associé aux coupleurs m des lignes A et B.

- $\prod_{j=m+1}^{n-1} e^{-j\varphi_A} \cos \theta_j^A$: trajet parcouru sur la ligne d'accès A après le coupleur m.

Finalement, il ressort des développements précédents qu'une matrice de Blass à deux entrées donne la loi d'alimentation suivante :

$$C_n = T_n^A A + T_n^B B \qquad \text{pour } n = 1...N \qquad (48)$$

où A, respectivement B, est le signal fourni à l'accès A, respectivement B ;

T_n^A le coefficient de transmission défini par la formule (43) ;

T_n^B le coefficient de transmission défini par la formule (46).

La loi d'alimentation totale définie ci-dessus se décompose en une loi d'alimentation associée à l'entrée A et une loi d'alimentation associée à l'entrée B :

$$\begin{cases} C_n^A = T_n^A A \\ C_n^B = T_n^B B \end{cases} \qquad \text{pour } n = 1...N \qquad (49)$$

Le système à résoudre se traduit donc par $2N$ équations complexes à $4N$ inconnues réelles, à savoir les paramètres des coupleurs directionnels et les phases des déphaseurs associés. Il existe donc a priori une solution mathématique à ce problème. La difficulté de la conception d'une telle matrice consiste alors à dimensionner les différents coupleurs et déphaseurs, et tout particulièrement ceux de la ligne d'alimentation B, pour obtenir les coefficients de transmission associés à une loi d'alimentation donnée. De plus, la méthode de conception doit prendre en compte les limites de faisabilité des coupleurs directionnels en termes de répartition de signal, tout en minimisant les pertes dans les charges adaptées. Une

35

conception optimale suppose des pertes minimales et donc une efficacité maximale du circuit d'alimentation. Il n'existe pas de solution systématique à ce problème pour le cas général. Par contre, il est possible d'atteindre l'optimum dans le cas décrit dans la section suivante.

II. 3 Méthode de conception optimale dans le cas à deux entrées

Nous présentons dans cette section une méthode de conception de matrices de Blass à deux entrées publiée par Jones et DuFort [35]. Cette méthode permet de produire deux lois d'amplitude arbitraires avec une efficacité optimale, tous les éléments rayonnants étant supposés en phase pour les deux lois d'alimentation. Cette hypothèse simplificatrice permet de diviser par deux le nombre d'inconnues, puisque seules les amplitudes sont optimisées. La formation en amplitude est particulièrement intéressante pour des applications de radar à impulsion pour lesquelles deux faisceaux, communément appelés faisceaux « somme » et « différence », sont nécessaires. Ces deux faisceaux ont la particularité de pointer dans la même direction, permettant ainsi des lois d'alimentation équi-phases pour les deux accès. Le faisceau « somme » présente un maximum dans l'axe, tandis que le faisceau « différence » présente un nul. Ce dernier est obtenu précisément dans l'axe par une alimentation centrale en opposition de phase de deux portions symétriques de l'antenne réseau. Le mode d'opération du radar est donc le suivant : le balayage mécanique du faisceau « somme » assure une première localisation de la cible sans ambiguïté, puis le faisceau « différence » est utilisé pour améliorer la précision de la localisation. Ce mode d'opération est fondé sur le fait que la détermination d'un zéro dans un diagramme de rayonnement est plus précise que celle d'un maximum. En augmentant le nombre d'éléments du réseau linéaire, on améliore la directivité et donc la résolution du radar. Une définition appropriée des lois d'amplitude permet de contrôler le niveau des lobes secondaires.

La méthode proposée consiste à dériver des équations définissant une portion élémentaire de la matrice, tel qu'illustré sur la Figure 20. Cette portion élémentaire comprend les nœuds A_n, B_n et l'élément rayonnant n, selon les notations introduites dans la section précédente, et est définie par le système d'équations suivant :

$$\begin{cases} a_{n+1} = a_n \cos\theta_n^A - b_n \sin\theta_n^B \sin\theta_n^A \\ b_{n+1} = b_n \cos\theta_n^B \\ c_n = a_n \sin\theta_n^A + b_n \sin\theta_n^B \cos\theta_n^A \end{cases} \qquad \text{pour } n = 1...N \qquad (50)$$

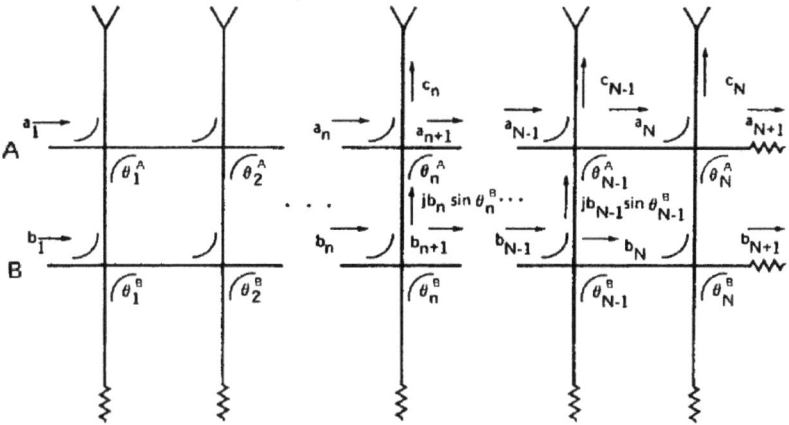

Figure 20 : Notations pour l'analyse d'une Matrice de Blass à deux entrées [35]

Avec ces notations, il est possible d'écrire le rapport entre la puissance dissipée dans les charges adaptées et la puissance en entrée comme suit :

$$\frac{P_{Charge}}{P_{Accès}} = \frac{a_{N+1}^2 + b_{N+1}^2}{a_1^2 + b_1^2} \tag{51}$$

Le système d'équations (50) permet de définir une méthode de conception « de proche en proche ». Pour des amplitudes de coefficients c_n, $n = 1...N$, données et des paramètres de coupleurs θ_n^A et θ_n^B, $n = 1...N$, fixés, il est possible de calculer de proche en proche tous les a_n et b_n, pour $n = 1...N$, en partant de a_1 et b_1. Une autre solution peut être de partir de a_{N+1} et b_{N+1} pour déterminer tous les a_n et b_n, pour $n = 1...N$. Il est ainsi possible de dériver une condition sur la puissance dissipée dans les charges et de minimiser celle-ci en fonction de la contrainte imposée sur les paramètres de coupleurs.

Les limites de faisabilité en termes de répartition de signal des coupleurs directionnels sont prises en compte à l'aide d'un paramètre θ, fonction du type de coupleurs utilisés, imposant la condition suivante sur les paramètres des coupleurs :

$$\sin^2 \theta_n \leq \sin^2 \theta \qquad \text{pour } n = 1...N \tag{52}$$

Ce paramètre de couplage θ permet donc de fixer une limite haute au couplage réalisable. Il est important de souligner qu'en fonction de la technologie retenue pour les coupleurs directionnels, il est parfois plus judicieux de définir une limite basse. En réalité, le choix du type de coupleur dépendra essentiellement du nombre de ports de sortie. Nous reviendrons sur ce point en fin de section.

Pour concevoir la première ligne d'alimentation, nous posons $b_n = 0$, pour $n = 1...N$. Nous supposons connus les coefficients c_n^S, pour $n = 1...N$, de la loi d'amplitude associée au faisceau « somme ». Le système d'équation (50) se résume alors aux équations suivantes :

$$\begin{cases} a_{n+1}^S = a_n^S \cos\theta_n^A \\ c_n^S = a_n^S \sin\theta_n^A \end{cases} \quad \text{pour } n = 1...N \tag{53}$$

Ce qui permet d'écrire la formule suivante, indépendante des paramètres des coupleurs :

$$\left(a_{n+1}^S\right)^2 + \left(c_n^S\right)^2 = \left(a_n^S\right)^2 \qquad \text{pour } n = 1...N \tag{54}$$

En exploitant la récurrence de cette dernière relation, nous arrivons à la formulation suivante :

$$\left(a_n^S\right)^2 = \left(a_{N+1}^S\right)^2 + \sum_{k=n}^{N}\left(c_k^S\right)^2 \qquad \text{pour } n = 1...N \tag{55}$$

En utilisant la deuxième équation du système (53), nous arrivons à la condition suivante sur les paramètres des coupleurs de la ligne d'accès A :

$$\sin^2\theta_n^A = \frac{\left(c_n^S\right)^2}{\left(a_{N+1}^S\right)^2 + \sum_{k=n}^{N}\left(c_k^S\right)^2} \qquad \text{pour } n = 1...N \tag{56}$$

La contrainte (52) sur les paramètres des coupleurs permet d'écrire l'inéquation suivante :

$$\left(a_{N+1}^S\right)^2 \geq \frac{\left(c_n^S\right)^2 - \sin^2\theta \sum_{k=n}^{N}\left(c_k^S\right)^2}{\sin^2\theta} \qquad \text{pour } n = 1...N \tag{57}$$

38

De sorte que pour minimiser la puissance dissipée dans la charge adaptée tout en respectant la condition imposée par la relation (57), a_{N+1}^S doit vérifier la relation suivante :

$$\left(a_{N+1}^S\right)^2 = \max_{n=1...N} \left\{ \left(\frac{c_n^S}{\sin\theta}\right)^2 - \sum_{k=n}^N \left(c_k^S\right)^2 \right\} \tag{58}$$

Partant de cette valeur, tous les paramètres des coupleurs de la ligne d'alimentation A peuvent être calculés en utilisant la formule (56).

Considérons maintenant les coefficients c_n^D, pour $n=1...N$, de la loi d'amplitude associée au faisceau « différence ». Les trajets multiples propres à l'accès B (voir Figure 19) ne permettent pas de simplifier le système (50). Il faut donc le prendre dans son intégralité. A ceci près que maintenant, les θ_n^A, pour $n=1...N$, sont connus. En suivant une démarche semblable à celle utilisée pour le faisceau « somme », il est possible de dériver une expression générique pour tous les paramètres des coupleurs de la ligne d'accès B (voir annexe D) :

$$\sin^2\theta_n^B = \frac{\left(M_n - P_n a_{N+1}^D\right)^2}{\left(b_{N+1}^D\right)^2 + \sum_{l=n}^N \left(M_l - P_l a_{N+1}^D\right)^2} \qquad \text{pour } n=1...N \tag{59}$$

où $\quad M_n = \dfrac{c_n^D}{\cos\theta_n^A} - \dfrac{\tan\theta_n^A \sin\theta_n^A}{c_n^S} \displaystyle\sum_{k=n}^N c_k^S c_k^D \quad$ et $\quad P_n = \dfrac{a_{N+1}^S}{c_n^S}\sin\theta_n^A \tan\theta_n^A$.

Les coupleurs directionnels de la ligne d'alimentation B étant également soumis à la contrainte traduite par la relation (52), on peut définir l'inégalité suivante :

$$\frac{\left(M_n - P_n a_{N+1}^D\right)^2}{\left(b_{N+1}^D\right)^2 + \sum_{l=n}^N \left(M_l - P_l a_{N+1}^D\right)^2} \le \sin^2\theta \qquad \text{pour } n=1...N \tag{60}$$

La résolution du problème consiste donc à minimiser le terme $\left(a_{N+1}^D\right)^2 + \left(b_{N+1}^D\right)^2$ correspondant à la puissance totale dissipée dans les charges pour le faisceau « différence » avec la contrainte définie par la relation (60). Il n'est pas possible de dériver une expression analytique de la solution comme dans le cas du faisceau « somme ». Toutefois, une étude de la forme quadratique définie par la relation (60), ayant pour inconnues a_{N+1}^D et b_{N+1}^D, permet de définir un algorithme pour une résolution numérique (voir annexe E). Tout cela permet de confirmer la complexité des matrices de Blass et la difficulté à trouver un optimum en termes d'efficacité. D'ailleurs, c'est ce qui amène souvent à limiter l'utilisation des matrices de Blass à des réseaux linéaire relativement importants, car dans ce cas précis, le couplage entre accès est fortement réduit par la directivité accrue des coupleurs, notamment en début de ligne d'alimentation, ce qui permet de dimensionner les différents accès selon la méthodologie de la première ligne. Cette approche, qui reste une approximation, entraîne souvent l'apparition de lobes secondaires non désirés, d'autant plus importants que le réseau linéaire est réduit. Dans le cas d'antennes réseaux linéaires de grandes dimensions, des coupleurs permettant des niveaux de couplage faibles sont nécessaires, notamment en début de chaque ligne d'alimentation, justifiant ainsi le choix d'une limite haute sur les paramètres de couplage plutôt que d'une limite basse. Dans le cas de matrices d'alimentation de petites dimensions, le choix de la contrainte à prendre en compte dépendra fortement des lois d'alimentation à produire. Il serait même plus judicieux dans ce cas particulier de s'affranchir de cette contrainte. Nous aborderons cette possibilité avec les matrices de Nolen dans le chapitre suivant.

II. 4 Méthode de conception dans le cas à M entrées

Nous présentons maintenant une méthode de conception proposée récemment par Mosca *et al.* [36], valable quel que soit le nombre d'entrées et s'appuyant en parti sur la méthode décrite dans la section précédente. Pour obtenir des lois d'alimentation formées en amplitude et en phase, il est nécessaire d'ajouter à chaque nœud de la matrice un contrôle en phase via un déphaseur. De sorte que l'on peut maintenant contrôler la répartition en amplitude et en phase au niveau de chaque nœud. La Figure 21(a) présente le schéma fonctionnel d'une matrice de Blass à M entrées ainsi que les notations associées. La Figure 21(b) présente le détail d'un nœud. Une matrice de Blass peut générer simultanément autant de faisceaux qu'elle possède d'entrées. Nous pouvons donc définir M lois d'alimentation associées à M faisceaux. Soit $C^{(m)}$, pour $m = 1...M$, le vecteur de dimension N contenant les coefficients d'alimentation des éléments rayonnants du réseau linéaire associé au faisceau m. La conception de la matrice de Blass consiste donc à dimensionner les paramètres des coupleurs et des déphaseurs de manière à obtenir en sortie de la matrice une combinaison linéaire donnée des vecteurs $C^{(m)}$ avec une alimentation appropriée en entrée de la matrice.

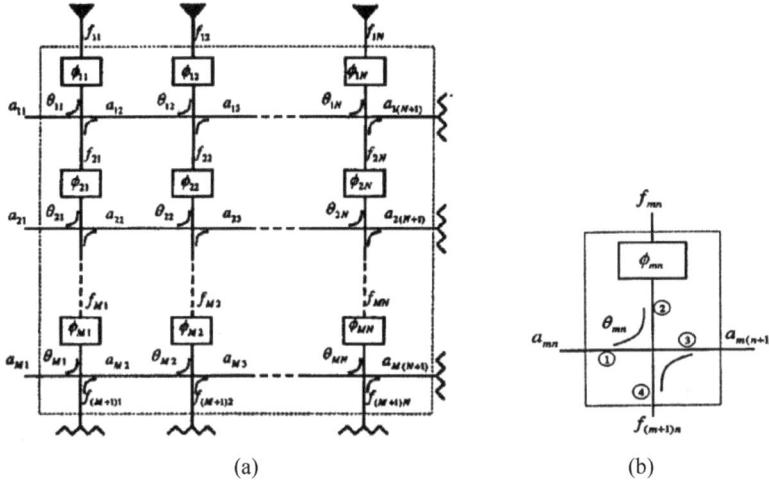

**Figure 21 : (a) Schéma fonctionnel de la matrice de Blass à M entrées et
(b) détail d'un nœud de la matrice [36]**

La formulation proposée par Mosca *et al.* [36] s'appuie sur une propriété des matrices orthogonales [27] en considérant le réseau encadré sur la Figure 21(a). En effet, en excluant les charges adaptées, on peut dire que le réseau étudié est sans pertes et dériver ainsi une propriété d'orthogonalité commode pour la résolution du problème. Pour cela, il nous faut introduire les vecteurs suivants :

- a_1 et b_1 correspondant respectivement aux ondes incidentes et réfléchies aux ports a_{i1} pour $i = 1...M$;

- a_2 et b_2 correspondant respectivement aux ondes incidentes et réfléchies aux ports $f_{(M+1)j}$ pour $j = 1...N$;

- a_3 et b_3 correspondant respectivement aux ondes incidentes et réfléchies aux ports $a_{i(N+1)}$ pour $i = 1...M$;

- et a_4 et b_4 correspondant respectivement aux ondes incidentes et réfléchies aux ports f_{1j} pour $j = 1...N$.

41

De sorte qu'il nous est possible d'écrire la matrice $[S]$ du réseau excluant les charges adaptées sous la forme suivante :

$$\begin{bmatrix} b_1 \\ b_2 \\ b_3 \\ b_4 \end{bmatrix} = \begin{bmatrix} \underline{0} & \underline{0} & \underline{X} & \underline{Y} \\ \underline{0} & \underline{0} & \underline{V} & \underline{W} \\ \underline{X}^T & \underline{V}^T & \underline{0} & \underline{0} \\ \underline{Y}^T & \underline{W}^T & \underline{0} & \underline{0} \end{bmatrix} \cdot \begin{bmatrix} a_1 \\ a_2 \\ a_3 \\ a_4 \end{bmatrix} \tag{61}$$

Les matrices nulles de la relation (61), notées $\underline{0}$, traduisent le fait que le réseau est adapté à tous les ports ainsi que les propriétés de découplages induites par les coupleurs directionnels. De plus, la matrice $[S]$ de la relation (61), représentant un réseau sans pertes, est nécessairement symétrique, d'où l'écriture avec des transposées de sous-matrices. Les sous-matrices $\underline{X}$, $\underline{Y}$, $\underline{V}$ et $\underline{W}$ ont respectivement pour dimensions $M \times M$, $M \times N$, $N \times M$ et $N \times N$. Dans l'étude du réseau excluant les charges adaptées, on considère les vecteurs b_3 et b_4 comme étant les sorties. Les vecteurs a_2 et a_3 sont nuls car les charges sont parfaitement adaptées. Le vecteur a_4 est également supposé nul, ce qui traduit le fait que nous étudions le réseau en transmission. De sorte que l'on peut définir une famille de vecteurs d'alimentation en entrée correspondant à l'alimentation tour à tour des entrées a_{m1} pour $m = 1...M$ comme suit :

$$a_1^{(m)} = \begin{bmatrix} 0 & \cdots & 0 & \underset{\text{rang } m}{1} & 0 & \cdots & 0 \end{bmatrix}^T \quad \text{pour } m = 1...M \tag{62}$$

On associe respectivement à ces M vecteurs d'entrée les M vecteurs de sortie suivants :

$$\begin{bmatrix} b_3^{(m)} \\ b_4^{(m)} \end{bmatrix} = \begin{bmatrix} \underline{X}^T & \underline{V}^T \\ \underline{Y}^T & \underline{W}^T \end{bmatrix} \cdot \begin{bmatrix} a_1^{(m)} \\ \underline{0} \end{bmatrix} \quad \text{pour } m = 1...M \tag{63}$$

En appliquant les propriétés des matrices orthogonales [27], il ressort que la famille de vecteurs définie par la relation (63) est mutuellement orthogonale, à savoir :

$$\begin{bmatrix} b_3^{(p)} \\ b_4^{(p)} \end{bmatrix}^T \cdot \begin{bmatrix} b_3^{(q)} \\ b_4^{(q)} \end{bmatrix}^* = 0 \tag{64}$$

où p et q sont des entiers distincts de l'intervalle $[1, M]$.

Généralement, le caractère non-orthogonal de la matrice (charges incluses) ne permet pas d'associer un faisceau à chaque accès, les faisceaux n'étant pas linéairement indépendants. Il est donc commode de considérer que le faisceau m est obtenu par une alimentation formée d'une combinaison linéaire des m premiers accès, à savoir a_{11}, $a_{21}, \ldots a_{m1}$. De plus, du fait des propriétés des coupleurs directionnels, lorsque l'accès a_{m1} est alimenté, la puissance dissipée dans les charges adaptées est la somme quadratique des m premiers termes du vecteur $b_3^{(m)}$. De sorte que la minimisation de la puissance dissipée dans les charges pour des lois d'alimentation données constitue un problème non linéaire à variables multiples.

Afin de simplifier le problème, les auteurs de [36] proposent d'introduire une contrainte supplémentaire : le dimensionnement de la matrice doit être tel que seule la charge associée au port $a_{m(N+1)}$ dissipe de la puissance lorsque l'accès a_{m1} est alimenté. Cette condition induit que les vecteurs $b_3^{(m)}$ sont deux à deux orthogonaux. Il s'en suit que la relation (64) impose aux vecteurs $b_4^{(m)}$ d'être également deux à deux orthogonaux. On rappelle que le vecteur $b_4^{(m)}$, pour $m = 1 \ldots M$, correspond à l'alimentation des éléments rayonnants lorsque l'accès a_{m1} est alimenté.

En règle générale, la famille de vecteurs $C^{(m)}$ définissant les coefficients d'alimentation des faisceaux n'est pas orthogonale. Compte tenu des remarques faites ci-dessus, il faut donc trouver une famille de vecteurs $b_4^{(m)}$ deux à deux orthogonaux telle que le vecteur $C^{(k)}$ soit une combinaison linéaire des k premiers vecteurs $b_4^{(m)}$. Une telle famille de vecteurs peut être obtenue en appliquant le procédé d'orthonormalisation de Gram-Schmidt aux M vecteurs $C^{(m)}$. Ces deux familles de vecteurs sont liées par la relation matricielle suivante :

$$
\begin{bmatrix} C^{(1)} \\ C^{(2)} \\ C^{(3)} \\ \vdots \\ C^{(M)} \end{bmatrix} = \begin{bmatrix} 1 & 0 & 0 & \ldots & 0 \\ \xi_{21} & 1 & 0 & \ldots & 0 \\ \xi_{31} & \xi_{32} & 1 & \ldots & 0 \\ \vdots & \vdots & \vdots & \ddots & \vdots \\ \xi_{M1} & \xi_{M2} & \xi_{M3} & \ldots & 1 \end{bmatrix} \cdot \begin{bmatrix} b_4^{(1)} \\ b_4^{(2)} \\ b_4^{(3)} \\ \vdots \\ b_4^{(M)} \end{bmatrix} \tag{65}
$$

où $\quad \xi_{ij} = \dfrac{C^{(i)} \cdot b_4^{(j)*}}{b_4^{(j)} \cdot b_4^{(j)*}}$ pour $i = 2 \ldots M$ et $j = 1 \ldots i-1$.

Les M vecteurs de sortie associés au réseau excluant les charges adaptées peuvent alors s'écrire comme suit :

$$x_m = \begin{bmatrix} 0 & \cdots & 0 & \underset{rang\ m}{p_m} & 0 & \cdots & 0 & b_4^{(m)} \end{bmatrix}^T \qquad \text{pour } m = 1...M \qquad (66)$$

où p_m est l'amplitude dissipée dans la charge en bout de la ligne excitée.

Cette relation permet de dire que la puissance dissipée suite à l'alimentation du port a_{m1} est $|p_m|^2$.

Par commodité d'écriture, on introduit la famille de vecteurs suivante :

$$F_i = \begin{bmatrix} f_{i1} & f_{i2} & \cdots & f_{iN} \end{bmatrix}^T \qquad \text{pour } i = 1...M + 1 \qquad (67)$$

L'annexe F montre qu'il est possible de calculer le vecteur F_i lorsque l'on alimente le port a_{i1} connaissant les paramètres associés aux étages supérieurs, c'est-à-dire les lignes d'indice inférieur à i, à l'aide de la formule suivante :

$$F_i = \underline{B}_{i-1}^{-1} \cdot \underline{B}_{i-2}^{-1} \cdots \underline{B}_1^{-1} \cdot F_1 \qquad \text{pour } i = 2...M \qquad (68)$$

où $\underline{B}_k$ est une matrice caractéristique de la ligne k dont la définition complète en fonction des paramètres des coupleurs directionnels et des déphaseurs est détaillée en annexe F.

On peut alors relier cette formulation relativement complexe du dimensionnement d'un étage de la matrice de Blass à M entrées à celui relativement simple du premier étage d'une matrice de Blass à deux accès décrite dans la section précédente. Afin de prendre en compte les limites de faisabilité des coupleurs directionnels, les auteurs de [36] introduisent le paramètre θ vérifiant la relation suivante :

$$\sin\theta_{mn} \le \sin\theta \qquad \text{pour } m = 1...M \text{ et } n = 1...N \qquad (69)$$

On pourra noter que cette contrainte ne prévoit pas que les termes $\sin\theta_{mn}$ soient négatifs, contrairement à la contrainte équivalente de la section précédente définie par l'équation (52). Puisque les nœuds de la matrice de Blass dans cette description généralisée intègrent des déphaseurs, ce déphasage éventuel de 180 degrés est pris en compte à ce niveau.

44

Finalement, l'algorithme de résolution associé au problème de dimensionnement d'une matrice de Blass à M entrées proposé par Mosca *et al.* [36] se décompose selon les étapes suivantes :

1)   Définir les M vecteurs $C^{(m)}$ normalisés associés aux M faisceaux désirés.

2)   Appliquer aux vecteurs $C^{(m)}$ le procédé d'orthonormalisation de Gram-Schmidt pour définir les M vecteurs $b_4^{(m)}$ et les coefficients ξ_{ij}, selon l'écriture matricielle (65).

3)   Considérer que seul le port a_{i1} est excité, de sorte que $F_1 = b_4^{(i)}$.

4)   Calculer le vecteur F_i à l'aide de la relation (68).

5)   Calculer les déphasages $\phi_{in} = \dfrac{\pi}{2} - \arg(f_{in})$ pour $n = 1...N$ associés aux déphaseurs de la ligne i.

6)   Appliquer la méthode de dimensionnement des coupleurs directionnels de la première ligne d'une matrice de Blass dérivée dans la section II. 3 pour calculer les $\sin\theta_{in}$ pour $n = 1...N$, la puissance $|p_i|^2$ dissipée dans la charge adaptée de la ligne i et l'amplitude d'alimentation en entrée a_{i1} que l'on notera e_i.

7)   Reprendre les étapes 3 à 6 pour $i = 1...M$.

Tout l'intérêt de cette méthode est donc de ramener un problème non linéaire à variables multiples à un problème récurrent consistant à minimiser à chaque itération l'amplitude p_i dissipée dans la charge associée selon la méthode dérivée dans la section II. 3, et cela grâce au choix judicieux de la base vectorielle $\{x_m\}_{m=1...M}$. Par contre, le défaut de l'hypothèse simplificatrice retenue est que la conception est optimale en termes d'efficacité pour les lois d'alimentation orthogonalisées et non les lois d'alimentation souhaitées. Le lien entre ces deux familles de lois d'alimentation se fait en introduisant la famille de vecteurs suivante :

$$\underline{E}_i = \begin{bmatrix} 0 & \cdots & 0 & \underset{rang\ i}{e_i} & 0 & \cdots & 0 \end{bmatrix}^T \quad \text{pour } i = 1...M \qquad (70)$$

On peut ainsi écrire le vecteur d'alimentation $\underline{E}_{entrée\,i}$ à appliquer en entrée de la matrice de Blass pour obtenir le faisceau i comme suit :

$$\underline{E}_{entrée\,i} = \begin{bmatrix} 1 & 0 & 0 & \dots & 0 \\ \xi_{21} & 1 & 0 & \dots & 0 \\ \xi_{31} & \xi_{32} & 1 & \dots & 0 \\ \vdots & \vdots & \vdots & \ddots & \vdots \\ \xi_{M1} & \xi_{M2} & \xi_{M3} & \dots & 1 \end{bmatrix} \cdot \underline{E}_i \tag{71}$$

II. 5 Exemples de dimensionnements

II. 5. 1 Cas d'une matrice de Blass à deux accès

Nous illustrons les propriétés décrites dans ce chapitre par deux exemples de dimensionnement. Pour cela, nous avons codé sous Matlab les algorithmes associés aux méthodes proposées dans [35] et [36]. Nous commençons par reprendre le cas d'application du radar à impulsion retenu dans [35] et justifiant de l'intérêt pour les matrices de Blass à lois d'alimentation uniformes en phase. Notre objectif est en particulier de comparer les deux méthodes pour mettre en évidence les limites de la méthode générale en termes d'efficacité.

Le réseau considéré est linéaire et possède 24 éléments rayonnants. Afin d'assurer une bonne symétrie des diagrammes par rapport à l'axe orthogonal au réseau linéaire, le réseau de 24 éléments rayonnants est subdivisé en deux sous-réseaux identiques de 12 éléments avec une alimentation centrale. Les alimentations des deux sous-réseaux se font en phase pour le faisceau « somme » et en opposition de phase pour le faisceau « différence ». Les lois d'alimentation des sous-réseaux considérés sont reportées dans le Tableau 1. Ces lois ont été optimisées pour baisser le niveau des lobes secondaires. Les diagrammes de rayonnement associés à ces lois d'alimentation sont représentés sur la Figure 22 pour un pas de réseau $d = 0{,}5\lambda_0$.

N	1	2	3	4	5	6	7	8	9	10	11	12
Somme	6,064	5,932	5,676	5,318	4,852	4,311	3,735	3,126	2,541	1,969	1,452	1,000
Différence	0,976	2,822	4,362	5,513	6,884	6,137	5,717	4,893	3,860	2,747	1,719	0,845

Tableau 1 : Exemple de lois d'alimentation pour un radar à impulsion [35]

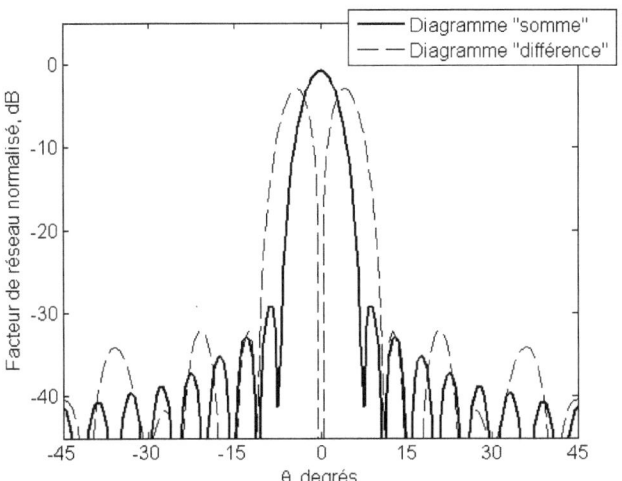

Figure 22 : Exemple de faisceaux « somme » et « différence »

Les résultats obtenus avec la méthode proposée dans [35] pour différentes contraintes sur les coupleurs directionnels sont présentés dans le Tableau 2. On vérifie que l'efficacité dépend fortement de la contrainte sur les coupleurs directionnels pour des réseaux avec un nombre relativement modeste d'éléments rayonnants, d'où l'intérêt de la méthode proposée puisque qu'elle permet dans ce cas de minimiser l'énergie dissipée dans les charges adaptées. Également, de par le processus de conception en lui-même, le faisceau « somme » n'est excité que par le signal sur l'accès A. Par contre, le faisceau « différence » est excité par une combinaison linéaire des signaux sur l'accès A et l'accès B. Ceci est dû à la non-orthogonalité des deux lois d'alimentation. En effet, la relation (D-8), dérivée en annexe, appliquée au signal en entrée sur l'accès A pour le faisceau différence donne :

$$a_1^D = \frac{\sin\theta_1^A}{c_1^S}\left(a_{N+1}^D a_{N+1}^S + \sum_{k=n}^{N} c_k^S c_k^D \right) \qquad \text{pour } n = 1...N \qquad (72)$$

Il ressort donc de cette relation que la contribution en entrée de l'accès A est nulle si la relation suivante est vérifiée :

$$a_{N+1}^D a_{N+1}^S + \sum_{k=n}^{N} c_k^S c_k^D = 0 \qquad \text{pour } n = 1...N \qquad (73)$$

	sin θ = 0,5 6dB		sin θ = 0,3 10dB	
N	Ligne A	Ligne B	Ligne A	Ligne B
1	0,3995	-0,5000	0,2925	-0,2405
2	0,4263	-0,4131	0,2992	-0,1163
3	0,4510	-0,2723	0,3000	0,0106
4	0,4734	-0,0975	0,2947	0,1255
5	0,4903	0,2002	0,2813	0,2754
6	0,4998	0,2441	0,2605	0,2765
7	0,5000	0,3630	0,2337	0,3000
8	0,4832	0,4508	0,2012	0,2861
9	0,4486	0,5000	0,1670	0,2404
10	0,3890	0,4858	0,1312	0,1730
11	0,3114	0,3878	0,0976	0,1018
12	0,2257	0,2191	0,0675	0,0382

Efficacité en % $\left(P_{rad} / P_{inc} \right)$

sin θ	Somme	Différence
6dB	91,91	94,54
10dB	49,25	59,93

Ratio d'alimentation en entrée $\left(b_1 / a_1 \right)$

sin θ	Somme	Différence
6dB	0	0,7033
10dB	0	0,9678

Tableau 2 : Paramètres des coupleurs directionnels

Cela se rapproche d'une condition d'orthogonalité sur les lois d'alimentation si la matrice était sans pertes, c'est-à-dire $a_{N+1}^{D} = a_{N+1}^{S} = 0$.

Par ailleurs, ces résultats mettent en évidence l'importance du signe des paramètres des coupleurs directionnels, information omise dans l'article [35]. La formule (56) permet de voir que les paramètres des coupleurs de la ligne A sont toujours positifs (ou plus exactement tous de même signe pour obtenir une loi uniforme en phase). Par contre, il ressort de la formule (D-10) dérivée en annexe que certains paramètres des coupleurs de la ligne B peuvent être négatifs. Cela sous-entend que le choix de la technologie pour les coupleurs directionnels doit permettre de régler ce déphasage. Autrement, il est nécessaire d'inclure des déphaseurs dans la conception de la matrice, même lorsque l'on conçoit des faisceaux à lois d'alimentation uniformes en phase. En dimensionnant le même réseau avec la méthode générale proposée dans [36], nous obtenons les résultats du Tableau 3. Ceux-ci confirment la remarque ci-dessus concernant le signe des paramètres de couplage sur l'accès B. Par ailleurs, et comme on pouvait s'y attendre, les résultats de la première ligne sont identiques pour les deux méthodes mais sensiblement différents pour la seconde. Notamment, l'efficacité

N	sin θ = 0,5 6dB		sin θ = 0,3 10dB	
	Ligne A V degrés	Ligne B V degrés	Ligne A V degrés	Ligne B V degrés
1	0,3995 90	0,5000 180	0,2925 90	0,3000 180
2	0,4263 90	0,4392 180	0,2992 90	0,2069 180
3	0,4510 90	0,3365 180	0,3000 90	0,1037 180
4	0,4734 90	0,2016 180	0,2947 90	0,0050 180
5	0,4903 90	0,0562 0	0,2813 90	0,1272 0
6	0,4998 90	0,0696 0	0,2605 90	0,1244 0
7	0,5000 90	0,1462 0	0,2337 90	0,1444 0
8	0,4832 90	0,1809 0	0,2012 90	0,1360 0
9	0,4486 90	0,1719 0	0,1070 90	0,1071 0
10	0,3890 90	0,1250 0	0,1312 90	0,0678 0
11	0,3114 90	0,0579 0	0,0976 90	0,0288 0
12	0,2257 90	0,0089 180	0,0675 90	0,0043 180

Efficacité en % (P_{rad} / P_{inc})		
sin θ	Somme	Différence
6dB	91,91	79,03
10dB	49,25	37,65

Ratio d'alimentation en entrée (b_1 / a_1)		
sin θ	Somme	Différence
6dB	0	0,7167
10dB	0	0,8383

Tableau 3 : Paramètres des coupleurs directionnels avec l'algorithme général

chute fortement avec la méthode proposée dans [36] et ce quelle que soit la contrainte imposée sur le dimensionnement des coupleurs. Cela permet de mettre en évidence le caractère non optimal de la méthode générale.

II. 5. 2 Cas d'une matrice de Blass à 20 sorties

Pour mettre en évidence l'intérêt de l'algorithme général, nous avons repris le cas traité dans [36]. Celui-ci est caractérisé par un nombre de sorties plus important. La matrice de Blass est dimensionnée pour alimenter un réseau linéaire comprenant 20 éléments rayonnants et former 9 faisceaux. Les lois d'amplitude des 9 faisceaux sont définies selon une loi de Taylor assurant un niveau de lobes secondaires à 40 dB [37, 38], tandis que les lois de phase, définies avec la relation (8), assurent des pointages respectifs selon les directions suivantes : 0°, 5°, 10°, 15°, 20°, -5°, -10°, -15° et -20°. Ces 9 faisceaux permettent ainsi de couvrir un secteur angulaire de 45° avec une résolution de 5°, ce qui peut être intéressant dans des applications de balayage électronique. Les facteurs de réseau normalisés associés à ces faisceaux sont représentés sur la Figure 23. Les résultats obtenus avec l'algorithme de Mosca *et al.* [36] sont reportés du Tableau 4 au Tableau 6. On note en particulier une nette amélioration de l'efficacité. De plus, il est intéressant de voir que tous les faisceaux ont des rendements comparables (entre 90% et 95%). Ceci est dû au fait que le rendement dépend

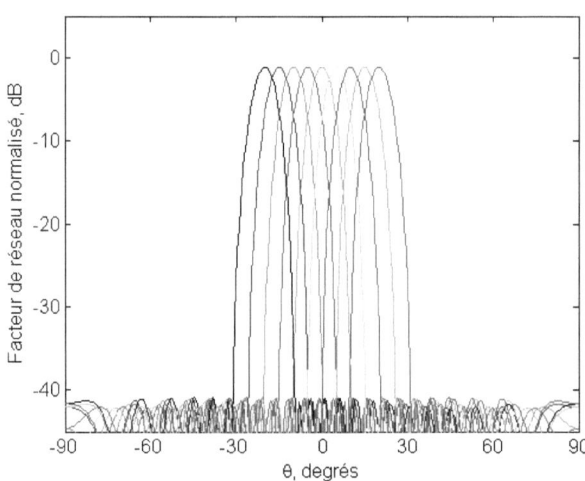

Figure 23 : Facteurs de réseau normalisés des 9 faisceaux étudiés

essentiellement du nombre d'éléments rayonnants pour les grands réseaux linéaires. Lorsque N est faible, le rendement est beaucoup plus sensible aux lois d'alimentation retenues.

n	Paramètres des coupleurs directionnels avec $\sin\theta = 0,5$ $(\sin\theta_{mn})$								
	$\sin\theta_{1n}$	$\sin\theta_{2n}$	$\sin\theta_{3n}$	$\sin\theta_{4n}$	$\sin\theta_{5n}$	$\sin\theta_{6n}$	$\sin\theta_{7n}$	$\sin\theta_{8n}$	$\sin\theta_{9n}$
1	0,0378	0,0841	0,1376	0,1914	0,2454	0,2840	0,3254	0,3675	0,4116
2	0,0553	0,1178	0,1841	0,2443	0,2992	0,3370	0,3748	0,4081	0,4330
3	0,0862	0,1737	0,2556	0,3201	0,3703	0,3977	0,4144	0,4082	0,3686
4	0,1256	0,2367	0,3266	0,3858	0,4184	0,4164	0,3809	0,3155	0,2969
5	0,1700	0,2979	0,3858	0,4284	0,4231	0,3679	0,2959	0,3170	0,3835
6	0,2177	0,3536	0,4292	0,4389	0,3682	0,2948	0,3246	0,3657	0,3244
7	0,2669	0,4011	0,4512	0,4035	0,2845	0,3221	0,3494	0,3019	0,3502
8	0,3157	0,4371	0,4410	0,3259	0,2996	0,3469	0,2916	0,3498	0,3590
9	0,3624	0,4568	0,3886	0,2908	0,3556	0,2936	0,3359	0,3489	0,3195
10	0,4057	0,4532	0,3112	0,3518	0,3290	0,3084	0,3532	0,3086	0,3794
11	0,4438	0,4174	0,2927	0,3923	0,2715	0,3634	0,2933	0,3735	0,3074
12	0,4747	0,3471	0,3638	0,3529	0,3175	0,3210	0,3496	0,3122	0,3823
13	0,4951	0,2697	0,4276	0,2822	0,3593	0,3013	0,3431	0,3523	0,3165
14	0,5000	0,2602	0,4249	0,3094	0,3046	0,3672	0,2974	0,3521	0,3781
15	0,4824	0,3415	0,3510	0,3815	0,2733	0,3392	0,3736	0,3108	0,3387
16	0,4364	0,4402	0,2720	0,3731	0,3570	0,2984	0,3272	0,3880	0,3655
17	0,3611	0,5000	0,3156	0,2817	0,3715	0,3705	0,3224	0,2880	0,3657
18	0,2668	0,4884	0,4268	0,2495	0,2681	0,3316	0,4077	0,4076	0,3435
19	0,1778	0,4062	0,4806	0,3501	0,2598	0,2160	0,2646	0,3559	0,4502
20	0,1238	0,3268	0,5000	0,5000	0,5000	0,5000	0,5000	0,5000	0,5000

Tableau 4 : Paramètres des coupleurs directionnels de la matrice de Blass à 9 faisceaux

n	Paramètres des déphaseurs, en degrés (ϕ_{mn})								
	ϕ_{1n}	ϕ_{2n}	ϕ_{3n}	ϕ_{4n}	ϕ_{5n}	ϕ_{6n}	ϕ_{7n}	ϕ_{8n}	ϕ_{9n}
1	90,00	-12,37	-12,59	-13,51	-15,17	112,29	10,74	12,92	16,21
2	90,00	-2,82	-2,74	-3,37	-4,80	83,46	-0,60	1,37	4,29
3	90,00	6,91	7,44	7,23	6,15	50,45	-13,33	-12,95	-14,14
4	90,00	16,87	18,04	18,44	18,01	10,99	-30,50	-39,01	-51,75
5	90,00	27,15	29,16	30,45	31,62	-40,89	-61,67	-70,29	-50,36
6	90,00	37,80	40,95	43,89	50,15	-121,18	-86,26	-66,21	-65,40
7	90,00	48,92	53,74	60,74	82,52	130,35	-83,59	-89,57	-94,10
8	90,00	60,62	68,46	86,79	117,48	22,86	-108,02	-112,39	-88,30
9	90,00	73,13	87,60	126,22	115,92	-73,48	-134,20	-107,34	-125,93
10	90,00	86,91	117,51	147,71	115,66	-179,80	-126,56	-143,15	-124,68
11	90,00	103,09	160,28	139,25	147,02	75,10	-151,78	-151,76	-145,87
12	90,00	124,54	-170,60	138,68	-177,31	-32,28	178,56	-156,26	-168,44
13	90,00	157,99	-167,66	167,15	-175,46	-139,86	-174,66	166,29	-167,08
14	90,00	-154,93	177,28	-150,44	178,45	124,48	157,85	172,70	154,72
15	90,00	-117,88	176,55	-131,29	-147,41	16,44	132,03	143,89	164,79
16	90,00	-95,93	-152,32	-137,95	-116,64	-97,99	135,74	124,51	125,28
17	90,00	-81,20	-106,04	-144,43	-111,94	175,92	102,88	125,46	127,38
18	90,00	-69,57	-78,63	-106,29	-121,50	97,80	83,09	85,64	96,67
19	90,00	-59,28	-63,02	-71,94	-86,60	-38,04	93,89	84,44	81,03
20	90,00	-49,55	-51,60	-55,21	-60,29	-140,07	53,46	55,79	59,25

Tableau 5 : Paramètres des déphaseurs de la matrice de Blass à 9 faisceaux

m	Efficacité en % (P_{rad}/P_{inc})	Ratio d'alimentation en entrée à la puissance rayonnée, en dB $\left(10\log\left(e_m\,a_{m1}^2\Big/\sum_{n=1}^{N}f_{1n}^2\right)\right)$								
		a_{11}	a_{21}	a_{31}	a_{41}	a_{51}	a_{61}	a_{71}	a_{81}	a_{91}
1	90,80	0,00								
2	92,63	-3,36	-2,68							
3	94,42	-14,25	-2,59	-3,85						
4	94,25	-35,94	-11,93	-2,34	-4,53					
5	92,73	-58,52	-31,78	-10,61	-2,14	-5,20				
6	91,94	-3,40	-9,05	-12,73	-15,34	-17,15	-5,00			
7	92,36	-14,35	-16,38	-18,66	-20,84	-22,90	-2,11	-5,25		
8	93,06	-36,00	-36,12	-36,25	-35,99	-36,04	-10,19	-2,02	-5,61	
9	94,04	-58,46	-50,83	-46,70	-45,19	-47,62	-27,73	-9,54	-1,91	-6,14

Tableau 6 : Lois d'alimentation en entrée de la matrice de Blass à 9 faisceaux

Un autre paramètre dimensionnant pour le rendement est la contrainte sur les coupleurs directionnels, $\sin\theta$. Dans l'exemple étudié, celle-ci a été prise suffisamment élevée puisque peu de coupleurs directionnels se retrouvent contraints par cette valeur. Pour illustrer l'impact de ce paramètre, nous avons traité le même cas avec une contrainte sur les coupleurs directionnels fixée à $\sin\theta = 0,3$. L'efficacité obtenue par faisceau est reportée dans le Tableau 7. On note que celle-ci chute de 90% à 60% environ. Le choix de la technologie des coupleurs directionnels est donc particulièrement important pour que la contrainte sur les coefficients de couplage affecte au minimum l'efficacité de la matrice.

m	1	2	3	4	5	6	7	8	9
Efficacité en % (P_{rad}/P_{inc})	54,72	58,91	64,32	68,10	68,38	59,01	61,03	59,75	59,32

Tableau 7 : Efficacité de la matrice de Blass à 9 faisceaux pour $\sin\theta = 0,3$

Finalement, ces résultats soulignent aussi la forte complexité des matrices de Blass. On note en effet avec le nombre de décimales données que les valeurs de couplage et de déphasage sont presque toutes différentes, ce qui sous-entend une optimisation de presque autant de composants que de nœuds dans la matrice. La conception de telles matrices reste donc un travail relativement difficile, ce qui explique le peu d'intérêt porté à ces matrices pendant de nombreuses années. Avec l'amélioration des outils de calcul, on constate un certain regain d'intérêt ces dernières années avec notamment l'étude de composants de base adaptés aux matrices de Blass [39]. La précision numérique à retenir pour un dimensionnement pratique dépendra fortement de la sensibilité de la technologie retenue et des contraintes de précision sur les diagrammes de rayonnement, en particulier sur le niveau des lobes secondaires.

II. 6 Matrices de Blass large bande

Les matrices de Blass, caractérisées par une alimentation en série, sont par nature dispersives, donc leur comportement et plus particulièrement les phases d'insertion relatives dépendent fortement de la fréquence. Il en résulte un phénomène de dépointage de faisceau avec la fréquence qui peut être exploité pour des applications de balayage électronique. Par contre, pour des applications nécessitant une stabilité de fonctionnement sur des bandes de fréquence larges, il est indispensable d'équilibrer les longueurs de lignes tel que proposée par Butler dans [40], ce qui conduit à la topologie présentée sur la Figure 24. Nous reviendrons sur cette propriété et plus particulièrement sur la dépendance en fréquence du pointage de faisceau dans le chapitre suivant.

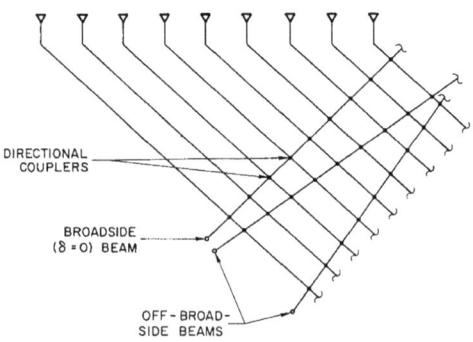

Figure 24 : Matrices de Blass large bande [40]

54

II. 7 Exemples de réalisations de matrices de Blass dans la littérature

Nous terminons ce chapitre en présentant quelques cas de réalisations. Comme nous l'avons déjà souligné, peu d'exemples ont été trouvés dans la littérature ouverte compte tenu de la difficulté à concevoir une telle matrice. Deux modes d'utilisation ont été identifiés, du fait de la flexibilité offerte par de telles matrices. Le premier consiste à réaliser un ensemble de faisceaux fortement similaires pointant dans des directions angulaires fixées librement (ce que ne permet pas une matrice orthogonale). Une réalisation récente de matrice de Blass à 5 accès en technologie guide d'onde est présentée dans [41]. Le nombre de ports de sortie étant relativement élevé (32 précisément), le couplage entre les différentes lignes d'alimentation est réduit de sorte que l'angle de pointage de chaque faisceau est obtenu en ajustant uniquement les longueurs de lignes par variation de l'inclinaison de la ligne d'alimentation par rapport à l'axe défini par les ports de sortie (voir Figure 25).

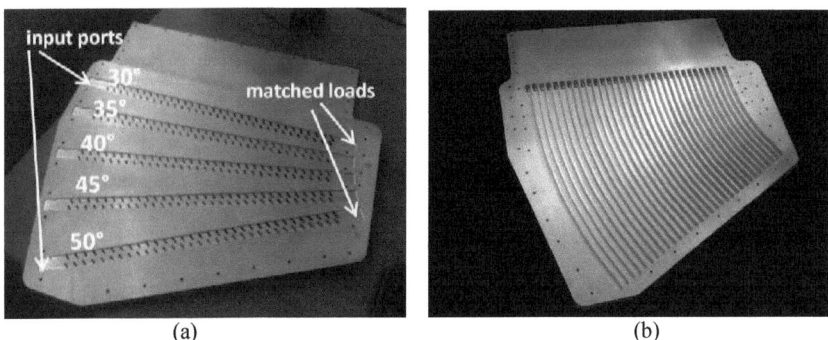

(a)   (b)

Figure 25 : Matrice de Blass en technologie guide d'onde [41] : (a) lignes d'alimentations et (b) lignes de sorties

Une réalisation très similaire, mais en technologie GIS est proposée dans [42]. Cette technologie, qui consiste à réaliser des circuits imprimés sur substrat avec des procédés chimiques standards tout en utilisant des rangées de via pour produire un mode de propagation de type guide d'onde, présente de nombreux avantages en comparaison de la technologie guide d'onde classique avec en particulier un coût de réalisation inférieur et une masse réduite [43]. Par ailleurs, elle est plus avantageuse que les technologies imprimées habituelles pour les fréquences élevées en ce qu'elle présente moins de pertes d'insertion et réduit significativement les problèmes de couplages. Elle facilite par ailleurs la réalisation de systèmes intégrés incluant réseau de formation de faisceaux, sections d'amplification, éléments rayonnants, etc. Nous présenterons d'autres exemples de réalisations en technologie GIS dans le chapitre suivant.

Le deuxième mode d'utilisation des matrices de Blass identifié dans la littérature consiste à former la loi en amplitude pour produire des faisceaux eux-mêmes formés pour répondre à un besoin donné. C'est le cas par exemple dans [44] où une matrice de Blass à deux accès est utilisée pour produire un faisceau conventionnel et un faisceau étalé, pointant de part et d'autre de la direction orthogonale au réseau rayonnant. Les diagrammes mesurés sont reportés sur la Figure 26. La flexibilité offerte par la matrice de Blass sur la distribution en amplitude est également utilisée sur le faisceau plus conventionnel (de type gaussien) afin de réduire le niveau des lobes secondaires. On note en effet que ceux-ci sont tous 20dB en dessous du maximum de directivité.

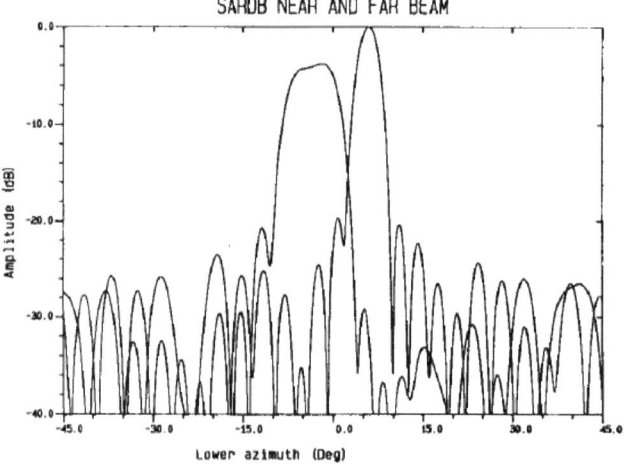

**Figure 26 : Diagrammes de rayonnement produits par
la matrice de Blass proposée dans [44]**

Enfin nous terminons en présentant l'agencement particulier de matrices de Blass proposé dans [45] et illustré sur la Figure 27. Il s'agit en fait de deux matrices de Blass disposées symétriquement avec une alimentation centrale, favorisant naturellement une dynamique symétrique de type gaussienne pour la distribution en amplitude, contribuant à une réduction des lobes secondaires. Cet agencement particulier est une généralisation de la configuration à alimentation centrale déjà proposée dans [35] et exploite la flexibilité des matrices de Blass pour alimenter un réseau conformé.

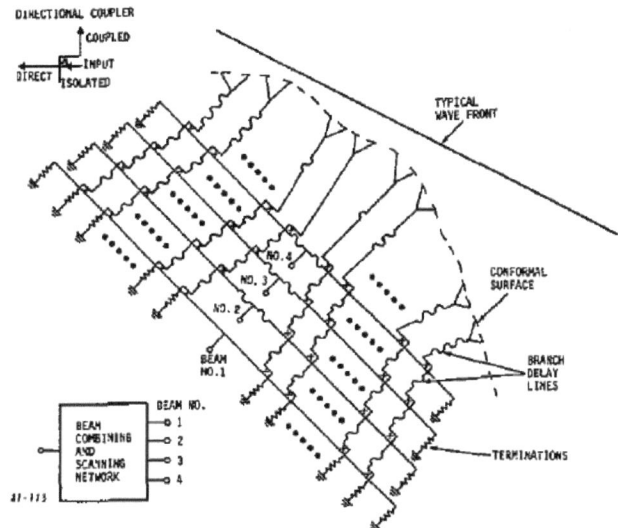

Figure 27 : Matrice de Blass à alimentation centrale [45]

II. 8 Conclusions

Ce chapitre a donc été l'occasion de regrouper un certain nombre d'informations sur les matrices de Blass. Nous retiendrons en particulier que ces matrices ont l'avantage de présenter une forte flexibilité sur la définition des lois d'alimentation des différents faisceaux. Par contre, cette flexibilité entraine des pertes dans la structure du fait de la non-orthogonalité des lois d'alimentation. Plus les faisceaux sont non-orthogonaux, plus les pertes sont importantes.

Nous avons détaillé l'ensemble des équations associées à un mode de dimensionnement général des matrices de Blass. Celui-ci a l'avantage d'être relativement simple à coder par sa formulation récurrente, par contre il ne conduit pas à un dimensionnement optimal en termes d'efficacité lorsque les lois d'alimentation sont non-orthogonales. Nous avons tout de même vérifié que lorsque que le nombre de sorties de la matrice est important (au-delà d'une vingtaine de sorties), l'efficacité de l'ensemble des faisceaux est tout à fait acceptable. Également, nous avons constaté que ce mode de dimensionnement reporte une certaine complexité en entrée de la matrice dans le cas de lois d'alimentation en sortie non-orthogonales car le signal par faisceau doit être distribué sur un nombre plus ou moins important de ports d'entrée, voire tous pour le dernier faisceau à produire. En fonction de l'application visée, la solution retenue pour réaliser ces lois d'alimentation en entrée peut venir ajouter des pertes supplémentaires. Dans ce cas, il serait certainement préférable d'opter pour une optimisation numérique de la matrice permettant d'avoir exactement un port d'entrée par faisceau. La difficulté d'une telle approche est reportée sur le choix de la condition initiale pour approcher au mieux l'optimum global, sans pouvoir garantir que celui-ci a été atteint.

Nous avons vu aussi que le choix de la technologie est particulièrement important. Notamment, le choix du type de coupleurs directionnels utilisés doit être compatible du besoin (nombre d'éléments rayonnants, largeur de bande, etc.) en termes de dynamique de couplage. Les méthodes de dimensionnement étudiées considèrent toutes une contrainte haute sur le couplage, car elles font l'hypothèse d'un nombre de sorties relativement important et donc un choix de coupleur permettant des couplages relativement faibles. Nous reviendrons sur cet aspect dans le chapitre suivant en abordant la matrice de Nolen.

Chapitre III - <u>Matrices multifaisceaux orthogonales</u>

III. 1 Introduction

Nous abordons dans ce chapitre deux matrices orthogonales. La première, très connue, est la matrice de Butler. Compte tenu du nombre de publications et livres traitant de ce type de matrice, nous serons relativement succincts sur le sujet tout en abordant les points principaux nous permettant ensuite une bonne comparaison avec la matrice de Nolen. Sur cette dernière matrice, il existe très peu d'informations dans la littérature ouverte comme nous l'avons déjà mentionné, nous avons donc consacré davantage de temps à l'étude du fonctionnement de cette matrice, nous permettant de proposer et valider expérimentalement une technique de dimensionnement. Ces informations permettent de mieux comprendre cette matrice et identifier ses domaines d'application.

Comme pour la matrice de Blass, le composant de base de ces matrices orthogonales est le coupleur directionnel, nous ne revenons donc pas sur la définition et les caractéristiques de ce composant élémentaire.

III. 2 Matrices de Butler

III. 2. 1 Description

Tout d'abord, une petite précision historique s'impose. Nous utilisons dans ce rapport l'appellation très répandue de matrices de Butler, en référence à l'article de Butler publié en 1961 [12]. Mais il est intéressant de savoir qu'un mois avant, un article de Shelton présentait la même solution de matrices orthogonales [46], d'où l'appellation parfois rencontrée de matrices de Shelton-Butler pour désigner ces mêmes matrices. Certains papiers sur les matrices de Butler présentent néanmoins une référence antérieure, correspondant à un rapport interne de la société Sanders Associate écrit par Butler et datant de janvier 1960 [47]. Ces deux équipes semblent donc avoir travaillé en même temps sur le concept mais avec des orientations différentes. Leurs travaux se distinguent en ce que Butler a généralisé à des réseaux planaires le concept identifié pour des réseaux linéaires, et l'a associé à un système d'alimentation complémentaire permettant la formation d'une loi en amplitude caractérisée par une distribution en cosinus pour réduire les lobes secondaires. Par ailleurs, Butler présente des résultats de mesure de prototypes réalisés pour différents laboratoires. Pour sa part,

Shelton a cherché à généraliser le concept identifié avec des coupleurs 4 ports à des matrices à base de composants 6, voire 8 ports. Ces composants étant nettement plus complexes que les coupleurs directionnels standards ou coupleurs hybrides, ces travaux n'ont pas mené à des réalisations pratiques, du moins à notre connaissance.

Ces matrices de Butler sont donc caractérisées par une alimentation en parallèle des sorties, tous les chemins électriques entre entrées et sorties étant équivalents. Pour obtenir cette particularité, la matrice est constituée de plusieurs couches de coupleurs hybrides. Un coupleur hybride équilibré divisant la puissance en 2, nous aurons donc 2^n sorties par entrée au bout de n couches pour assurer une distribution du signal uniforme en amplitude. De plus, si tous les ports de chaque coupleur sont utilisés, nous aurons nécessairement 2^n entrées, du fait des symétries des coupleurs directionnels. Il s'en suit que la solution générale des matrices de Butler impose un nombre d'entrées égal au nombre de sorties et s'écrivant sous la forme 2^n. De ces conditions, on peut déjà définir une famille de matrices très proches des matrices de Butler et permettant une répartition équi-amplitude de toutes les entrées. Ces matrices sont connues sous le nom de « matrices hybrides ». Elles sont particulièrement intéressantes pour la conception de circuits à amplification distribuée ne nécessitant pas de lois de phase particulières [48]. Le cas élémentaire se résume à un seul coupleur hybride pour une matrice à deux entrées. Les itérations suivantes sont illustrées sur la Figure 28. Comme l'ajout d'une couche supplémentaire double nécessairement le nombre d'entrées, une méthode systématique de conception d'une matrice hybride à 2^n entrées consiste à placer en parallèle deux sous-matrices hybrides à 2^{n-1} entrées et à combiner deux à deux les sorties de ces sous-matrices dans une dernière couche comportant 2^n coupleurs hybrides, chaque coupleur recombinant les sorties de même indice des deux sous-matrices, tel que schématisé sur les Figures 26 (b) et (c).

Cet agencement particulier de coupleurs directionnels est canonique en ce sens qu'il conduit au minimum de composants élémentaires, en supposant évidemment que le seul composant élémentaire utilisé soit un coupleur directionnel à 4 ports. De plus, on note que pour arriver à cette forme canonique, des croisements de voies RF sont nécessaires, ce qui n'était pas le cas des matrices de Blass du fait de leur topologie en série. Le nombre de croisements augmente sensiblement avec le nombre d'entrées. Enfin, les lois de phase en sortie ne présentent pas de caractéristiques adaptées à l'utilisation de telles matrices en tant que circuit d'alimentation pour des réseaux linéaires.

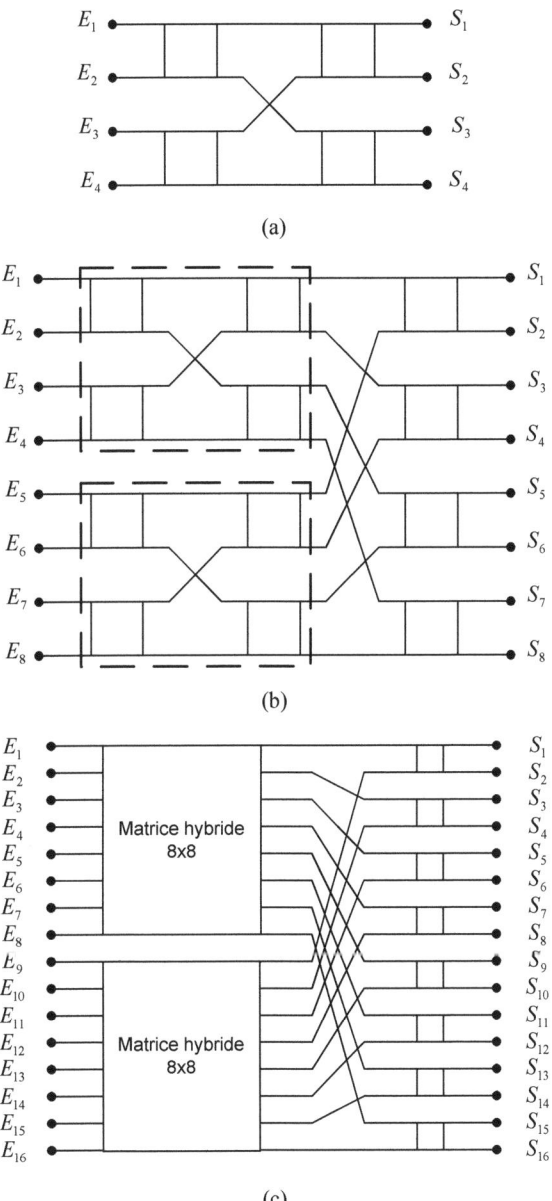

(a)

(b)

(c)

Figure 28 : Exemples de matrices hybrides à (a) 4, (b) 8 et (c) 16 entrées

Les matrices de Butler correspondent en fait à une forme évoluée des matrices hybrides incluant des déphaseurs dimensionnés pour obtenir des progressions de phases arithmétiques pour chaque entrée afin d'assurer une recombinaison optimale en rayonné dans une direction de pointage donnée pour chacun des faisceaux. Par contre, du fait de l'orthogonalité de ces matrices, les progressions de phases ne peuvent être fixées indépendamment. Nous abordons ce point dans la section suivante.

III. 2. 2 Dimensionnement et propriétés

La première évolution par rapport aux matrices hybrides concerne l'ordre des ports de sortie. En effet, la topologie particulière des matrices hybrides impose que deux ports adjacents en sortie issus d'un même coupleur de la dernière couche soient nécessairement en quadrature de phase quelle que soit l'entrée. Pour lever cette première contrainte sur la phase, Butler [12] propose d'ordonner les ports de sortie de toute sous-matrice de dimension 2^n (soit les sorties de la couche n) de sorte que deux sorties d'un même coupleur soient distantes de 2^{n-1}, la distance entre deux sorties étant définie comme la différence de leurs indices. Cet arrangement particulier induit des croisements de voies supplémentaires. Des déphaseurs sont ensuite ajoutés dans la structure afin de produire des lois de phase à progression arithmétique. Une méthode de conception systématique des matrices de Butler est proposée dans [49] pour des coupleurs hybrides 90° (une méthode adaptée à des matrices de Butler avec des coupleurs hybrides 180° est présentée dans [50]). Les lois d'alimentation en phase résultantes sont données par la formule suivante dans le cas d'une matrice de Butler à N sorties :

$$\alpha_n^{(m)} = \frac{n\pi(2m-1)}{N} \tag{74}$$

où n est l'indice des ports de sortie variant de 1 à N et m est l'indice des ports d'entrée (des faisceaux) variant également de 1 à N.

La différence de phase entre ports adjacents par faisceau peut donc s'écrire :

$$\Delta\alpha^{(m)} = \frac{\pi(2m-1)}{N} \tag{75}$$

Compte tenu des symétries de la matrice et par conséquent des faisceaux produits, il serait plus simple de faire varier l'indice m de 1 à $N/2$ afin de centrer l'ensemble des faisceaux autour de la direction orthogonale à l'axe du réseau linéaire, comme indiqué par l'équation (8), en considérant la différence de phase donnée par (75) et son opposé. En effet, on constate que l'ensemble des différences de phases couvre de façon régulière un domaine angulaire de longueur 2π. Or les facteurs de réseau produits sont 2π – périodiques. On en déduit donc que l'ensemble des facteurs de réseau couvre l'ensemble du domaine visible $[-kd;kd]$ avec une répétition éventuelle par des lobes de réseau en fonction du ratio d/λ_0. De sorte que les indices m au-delà de $N/2$ et jusqu'à N produisent des facteurs de réseau avec un premier lobe de réseau pointant dans la même direction que le lobe principal d'un facteur de réseau associé à une différence de phase obtenue par un indice compris entre $-N/2$ et -1 selon une formule mathématiquement opposée à la formule (75), à savoir :

$$\Delta\alpha^{(m)} = \frac{\pi(2m+1)}{N} \tag{76}$$

L'intérêt de réordonner ces indices est que la structure devient alors symétrique permettant de dimensionner l'ensemble des déphaseurs sans tenir compte du signe éventuel de la progression de phase. En fait, les indices ou différences de phase correspondantes sont tels qu'il y ait une alternance de signe sur l'ensemble des entrées. Par ailleurs, pour appliquer la méthode proposée par Moody [49], il faut ordonner les entrées en fonction de leurs différences de phase respectives en valeur absolue afin que :

- la somme des différences de phase de toutes paires d'entrées sur un même coupleur hybride soit égale à π,
- la somme des différences de phase des entrées en bord de tout groupe de 4 entrées (soit 2 coupleurs hybrides) soit égale à $\pi/2$,
- la somme des différences de phase des entrées en bord de tout groupe de 8 entrées (soit 4 coupleurs hybrides) soit égale à $\pi/4$,
- et plus généralement, la somme des différences de phase des entrées en bord de toute sous-matrice de dimension 2^i soit égale à $\pi/2^{i-1}$.

Les déphaseurs sont ensuite ajoutés en respectant la démarche suivante :

- toute sous-matrice de dimension 4 possède deux déphaseurs placés sur les voies RF en bord de structure (une de part et d'autre) entre les deux couches de coupleurs hybrides et dont la valeur est égale à $\pi/2$ moins la différence de phase du port d'entrée en direct avec la voie RF considérée,

- toute sous-matrice de dimension 8 possède 4 déphaseurs placés sur les voies RF en bord de structure (deux de part et d'autre) avant la dernière couche de coupleurs hybrides et dont la valeur est égale à $\pi/2$ moins deux fois la différence de phase du port d'entrée en direct avec la voie RF considérée,

- plus généralement, toute sous-matrice de dimension 2^i possède 2^{i-1} déphaseurs placés sur les voies RF en bord de structure (2^{i-2} de part et d'autre) avant la dernière couche de coupleurs hybrides et dont la valeur est égale à $\pi/2$ moins 2^{i-2} fois la différence de phase du port d'entrée en direct avec la voie RF considérée.

À la dernière étape de ce dimensionnement, correspondant à la dernière couche de déphaseurs positionnée avant la dernière couche de coupleurs hybrides, les déphaseurs sont tous égaux et de valeur $\pi/4$.

Le cas particulier d'une matrice de Butler à 4 entrées est illustré sur la Figure 29. Les entrées sont identifiées par l'indice de faisceau correspondant, permettant d'évaluer les progressions de phase associées selon la formule (74), soit $\pi/4$, $-3\pi/4$, $3\pi/4$ et $-\pi/4$. Cette matrice de Butler est la plus étudiée dans la littérature car elle reste relativement simple. Par contre, on note qu'un croisement de voies supplémentaire est nécessaire en sortie par rapport aux matrices hybrides. Des déphaseurs introduisant des retards de $\pi/4$ ont également été ajoutés.

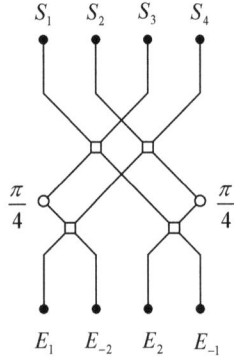

Figure 29 : Matrice de Butler à 4 entrées

La matrice $[S]$ réduite s'écrit :

$$[S] = \frac{1}{2} \begin{bmatrix} 1 & e^{-j3\pi/4} & e^{-j\pi/2} & e^{-j3\pi/4} \\ e^{-j\pi/4} & 1 & e^{-j5\pi/4} & e^{-j\pi/2} \\ e^{-j\pi/2} & e^{-j5\pi/4} & 1 & e^{-j\pi/4} \\ e^{-j3\pi/4} & e^{-j\pi/2} & e^{-j3\pi/4} & 1 \end{bmatrix} \tag{77}$$

Cette écriture est intéressante car elle met en évidence la symétrie au niveau des lois de phase (progressions arithmétiques positives et négatives). En réalité, l'orientation des faisceaux dépendant uniquement des phases relatives, il serait tout à fait possible de modifier indépendamment chaque colonne par un coefficient multiplicatif de la forme $e^{j\alpha}$.

La Figure 30 présente le schéma d'une matrice de Butler à 8 entrées. Cette structure ne comprend que 3 coupleurs par voie RF et 12 coupleurs au total. Également, 8 déphaseurs sont nécessaires. On constate par ailleurs que le nombre de croisements de voies RF augmente sensiblement, passant à 16 dans cette structure. Les progressions de phase résultantes sont dans l'ordre $\pi/8$, $-7\pi/8$, $5\pi/8$, $-3\pi/8$, $3\pi/8$, $-5\pi/8$, $7\pi/8$ et $-\pi/8$.

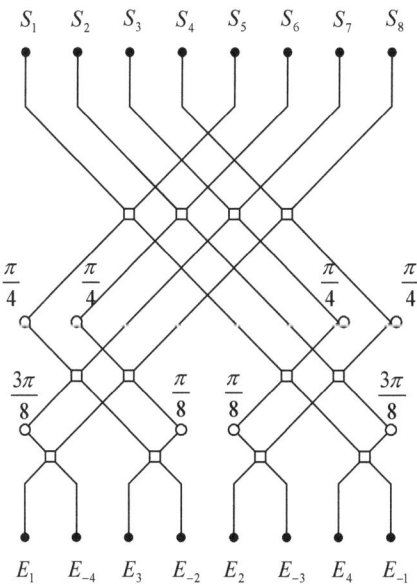

Figure 30 : Matrice de Butler à 8 entrées

Plus généralement, une matrice de Butler à 2^n entrées est constituée de $n2^{n-1}$ coupleurs hybrides et $(n-1)2^{n-1}$ déphaseurs, soit un total de $(2n-1)2^{n-1}$ composants. Le nombre de croisements imposé par la topologie spécifique des matrices de Butler est de $2^{n-1}(2^n - n - 1)$, ce dénombrement étant détaillé en annexe G. Nous reviendrons sur cet aspect lorsque nous comparerons les matrices de Nolen et Butler. Abordons maintenant une variante des matrices de Butler permettant une loi en amplitude formée.

III. 2. 3 Matrices de Butler à loi d'amplitude non-uniforme

La topologie standard de la matrice de Butler impose une loi en amplitude uniforme. Pour lever cette contrainte et baisser le niveau des lobes secondaires, Butler avait suggéré d'associer sa matrice à un circuit d'alimentation dont la combinaison permettait une loi en amplitude à distribution en cosinus [49]. Ce circuit d'alimentation est positionné avant la matrice de Butler, et est constitué d'une alternance de coupleurs hybrides utilisés en diviseurs ou combineurs de puissance, tel qu'illustré sur la Figure 31. Cet arrangement a l'inconvénient de réduire le nombre de faisceaux par rapport à l'utilisation d'une matrice de Butler seule, et ce d'autant plus que l'on cherche à accentuer la dynamique de la distribution en amplitude. Cela sous-entend donc un surdimensionnement de la matrice de Butler, et donc une complexité accrue. Par ailleurs, cette configuration induit des pertes. Nous reviendrons sur cet aspect dans le chapitre suivant relatif aux circuits d'alimentation à lois de phase uniformes. L'association des deux circuits n'est donc plus orthogonale.

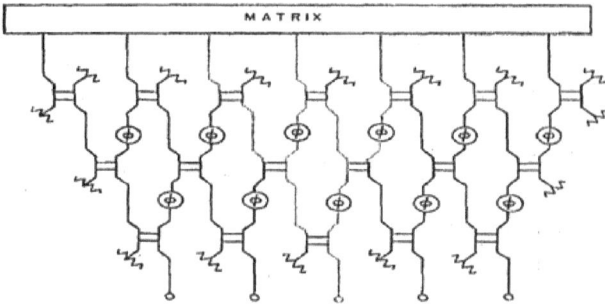

Figure 31 : Matrice d'alimentation non-orthogonale à loi d'alimentation formée en amplitude utilisant une matrice de Butler [49]

Dans cette section, nous préférons donc attirer l'attention sur une autre solution, proposée par Shelton [51], et qui a l'avantage de conserver partiellement des propriétés d'orthogonalité. L'idée repose sur une particularité de la formule (74). On constate en effet que les progressions de phase sont telles que, pour tout faisceau m produit par un réseau linéaire de N éléments, la phase du premier élément rayonnant est de la forme $\pi(2m-1)/N$. En prolongeant cette progression de phase à un $N+1^{\text{ième}}$ élément rayonnant, on obtiendrait une phase égale à $\pi(N+1)(2m-1)/N$, soit la phase du premier élément augmentée d'un multiple impair de π. Il est alors possible d'alimenter un réseau d'éléments rayonnants avec $2N$ éléments par une matrice de Butler de dimension N dont les sorties sont toutes divisées en deux. Les deux sous-réseaux linéaires de N éléments sont alors image l'un de l'autre à π près. L'intérêt de cette configuration est que la division de puissance ajoutée en sortie de la matrice de Butler n'a pas besoin d'être équilibrée. Un dimensionnement adapté des diviseurs de puissance permet donc de produire des lois d'alimentation orthogonales à distribution en amplitude gaussienne. Shelton [51] propose même de généraliser le concept à un réseau linéaire constitué de kN éléments rayonnants en utilisant une matrice de Butler de dimension N associée à des diviseurs de puissance $1:k$, tel qu'illustré sur la Figure 32.

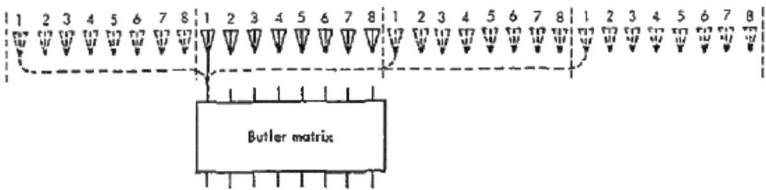

Figure 32 : Matrice d'alimentation orthogonale $N \times kN$ **à loi d'amplitude formée [51]**

Par contre, comme nous le verrons dans le chapitre suivant, les diviseurs de puissance sont souvent non-orthogonaux (c'est en particulier le cas du diviseur 1:2) et peuvent induire des pertes sous certaines conditions. Pour cette raison, la configuration proposée reste orthogonale en émission, mais n'est pas nécessairement orthogonale en réception.

III. 2. 4 Exemples de réalisations de matrices de Butler dans la littérature

Nous terminons cette section dédiée aux matrices de Butler en présentant quelques exemples de réalisation. En particulier, nous avons déjà souligné la présence d'un nombre important de croisements de voies RF dans les matrices de Butler. Ceci a un impact fort en pratique sur le mode de réalisation en imposant souvent une conception à deux ou plusieurs couches. La Figure 33 présente un exemple de réalisation d'une matrice à 8 entrées en guide d'onde sur deux couches [52]. Le coupleur hybride utilisé est un coupleur plan E, le couplage étant obtenu par des fentes selon le grand côté du guide. L'intérêt de cette réalisation est de combiner les changements de couche nécessaires pour réaliser les croisements de voie aux déphaseurs, ces derniers étant réalisés donc par un changement de couche via une fente convenablement dimensionnée. Un autre exemple de matrice de Butler à 8 entrées est présenté sur la Figure 34 [53]. Il s'agit d'une réalisation multicouche pour gagner en compacité, les entrées comme les sorties sont ainsi distribuées sur 4 couches. La conception globale est faite en 3 dimensions, permettant l'utilisation de déphaseurs à stubs particulièrement large bande. Un dernier exemple de matrice multicouche est présenté sur la Figure 35 [54]. L'utilisation de lignes coplanaires (CPW) et plus particulièrement de coupleurs CPW à couplage par fente facilite la réalisation des croisements de voie puisque ceux-ci sont intégrés à la deuxième couche de coupleurs de la matrice. Par contre, les sorties comme les entrées sont distribuées sur les deux couches. Par conséquent, l'intégration de ce réseau d'alimentation avec une éventuelle antenne réseau linéaire nécessite l'ajout de croisements de voie supplémentaires.

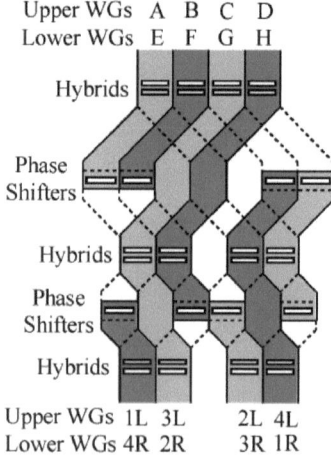

Figure 33 : Matrice de Butler 8×8 en technologie guide d'onde deux couches [52]

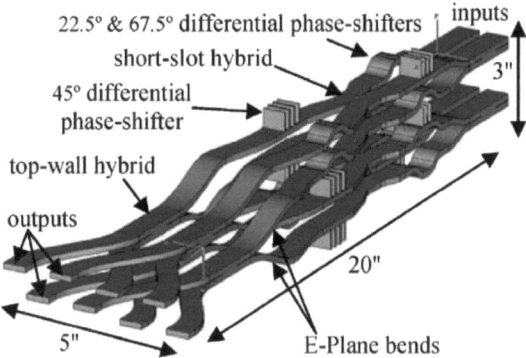

Figure 34 : Matrice de Butler 8×8 en technologie guide d'onde multicouche [53]

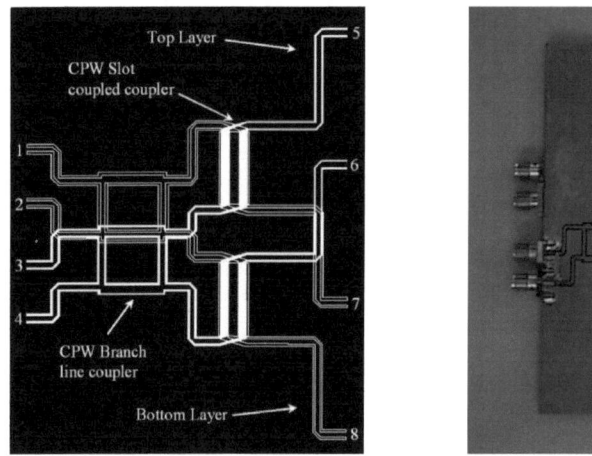
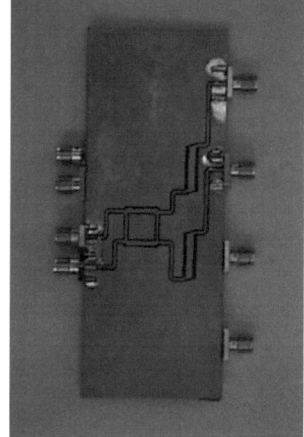

Figure 35 : Matrice de Butler 4×4 en technologie CPW deux couches [54]

Dans le cas de réalisations planaires à une seule couche, plusieurs techniques sont présentes dans la littérature pour éviter ou réaliser les croisements de voies RF. Dans le cas particulier des matrices de Butler 4×4, il est en effet possible d'éviter les croisements par un arrangement judicieux des composants et des ports d'entrée et sortie. Un premier exemple d'arrangement est présenté sur la Figure 36 [55]. Les croisements sont évités en plaçant les entrées deux à deux en vis-à-vis (en haut et en bas sur la Figure 36) ainsi que les sorties (à droite et à gauche sur la Figure 36). Cette configuration ne permet pas l'intégration directe des éléments rayonnants. Une alternative est proposée sur la Figure 37 pour intégrer des éléments rayonnants de type patch sur la même couche que la matrice de Butler en technologie imprimée [56]. Afin de réduire les longueurs de ligne entre composants, un même arrangement de matrice mais associé à un réseau de patch alimenté par fente de couplage est présenté sur la Figure 38 [57]. Cette configuration permet une conception plus compacte et réduit les risques de perturbation par couplage liés à la configuration précédente. Ces différentes configurations sans croisements sont intéressantes mais ont toutes l'inconvénient d'être difficilement utilisables sur des matrices de dimensions supérieures à 4. Une alternative très répandue consiste à utiliser un composant supplémentaire pour réaliser la fonction de croisement de voies. Une telle fonction peut être obtenue en cascadant deux coupleurs hybrides 90° équilibrés. Un exemple de réalisation avec cette méthode est présenté sur la Figure 39 [58]. L'intérêt de cette réalisation particulière est de bien mettre en évidence la mise en cascade des deux coupleurs pour obtenir la fonction de croisement de voies. En réalité, ces deux coupleurs peuvent être fusionnés pour arriver à une réalisation plus compacte. On parle alors de coupleur 0dB. Un exemple de réalisation intégrant un tel composant est présenté sur la Figure 40 [59].

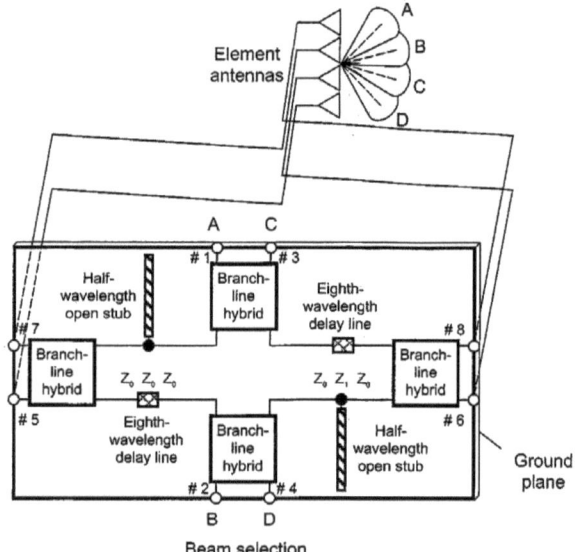

Figure 36 : Matrice de Butler 4×4 sans croisement de voies [55]

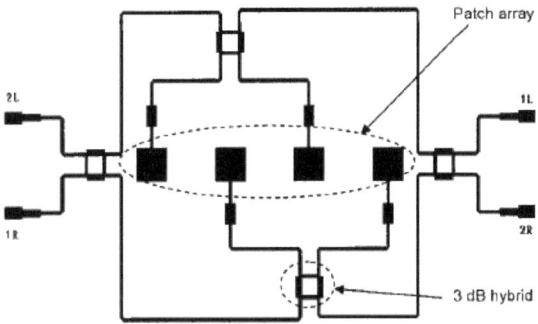

Figure 37 : Matrice de Butler 4×4 en technologie imprimée avec un réseau de patch intégré sur la même couche [56]

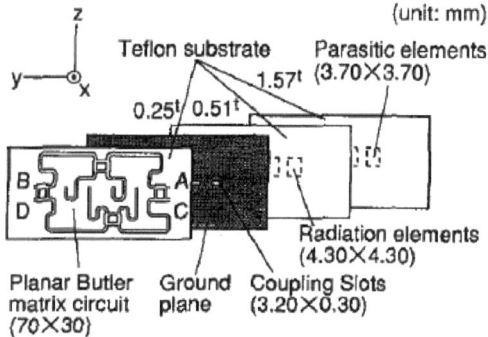

Figure 38 : Matrice de Butler 4×4 en technologie imprimée avec un réseau de patch alimenté par fente de couplage [57]

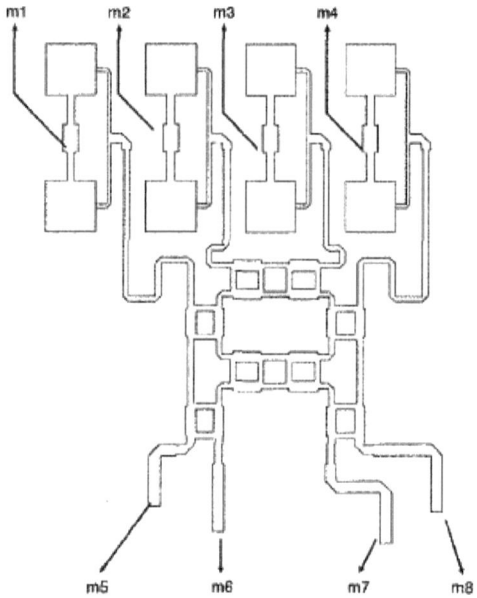

Figure 39 : Matrice de Butler 4×4 en technologie imprimée avec croisements de voie par coupleurs cascadés [58]

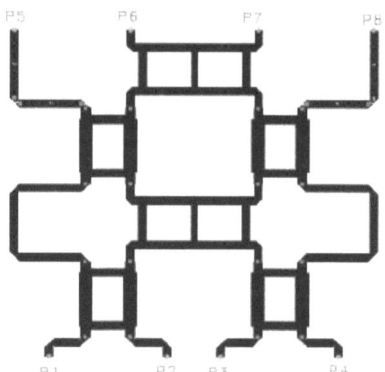

Figure 40 : Matrice de Butler 4×4 en technologie imprimée avec croisements de voie par coupleurs 0dB [59]

Nous considérons maintenant des exemples de réalisation avec des lois en amplitude formées. Le premier, en technologie imprimée, est présenté sur la Figure 41 [60]. Deux types de diviseurs de puissance ('a' et 'b' sur la Figure 41 avec un coefficient de couplage de -10,0 et -5,1dB respectivement) ont été dimensionnés pour créer une loi en amplitude permettant des lobes secondaires 20dB sous le maximum de directivité.

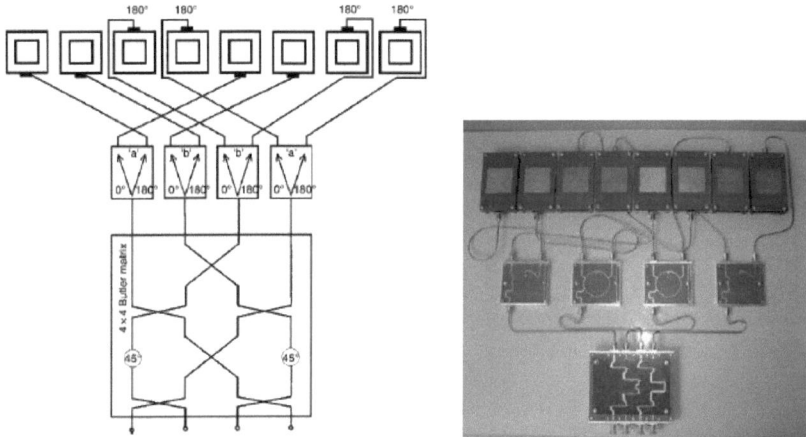

Figure 41 : Matrice de Butler 4×8 avec une loi en amplitude formée en technologie imprimée [60]

Un autre exemple de réalisation, intéressant par son intégration et l'utilisation de la technologie GIS, est reporté sur la Figure 42 [61]. La solution présentée propose une légère modification de la topologie de la matrice afin de supprimer deux étages (l'étage de croisements en sortie de la matrice de Butler standard et l'étage de déphaseurs 180° en sortie des diviseurs de puissance) par rapport à une conception plus conventionnelle.

Les différents cas présentés, qu'ils soient planaires ou non, en technologie guide d'onde ou imprimée, ont tous en commun d'être limités en taille. La quasi-totalité des articles analysés se limite à des matrices de dimension 8. Cela se comprend compte tenu de la complexité de ces matrices qui augmente considérablement avec le nombre d'entrées.

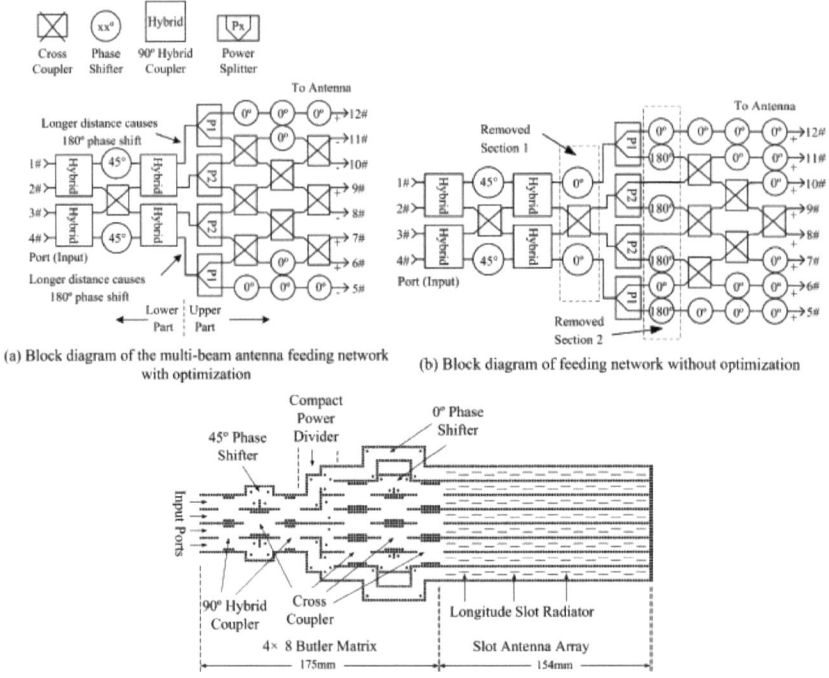

Figure 42 : Matrice de Butler 4×8 avec une loi en amplitude formée en technologie GIS [61]

Nous avons tout de même trouvé un cas de réalisation d'une matrice de Butler 16×16 [62]. Celui-ci est présenté sur la Figure 43. L'intérêt de cette réalisation est d'introduire un mode de dimensionnement de la matrice qui est sensiblement différent de celui présenté dans ce rapport de thèse tout en produisant les mêmes lois d'alimentation que la matrice de Butler standard équivalente. Le schéma bloc proposé par Wallington [62] est illustré sur la Figure 44. On note qu'il utilise des matrices de Butler 4×4 comme structure de base, celles-ci étant réalisées selon le même principe que celle illustrée sur la Figure 36, permettant ainsi d'éviter les croisements au niveau de la structure de base par une orientation judicieuse des entrées et sorties. Les deux niveaux de structures de base sont ensuite disposés sur deux plans parallèles, les croisements entre ces deux niveaux étant obtenus par des câbles coaxiaux croisés en bord de structure, visibles sur la Figure 43.

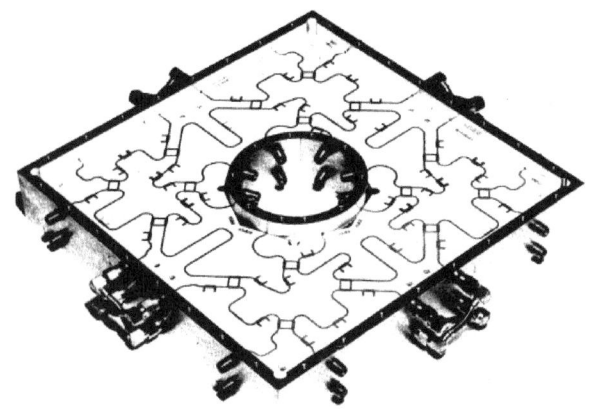

Figure 43 : Matrice de Butler 16×16 en technologie imprimée [62]

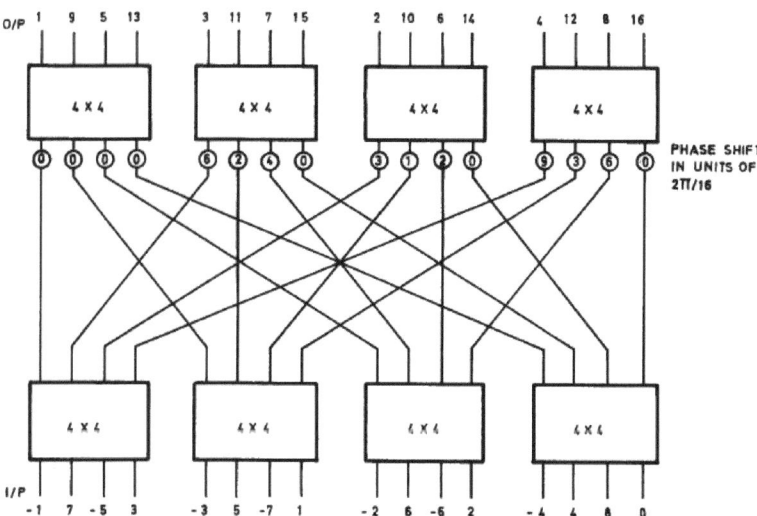

Figure 44 : Représentation schématique d'un second mode de dimensionnement de matrices de Butler illustré dans le cas d'une matrice 16×16 [62]

Enfin, nous ne pouvions conclure cette section dédiée aux matrices de Butler sans mentionner les réalisations récentes proposées par A. Ali [63] et T. Djerafi [64] dans le cadre d'une activité de R&T menée par les laboratoires LAAS-CNRS et Poly-GRAMES et financée par le CNES en complément des travaux présentés dans ce rapport de thèse. Le but de ces réalisations était d'approfondir l'apport de la technologie GIS pour des matrices de Butler planaires (voir Figure 45(a)) ou sur deux couches (voir Figure 45(b)). La solution sur deux couches permet une plus forte intégration au prix d'une complexité de réalisation accrue. Ces différents prototypes ont été dimensionnés en bande Ku (les résultats obtenus sur la réalisation planaire indiquent un potentiel de bande de fréquence de près de 3GHz autour de 12,5GHz soit une bande passante relative supérieure à 20%).

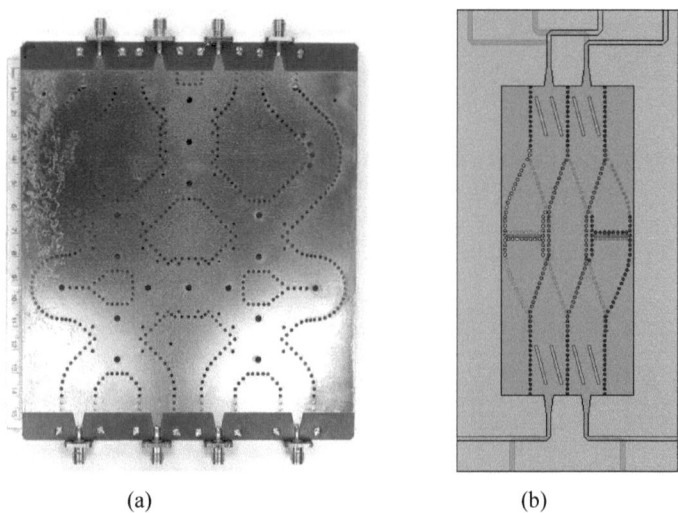

(a)   (b)

Figure 45 : Matrice de Butler 4×4 en technologie GIS (a) planaire [64] et (b) sur deux couches [63]

III. 3 Matrices de Nolen

III. 3. 1 Description

Abordons maintenant les matrices de Nolen. Comme nous l'avons déjà mentionné, il existe très peu d'information sur ces matrices dans la littérature ouverte. Ces matrices portent le nom de Nolen car elles auraient été décrites pour la première fois dans le rapport de thèse de Nolen publié en 1965 [14]. Ce rapport de thèse est difficilement accessible. Les seules informations que nous avons à son sujet sont fournies par deux livres qui y font référence [17, 40] mais de manière très succincte, la raison étant que ces matrices sont réputées difficiles à dimensionner et plus complexes que leur équivalent Butler. À l'appui de ces arguments, une note technique du Lincoln Laboratory rédigée en 1978 par Cummings [65] est finalement la seule référence significative sur le sujet.

La topologie générique d'une matrice de Nolen est présentée sur la Figure 46. Une matrice de Nolen générale présente M ports d'entrée (nommés a_i pour $i = 1...M$) et N ports de sortie (nommés b_j pour $j = 1...N$). Ces ports sont reliés par une matrice $[S]$ réduite telle que :

$$
\begin{bmatrix} b_1 \\ \vdots \\ b_j \\ \vdots \\ b_N \end{bmatrix}_{\substack{(N,1) \\ 1 \le j \le N}} = [S]_{(N,M)} \cdot \begin{bmatrix} a_1 \\ \vdots \\ a_i \\ \vdots \\ a_M \end{bmatrix}_{\substack{(M,1) \\ 1 \le i \le M}}
\tag{78}
$$

On note que la matrice $[S]$ réduite ou matrice de transfert n'est pas nécessairement carrée, ce qui sous-entend que les matrices de Nolen ne sont pas toujours orthogonales, tel que défini dans la section I. 5. 1. Par contre, elles restent sans pertes en émission si l'ensemble des colonnes de $[S]$ forme une famille de vecteurs unitaires linéairement indépendants, ce qui impose nécessairement $M \le N$. En conséquence, le mode de transmission réciproque (réception avec nos notations) pourra présenter des pertes puisque les N vecteurs colonnes de dimension M de la matrice $[S]^T$ ne peuvent former une famille linéairement indépendante lorsque $N > M$. Nous reviendrons sur cette propriété lorsque nous introduirons les matrices de Nolen à distribution d'amplitude non-uniformes. Lorsque la matrice est carrée, elle est sans pertes en émission comme en réception puisqu'elle est orthogonale. Les matrices de Nolen permettent donc des nombres d'entrées et de sorties relativement arbitraires en fonction du mode de fonctionnement souhaité, permettant d'ajuster au mieux la taille du réseau rayonnant à l'application visée, contrairement aux matrices de Butler qui imposent dans leur forme générique un nombre d'entrée s'écrivant comme une puissance de deux[3].

---

[3] Il est important de souligner qu'il existe certaines réalisations particulières dans la littérature pour lesquelles le nombre d'entrées n'est pas une puissance de 2, mais il s'agit soit de réalisations pour lesquels les lois de phase ne sont pas contraintes par une progression arithmétique (réseaux non linéaires) soit de matrices surdimensionnées dont certaines entrées sont simplement supprimées ou chargées.

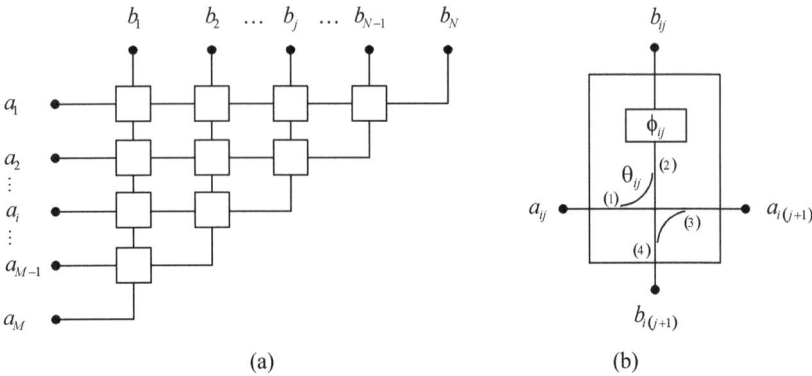

Figure 46 : (a) Forme générique des matrices de Nolen et (b) détail d'un noeud

Contrairement aux matrices de Butler, les matrices de Nolen sont caractérisées par une alimentation en série des sorties. Les matrices de Nolen sont constituées d'un ensemble de voies RF reliées aux ports d'entrée croisant un ensemble de voies RF reliées aux ports de sorties. Chaque croisement comporte un coupleur directionnel et un déphaseur, tel qu'illustré sur la Figure 46(b). Cette description est très similaire à celle des matrices de Blass. Par contre, les voies d'alimentation sont terminées par des coudes disposés selon la diagonale, permettant ainsi de supprimer les charges adaptées présentes dans une matrice de Blass. En ce sens, on pourrait dire que les matrices de Nolen sont une version orthogonale ou sans pertes des matrices de Blass. En fait, si l'on part d'une matrice de Blass, considérant la première ligne d'alimentation, il est nécessaire de remplacer le dernier coupleur de cette ligne, correspondant au nœud $(1, N)$, par un coude vers la dernière sortie afin de supprimer la charge adaptée tout en conservant une alimentation distribuée sur l'ensemble des sorties. Il s'en suit que toute l'énergie transmise au coupleur $(2, N)$ sera entièrement dissipée puisqu'il n'est plus relié à la ligne d'alimentation supérieure. Il doit donc être supprimé et le coupleur qui le précède, correspondant au nœud $(2, N-1)$, peut être remplacé par un coude simple vers la ligne supérieure. En poursuivant ce raisonnement à la ligne suivante, le coupleur $(3, N-2)$ sera lui aussi remplacé par un coude. Plus généralement donc, tous les coupleurs selon la diagonale définie par les nœuds $(i, N+1-i)$, pour $i = 1...M$, sont remplacés par des coudes.

Il ressort de cette description qu'aucun croisement de voies n'est nécessaire, ce qui pourrait être avantageux pour des réalisations planaires. Par contre, ces matrices présentent plus de composants par voie RF que les matrices de Butler si l'on ne prend pas en compte les croisements de voies RF pour ces dernières. En effet, du fait de l'alimentation en série chaque voie RF comporte au moins autant de composants que de ports de sortie, alors que dans le cas d'une matrice de Butler à 2^n sorties, il n'y a que n composants par voie RF. Cummings [65] propose une technique de réduction des matrices de Nolen en introduisant des coupleurs équilibrés et en permettant des croisements de voies RF. Cette technique de réduction aboutit aux matrices de Butler dans le cas où le nombre d'entrées est une puissance de deux, confirmant ainsi le caractère canonique des matrices de Butler. Nous reviendrons sur cette technique de réduction en fin de chapitre.

III. 3. 2 Méthode de dimensionnement

Cummings [65] propose une méthode matricielle de mise en équation des matrices de Nolen dans le cas de coupleurs hybrides 180°. Nous avons adapté cette méthode en annexe H à des coupleurs hybrides 90°, tels que considérés dans ce rapport de thèse. Dans cette méthode, chaque nœud de la matrice est associé à une matrice élémentaire unité de dimension $N \times N$ à l'exception d'une sous-matrice de dimension 2×2 correspondant à la matrice de transfert du nœud. Cette méthode conduit à un système matriciel qui peut être résolu de proche en proche mais dont l'écriture se complexifie avec la dimension de la matrice. Cette écriture est finalement très similaire à la mise en équation générale d'une matrice de Blass.

Nous avons donc cherché à définir une méthode de dimensionnement plus simple. Pour cela, nous avons exploité le lien décrit plus haut entre matrices de Nolen et matrices de Blass. Ces deux matrices étant très similaires, nous avons envisagé d'utiliser l'algorithme de dimensionnement des matrices de Blass proposée par Mosca *et al.* [36] et décrit dans le chapitre précédent. L'algorithme de Mosca *et al.* [36] prend en compte une contrainte haute sur les valeurs de couplage (équation (52)) qui, adaptée aux matrices de Nolen, s'écrirait :

$$\sin^2 \theta_{ij} \leq \sin^2 \theta \qquad \text{pour } i = 1...M \text{ et } j = 1...N \qquad (79)$$

Or, les coudes d'une matrice de Nolen peuvent être vus comme des coupleurs dont le paramètre de couplage θ_c est tel que $\sin \theta_c = 1$. Il semble donc qu'en élevant la contrainte haute sur les valeurs de couplage, il est possible de converger vers une matrice de Nolen. Par contre, il n'est pas possible de poser $\sin \theta = 1$, car l'algorithme de Mosca *et al.* [36] nécessite des divisions par $\cos \theta_{ij}$, divisions qui seraient donc impossibles sur la diagonale. Toutefois, compte tenu des précisions numériques, une valeur de contrainte haute sur les coupleurs très proche de 1 devrait permettre d'approcher suffisamment le dimensionnement d'une matrice de Nolen.

L'intérêt de cette méthode asymptotique est qu'elle nous permet avec le même algorithme, caractérisé par une mise en écriture matricielle récurrente s'appuyant sur le dimensionnement optimum d'une alimentation série tel que proposé par Jones et DuFort [35], de dimensionner à la fois des matrices de Blass et Nolen. Par contre, il est important dans l'utilisation de cette méthode de dimensionnement de prendre en compte les contraintes d'orthogonalité sur les lois d'alimentation propres aux matrices de Nolen.

Enfin, nous terminons cette description du dimensionnement des matrices de Nolen en précisant que ces matrices nécessitent des coupleurs généralement déséquilibrés en amplitude. Le choix technologique pour une réalisation pratique sera particulièrement important puisque les valeurs de couplage ne sont ici plus contraintes. En particulier, lorsque le nombre de sorties est important, il pourra être nécessaire de combiner deux types de coupleurs, voire davantage, afin de permettre à la fois des valeurs de couplage faibles (début de ligne d'alimentation) et fortes (fin de ligne d'alimentation). Il est également possible d'utiliser la mise en cascade de deux coupleurs directionnels équilibrés et de déphaseurs [65] selon le schéma de principe illustré sur la Figure 47, la valeur des déphasages nécessaires étant directement liée au paramètre de couplage θ_c de la structure globale (un déphaseur $\pi/2$ doit également être ajouté pour retrouver exactement la matrice $[S]$ de l'équation (40)). Mais cette solution a l'inconvénient de doubler le nombre de composants nécessaires.

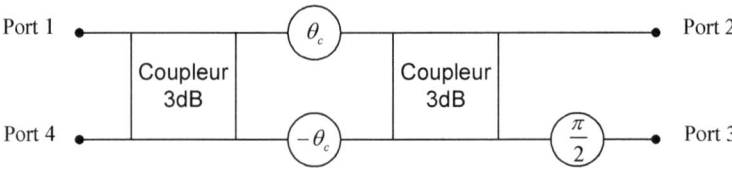

Figure 47 : Schéma de principe d'un coupleur directionnel déséquilibré obtenu par la mise en cascade de deux coupleurs équilibrés et d'un déphaseur

Lorsqu'un seul coupleur est utilisé par nœud de la matrice, une matrice $M \times N$ nécessite $M(2N - M - 1)/2$ coupleurs directionnels (les coudes sur la diagonale ne sont pas comptés comme des composants) et autant de déphaseurs (le fonctionnement de ces matrices en phase relative permet de remplacer au moins un déphaseur par ligne d'alimentation par une simple ligne de référence qui n'est donc pas comptée comme un composant).

III. 3. 3 Réalisation d'une matrice de Nolen 4×4 en bande S

Pour valider la méthode de dimensionnement proposée, nous avons dimensionné, simulé et réalisé une matrice de Nolen 4×4 en bande S. Le choix de la fréquence a été guidé par une utilisation possible sur une charge utile satellite pour des applications de diffusion de contenu multimédia vers des mobiles, dont la bande de fréquence d'opération est relativement étroite (environ 1,4%) à 2,2GHz. Le choix de cette fréquence d'opération relativement basse a également l'avantage de nous permettre de valider pleinement le mode de dimensionnement proposé sans être pénalisé par des limites technologiques et problèmes de précision sur la réalisation.

Par ailleurs, nous avons retenu les lois d'alimentation correspondant à une matrice de Butler 4×4 à base de coupleurs hybrides 90°, car cette matrice est très largement étudiée dans la littérature, facilitant ainsi une évaluation comparative du dimensionnement et des performances obtenues.

La matrice réduite associée à cette matrice est donc :

$$[S] = \frac{1}{2} \begin{bmatrix} 1 & e^{-j3\pi/4} & e^{-j\pi/2} & e^{-j3\pi/4} \\ e^{-j\pi/4} & 1 & e^{-j5\pi/4} & e^{-j\pi/2} \\ e^{-j\pi/2} & e^{-j5\pi/4} & 1 & e^{-j\pi/4} \\ e^{-j3\pi/4} & e^{-j\pi/2} & e^{-j3\pi/4} & 1 \end{bmatrix} \tag{80}$$

Chaque colonne de la matrice correspond à la loi d'alimentation des sorties pour une entrée donnée. Chaque colonne est définie à un coefficient multiplicatif près, complexe de module égale à 1, du fait que seules les phases relatives sont déterminantes pour des applications d'antennes réseaux. Ces paramètres sont utilisés comme entrée dans l'algorithme de Mosca *et al.* [36] dans le cas particulier asymptotique décrit plus haut. Les paramètres théoriques des coupleurs directionnels et déphaseurs obtenus pour la matrice décrite ci-dessus sont reportés dans le Tableau 8. Ces valeurs indiquent que trois coupleurs directionnels différents sont nécessaires pour réaliser cette matrice, ainsi que quatre déphaseurs différents, soit un total de sept composants différents à optimiser.

M	N			
	1	2	3	4
1	0,500 0°	0,577 45°	0,707 90°	1,000 135°
2	0,577 180°	0,500 0°	1,000 180°	
3	0,707 90°	1,000 0°		
4	1,000 0°			

Tableau 8 : Paramètres de la matrice de Nolen 4×4 retenue

La technologie micro-ruban a été retenue pour cette validation expérimentale en raison essentiellement de la simplicité de sa mise en œuvre à la fréquence d'opération. Le modèle a été simulé sur un substrat Neltec de référence NY9208 avec une métallisation double face. Les principales caractéristiques de ce substrat sont les suivantes :

- Constante diélectrique : 2,08
- Épaisseur du substrat : 0,762mm
- Épaisseur de la métallisation : 0,03mm
- Pertes diélectriques : 0,0006

Les lignes de référence d'impédance 50Ω sont caractérisées par une largeur de ligne $w_0 = 2,39$mm. Le logiciel retenu pour la modélisation est ADS d'Agilent. Ce logiciel offre des modèles d'éléments de base en ligne micro-ruban permettant un dimensionnement rapide des composants. Une simulation électromagnétique avec la Méthode des Moments est également possible afin d'affiner les résultats via l'outil Momentum d'ADS.

Compte tenu de la topologie particulière de la matrice de Nolen, nous avons envisagé d'utiliser des coupleurs hybrides 90° circulaires. Leur dimensionnement et leurs performances sont très similaires à ceux des coupleurs hybrides standards, mais l'agencement des ports est plus favorable permettant de réduire les longueurs de lignes entre composants élémentaires. La Figure 48 présente un coupleur circulaire et défini les paramètres associés. Les largeurs de lignes w_1 et w_2, et donc directement les impédances caractéristiques associées Z_1 et Z_2, sont optimisées afin d'obtenir la répartition de signal souhaitée tout en ayant une bonne adaptation en entrée et un bon découplage entre les entrées, respectivement entre les sorties. Les valeurs en objectif pour ces derniers paramètres, à savoir l'adaptation et le découplage, sont typiquement de l'ordre de -30dB. Le dernier paramètre à optimiser est le rayon de couverture r des lignes de couplage. En théorie, les lignes entre ports d'accès ont une longueur égale à $\lambda_g/4$. Mais la longueur d'onde guidée varie légèrement avec l'impédance caractéristique, de sorte qu'il faut optimiser le rayon de courbure des lignes et donc leur longueur effective en fonction de la combinaison d'impédances caractéristiques $\{Z_1; Z_2\}$.

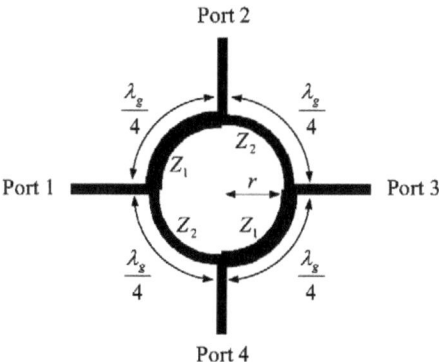

Figure 48 : Modèle Momentum de coupleur hybride circulaire

En ce qui concerne les déphaseurs, comme notre objectif est d'abord de valider notre approche pour la conception de matrices de Nolen, nous avons retenu le composant le plus simple possible, à savoir une longueur de ligne. La conception de ce type de déphaseurs est relativement simple en technologie micro-ruban. Mais le défaut évident de ce composant est d'avoir un fonctionnement à bande de fréquence relativement étroite. Cela nous permettra toutefois de valider la matrice à la fréquence centrale et d'évaluer ensuite sa dispersion naturelle. Un déphaseur à longueur de ligne et les paramètres associés sont présentés sur la Figure 49. La topologie retenue pour le déphaseur permet un ajustement commode de la longueur de ligne totale (de type « trombone à coulisse ») en modifiant la valeur de l sans modifier l'encombrement de référence du composant, fixé par le paramètre L_{ref}. Ce paramètre fixe par ailleurs la longueur de ligne de référence par rapport à laquelle est ajusté le retard de phase. L'espacement s entre les lignes parallèles permettant l'ajustement de la longueur de ligne est fixé afin de conserver un encombrement réduit tout en évitant un couplage fort entre les lignes. La valeur pour cette réalisation est $s = 2,0$mm.

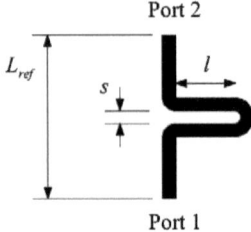

Figure 49 : Modèle Momentum de déphaseur à longueur de ligne

Il est intéressant de noter que le logiciel utilisé est en mesure de générer automatiquement le masque d'un composant ou d'une structure plus complexe à partir de sa représentation schématique, ce qui facilite grandement la réalisation du modèle pour une éventuelle simulation avec la Méthode des Moments (MoM).

Pour compléter la matrice, il a fallu optimiser un dernier composant : le coude en fin de chaque ligne d'alimentation. En particulier, le rayon de courbure a été défini tel que tous les signaux en entrée de l'étage des déphaseurs soient en phase. Cette même règle est utilisée pour fixer la distance entre deux coupleurs directionnels successifs sur une même ligne d'alimentation. En réalité, la phase d'insertion d'un coupleur directionnel varie quelque peu avec le paramètre de couplage, il faudrait donc ajuster chaque longueur de ligne entre deux coupleurs directionnels en fonction des paramètres de couplage de ces derniers. Afin de simplifier la conception et l'agencement des différents composants, nous avons retenu une même distance entre tous les coupleurs, minimisant globalement les erreurs de phases liées à ce paramètre. Cette règle de dimensionnement correspond à l'hypothèse faite dans le code de calcul et les retards de phase présentés dans le Tableau 8 en découlent directement. En réalité, cette règle de dimensionnement pourrait être levée en prenant en compte les différences de phase résultant du non respect de cette règle en complément des déphasages imposés par la structure. La dispersion en phase induite par la variation du paramètre de couplage pourrait également être incluse dans le déphaseur, mais tout cela rend le mode de dimensionnement moins générique par des valeurs de retard de phase potentiellement toutes différentes, soit une optimisation spécifique par association de déphaseur et coupleur directionnel.

La matrice réalisée est présentée sur la Figure 50. On note en particulier la variation des largeurs de ligne des coupleurs en fonction du paramètre de couplage. Ainsi, sur la première ligne, le premier coupleur permet de diriger 1/4 de la puissance vers le premier port de sortie et les 3/4 restant vers le reste de la structure. Le coupleur suivant, avec des lignes moins larges, fait une répartition de 1/3 de la puissance vers la deuxième sortie et 2/3 vers le coupleur suivant, qui lui fait une répartition équilibrée vers les deux dernières sorties. Les déphaseurs par longueur de ligne sont nettement visibles sur la Figure 50, la longueur en question étant d'autant plus grande que le déphasage est important. Les valeurs de paramètres retenues pour cette réalisation sont reportées dans le Tableau 9. Le rayon du coude utilisé en bout de chaque ligne a été fixé à 23,3mm.

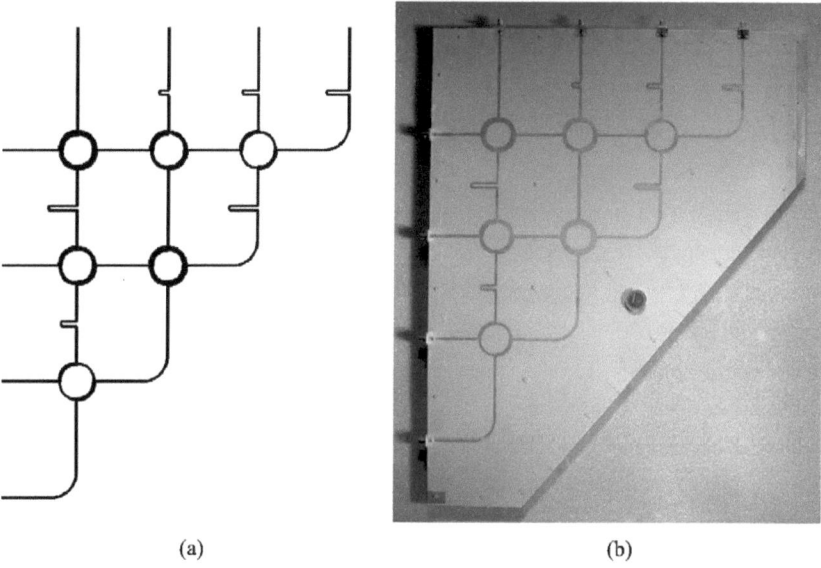

(a)   (b)

Figure 50 : (a) Modèle Momentum et (b) maquette de la matrice de Nolen 4×4 proposée

M	N			
	1	2	3	4
1	$w_1 = 5,8$mm $w_2 = 4,9$mm $r = 14,6$mm	$w_1 = 5,0$mm $w_2 = 3,8$mm $r = 14,8$mm $l = 5,6$mm	$w_1 = 3,9$mm $w_2 = 2,4$mm $r = 15,0$mm $l = 12,0$mm	$l = 18,3$mm
2	$w_1 = 5,0$mm $w_2 = 3,8$mm $r = 14,8$mm $l = 24,3$mm	$w_1 = 5,8$mm $w_2 = 4,9$mm $r = 14,6$mm	$l = 24,3$mm	
3	$w_1 = 3,9$mm $w_2 = 2,4$mm $r = 15,0$mm $l = 12,0$mm			

Tableau 9 : Paramètres caractéristiques des composants constituant la matrice de Nolen proposée en bande S

La matrice réalisée a été mesurée au CNES à l'aide d'un analyseur de réseau vectoriel 37397C de la société Anritsu. Nous nous sommes d'abord intéressés aux performances de la matrice réalisée à la fréquence centrale. Les résultats obtenus sont regroupés dans le Tableau 10 pour les amplitudes et dans le Tableau 11 pour les phases. Les résultats de phase sont présentés en différentiel, la première sortie étant prise en référence. Un très bon accord est trouvé entre théorie, simulation et mesure, confirmant ainsi la validité de la méthode de dimensionnement proposée. Deux résultats sont particulièrement importants pour assurer un bon fonctionnement de la matrice en tant que réseau d'alimentation d'une antenne réseau linéaire : la dispersion en amplitude et la régularité de la progression de phase. La dispersion en amplitude est définie pour chaque entrée comme l'écart pire cas entre les amplitudes des coefficients de transmission correspondant. Les phases quant à elles peuvent être comparées directement aux valeurs théoriques puisque les valeurs sont toutes normalisées. Le pire cas de dispersion en amplitude est de 0,56dB, constaté en mesure sur le port 2 (0,79dB en simulation sur ce même port d'entrée), tandis que les erreurs de phase sont inférieures à 1,8° en mesure, contre 2,7° en simulation, confirmant ainsi la très bonne corrélation entre simulation et mesures.

M	N			
	1	2	3	4
1	0,472	0,485	0,466	0,469
	0,469	0,497	0,478	0,471
	0,5	0,5	0,5	0,5
2	0,479	0,449	0,460	0,455
	0,495	0,452	0,470	0,467
	0,5	0,5	0,5	0,5
3	0,460	0,470	0,444	0,463
	0,474	0,470	0,447	0,461
	0,5	0,5	0,5	0,5
4	0,458	0,457	0,442	0,440
	0,467	0,468	0,450	0,441
	0,5	0,5	0,5	0,5

Tableau 10 : Amplitude des coefficients de transmission de la matrice de Nolen proposée à 2,2GHz (de haut en bas : mesure, simulation et valeur théorique)

M	N			
	1	2	3	4
1	0,0°	43,2°	89,1°	134,6°
	0,0°	46,4°	92,2°	139,1°
	0°	45°	90°	135°
2	0,0°	-136,4°	89,3°	-45,2°
	0,0°	-132,9°	91,1°	-42,4°
	0°	-135°	90°	-45°
3	0,0°	134,7°	-89,2°	46,7°
	0,0°	135,4°	-85,3°	49,6°
	0°	135°	-90°	45°
4	0,0°	-45,7°	-91,6°	-136,1°
	0,0°	-44,6°	-90,1°	-135,4°
	0°	-45°	-90°	-135°

Tableau 11 : Phase relative des coefficients de transmission de la matrice de Nolen proposée à 2,2GHz (de haut en bas : mesure, simulation et valeur théorique)

Les pertes d'insertion sont également intéressantes. Celles-ci sont évaluées à partir des coefficients de transmission fournis dans le Tableau 10, les pertes liées à l'adaptation en entrée étant négligées. Les valeurs mesurées dans l'ordre des ports d'entrée sont respectivement de 0,48, 0,71, 0,74 et 0,93dB contre 0,38, 0,52, 0,66 et 0,79dB en simulation. Comme on pouvait s'y attendre, plus l'indice du port d'entrée est élevé, plus les pertes sont importantes, du fait des longueurs de lignes augmentant avec chaque étage de la matrice. De plus, les valeurs mesurées sont toutes un peu plus importantes que les valeurs simulées, essentiellement à cause des pertes ajoutées par les connecteurs qui n'ont pas été pris en compte dans la simulation. L'écart entre simulations et mesures reste néanmoins de l'ordre du dixième de dB.

Intéressons-nous maintenant aux performances de la matrice sur une bande de fréquence plus importante. L'ensemble des résultats obtenus sur une plage de fréquence allant de 2 à 2,4GHz est reporté en annexe I. Ces résultats sont résumés par les erreurs moyennes et pire cas par rapport aux valeurs théoriques sur la Figure 51 en amplitude et sur la Figure 52 en phase. Dans cette dernière figure, l'enveloppe des erreurs en phase correspond aux deux pentes de phases extrêmes normalisées par entrées par rapport à la phase d'insertion de la première sortie. On note une très bonne corrélation entre la simulation et la mesure sur l'ensemble de la bande de fréquence considérée.

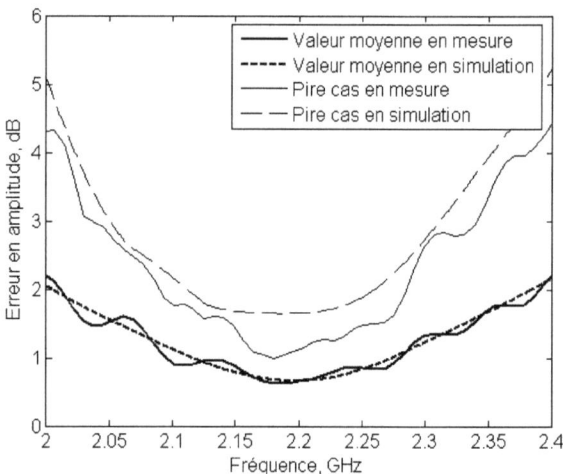

Figure 51 : Erreur sur l'amplitude des coefficients de transmission de la matrice de Nolen 4×4 proposée

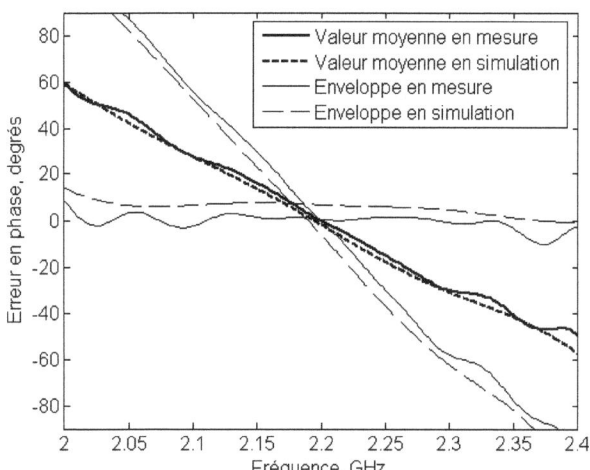

**Figure 52 : Erreur sur la phase des coefficients de transmission
de la matrice de Nolen 4×4 proposée**

Les résultats en phase présentent bien le comportement dispersif naturel d'une alimentation série. Néanmoins, on note que pour des applications nécessitant une bande de fréquence relativement faible, les performances obtenues pourraient être acceptables. Par exemple, sur une bande de fréquence de 100MHz centrée sur 2,2GHz soit 4,5% de bande, la dispersion moyenne en amplitude est inférieure à 0,9dB pour une dispersion pire cas inférieure à 1,4dB, tandis que l'erreur de phase moyenne est de ±16°. Pour des applications de télécommunications en bande S par satellite en émission seulement, on pourrait même se limiter à la bande de fréquence 2,17-2,2GHz, soit 1,4%, avec une dispersion moyenne en amplitude inférieure à 0,7dB pour une erreur en phase réduite à ± 5°.

III. 3. 4 Matrices de Nolen et stabilité de faisceau

Les matrices de Nolen sont par nature dispersives du fait des longueurs de lignes différentes d'une entrée donnée vers l'ensemble des sorties. Il est évidemment possible de rendre cette matrice large bande en réutilisant le même concept que celui décrit dans la section II. 6 dans le cas des matrices de Blass large bande. Nous allons plutôt chercher à tirer avantage du caractère dispersif des matrices de Nolen. En effet, un réseau linéaire dont les éléments sont espacés de la distance d présente naturellement un phénomène de dépointage de faisceau avec la fréquence selon la formule suivante :

$$\theta_0 = \sin^{-1}\left(\frac{\Delta\phi}{k_0 d}\right) \qquad (81)$$

où $\Delta\phi$ est la différence de phase entre deux sorties consécutives et k_0 le nombre d'onde dans l'air.

Cela se traduit pour une matrice large bande, comme les matrices de Butler, par un resserrement des lobes principaux autour de l'axe orthogonal au réseau linéaire à mesure que la fréquence augmente. La dispersion naturelle des matrices de Nolen pourrait être exploitée pour compenser en partie ce phénomène. En effet, les différences de longueur électrique d'une entrée vers l'ensemble des sorties rend la différence de phase entre sorties consécutives dépendante de la fréquence selon la formule suivante :

$$\Delta\phi = k_g \Delta\ell \qquad (82)$$

où $\Delta\ell$ est la différence de longueur de ligne entre deux accès consécutifs et k_g le nombre d'onde guidée.

Il apparaît donc que la dispersion d'une matrice de Nolen peut compenser le dépointage d'un faisceau avec la fréquence si la relation suivante est vérifiée :

$$\Delta\ell = \frac{\lambda_g}{\lambda_0} d \sin\theta_0 \qquad (83)$$

où λ_g et λ_0 sont respectivement les longueurs d'ondes guidée et dans l'air.

On note que la différence de longueur entre deux accès successifs dépend du dépointage et est donc différente pour chaque entrée. Pour cette raison, la stabilité de pointage paraît difficile à obtenir pour une matrice de Butler du fait de la formation en parallèle des différentes lois d'alimentation et semble mieux adaptée aux matrices à alimentation en série telles que les matrices de Blass et Nolen.

Reprenons l'exemple de réalisation présenté dans la section précédente. Nous avons associé ce réseau d'alimentation à un réseau linéaire théorique de 4 éléments rayonnants espacés de 86mm, soit 0,63 λ_0 à 2,2GHz, correspondant à la distance physique entre deux sorties successives de la matrice réalisée. Le diagramme de l'élément rayonnant est défini analytiquement sous la forme $\cos^q \theta$ avec $q = 1,2$, correspondant à une valeur standard pour un élément rayonnant imprimé de type résonnant (patch demi-onde). Les diagrammes de rayonnement obtenus par faisceaux sont illustrés sur la Figure 53. On note que l'ensemble des faisceaux est dévié dans la même direction, ce qui signifie que le dépointage lié au caractère dispersif de la matrice d'alimentation est plus important que le dépointage lié au réseau rayonnant. Ce résultat pouvait être anticipé avec la relation (83) qui indique que la différence de longueur de ligne entre deux sorties successives doit être inférieure au pas du réseau dans le cas considéré. En effet, pour des lignes micro-ruban, la longueur d'onde guidée est liée à la longueur d'onde dans l'air par la relation suivante :

$$\lambda_g \approx \frac{\lambda_0}{\sqrt{\varepsilon_r}} \qquad (84)$$

où ε_r est la permittivité diélectrique relative du substrat.

L'approximation est liée au fait que le champ électromagnétique n'est pas totalement confiné dans le substrat sous la ligne d'alimentation. Il faudrait en réalité remplacer la permittivité diélectrique du substrat par une permittivité diélectrique effective fonction des paramètres physiques de la ligne considérée, mais également de la fréquence. Le caractère dispersif des lignes micro-rubans peut être négligé sur la bande de fréquence considérée.

La relation (83) peut alors se simplifier comme suit :

$$\Delta \ell \approx \frac{d \sin \theta_0}{\sqrt{\varepsilon_r}} \qquad (85)$$

Cette relation confirme que pour une différence de chemin électrique $\Delta \ell$ fixée selon la relation (82), la direction de pointage du faisceau sera également fixée et indépendante de la fréquence, à l'approximation près de la formule (84). Par ailleurs, comme $\varepsilon_r \geq 1$ et $\sin \theta_0 \leq 1$, il s'en suit que $\Delta \ell \leq d$. Or, la matrice réalisée ne vérifie pas cette relation à cause des dimensions des coupleurs hybrides. En fait, nous avons $\Delta \ell > d$, soit une dispersion en phase liée au réseau d'alimentation plus importante que la dispersion en phase du réseau rayonnant. Également, en comparant les diagrammes correspondant aux ports 2 et 3, symétriques l'un de l'autre, on constate que la déviation avec la fréquence de l'un est nettement plus important que l'autre, ce qui se comprend par le fait que les déviations liées à la matrice d'alimentation et au réseau rayonnant se cumulent dans le cas du port 3 et se compensent presque dans le cas

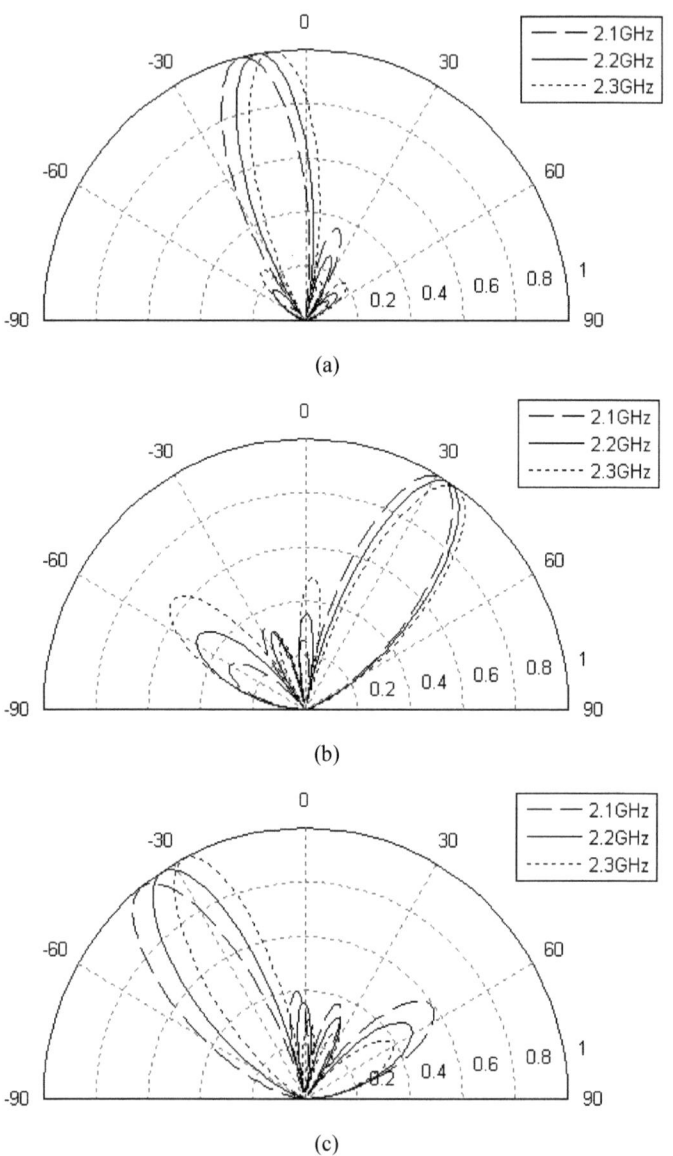

(a)

(b)

(c)

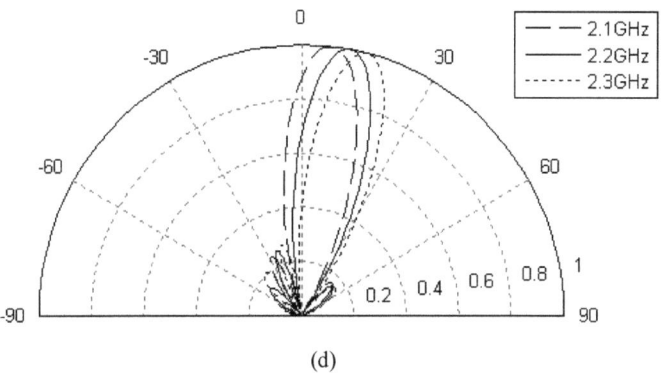

(d)

Figure 53 : Diagrammes de rayonnement produit par un réseau linéaire associé à la matrice de Nolen réalisée en bande S pour (a) l'entrée a_1, (b) l'entrée a_2, (c) l'entrée a_3 et (d) l'entrée a_4

du port 2. Nous avons repris la conception de la matrice présentée dans la section précédente en l'adaptant pour vérifier la condition (83) sur un accès. La solution résultante est un intermédiaire entre la matrice de Nolen standard et son correspondant large bande.

La différence de longueur de ligne $\Delta\ell$ est fixée à la fréquence centrale, ce qui nous donne :

$$\Delta\ell = \frac{\Delta\phi_c}{2\pi} \lambda_{gc} \tag{86}$$

où $\Delta\phi_c$ est la différence de phase entre deux sorties consécutives et λ_{gc} la longueur d'onde, ces deux grandeurs étant évaluées à la fréquence centrale.

Il est intéressant de noter que cette relation revient finalement à créer le déphasage souhaité avec une simple longueur de ligne dans le cas d'une matrice où les chemins électriques sont par ailleurs tous égaux. En partant donc d'une matrice de Nolen large bande sans déphaseurs nous ajustons les longueurs de lignes pour satisfaire la relation (86). Pour que l'impact du dépointage soit plus visible, nous considérons le faisceau avec une progression de phase de -135°, correspondant à un dépointage plus fort. De plus, nous utilisons des lignes courbées afin de garder constante la distance entre deux sorties successives.

Les différents coupleurs utilisés n'ayant pas la même phase d'insertion, il s'est avéré nécessaire de rajouter une section de déphasage à stubs pour compenser ces différences de phase. Le coude en bout de ligne a dû également être amélioré par l'ajout de stubs afin de produire la même pente de phase que les coupleurs hybrides. La matrice finalement obtenue et réalisée est présentée sur la Figure 54.

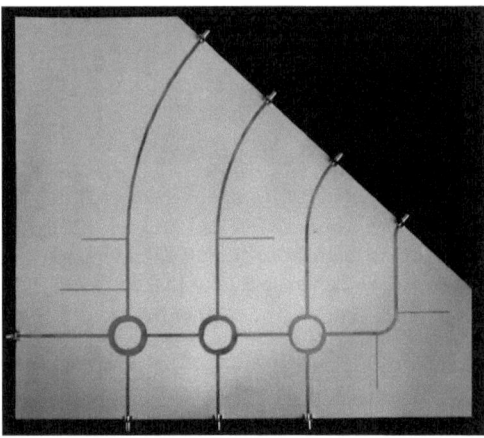

Figure 54 : Matrice de Nolen avec pointage de faisceaux indépendant de la fréquence

L'impact sur l'angle de pointage du faisceau est illustré sur la Figure 55 et comparé à une matrice large bande. Les résultats obtenus en simulations et mesures sont en très bon accord et confirment la stabilité du pointage de faisceau avec la matrice dimensionnée. Cette solution peut trouver un intérêt pour des applications multifaisceaux large bande nécessitant une couverture angulaire constante. Par contre, on peut noter que la forme des faisceaux va varier légèrement avec la fréquence. Le comportement ainsi obtenu se rapproche de celui d'une lentille. On note également que le dimensionnement proposé est relativement simple lorsqu'il s'agit de fixer un faisceau, mais devient plus complexe lorsque d'autres faisceaux sont ajoutés. Pour des applications multifaisceaux, on utilisera de préférence des matrices ayant un nombre de sorties suffisamment important pour réduire les couplages entre lignes d'alimentation, et pouvoir approcher le dimensionnement de chaque ligne par un ajustement des longueurs de lignes tel qu'illustré dans cette section. Par ailleurs, on a mis en évidence l'importance du choix technologique pour le coupleur directionnel : la stabilité de la phase d'insertion avec le coefficient de couplage est particulièrement importante pour faciliter la conception et éviter un étage de correction de phase supplémentaire.

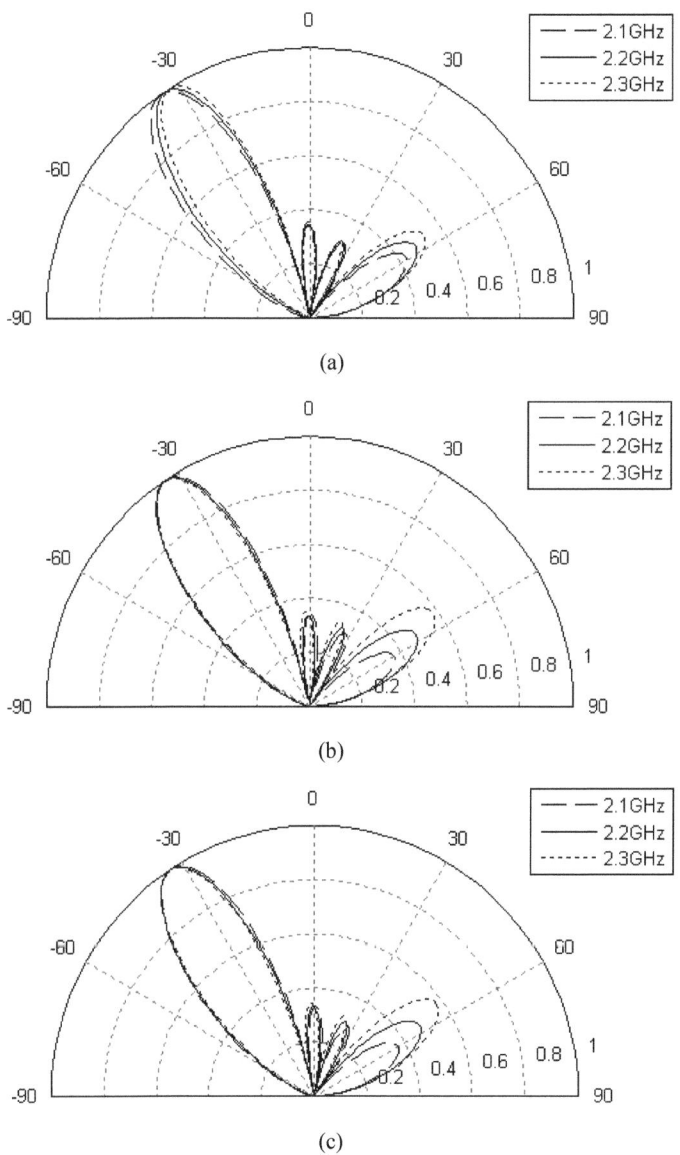

Figure 55 : Diagrammes de rayonnement en fonction de la fréquence obtenus à partir (a) d'une matrice large bande et (b) de la matrice de Nolen avec pointage de faisceau indépendant de la fréquence simulée et (c) mesurée

III. 3. 5 Matrices de Nolen à loi d'amplitude non-uniforme

Comme pour les matrices de Butler, il est également possible de dimensionner des matrices de Nolen à loi d'amplitude non-uniforme. La seule contrainte à respecter est l'orthogonalité des lois d'alimentation. En reprenant le mode de dimensionnement des matrices de Butler à loi d'amplitude non-uniforme tel que proposé dans [51] (voir section III. 2. 3), on peut alimenter avec une matrice à M entrées un nombre de sorties égale à qM, soit un multiple entier de M. La condition d'orthogonalité est vérifiée si la somme des puissances issues de tout groupe de q sources distantes de M est égale à $1/M$ de la puissance totale, la distance entre sources étant définie comme la différence de leurs indices.

Pour illustrer ce point, nous avons dimensionné une matrice de Nolen 4×8 équivalente à la matrice de Butler présentée dans [61]. Les paramètres de la matrice de Nolen produisant ces lois d'alimentation sont reportés dans le Tableau 12. On note que la loi d'amplitude non-uniforme retenue induit des coupleurs directionnels quasiment tous différents. Un exemple de dimensionnement en technologie micro-ruban optimisé sous ADS par N. Ferrando dans le cadre de son stage au CNES est présenté sur la Figure 56. On note clairement l'évolution des dimensions physiques des coupleurs hybrides en fonction du paramètre de couplage. Les déphaseurs sont facilement reconnaissables puisque de simples longueurs de lignes ont été utilisées. Cette matrice a été dimensionnée à 4GHz sur un substrat Neltec de référence NY9217 avec les caractéristiques suivantes :

- Constante diélectrique :   2,17
- Epaisseur du substrat :   0,254mm
- Epaisseur de la métallisation : 0,018mm
- Pertes diélectriques :   0,0008

La simulation complète de la matrice a pu être réalisée en combinant l'outil Momentum aux fonctionnalités d'ADS permettant le chaînage de composants définis par leurs matrices de répartition. La comparaison des résultats de simulation avec les lois théoriques attendues est présentée dans le Tableau 13 pour l'amplitude et dans le Tableau 14 pour la phase. On note que l'écart entre la simulation et la théorie s'accentue pour les sorties et entrées d'indice élevé, ce qui est naturel puisqu'il s'agit des coefficients de transmission associés aux plus grandes longueurs de lignes. De la même façon, les pertes d'insertion augmentent avec l'indice des ports d'entrées. Elles sont évaluées en simulation dans l'ordre

M	N							
	1	2	3	4	5	6	7	8
1	0,186 0°	0,284 45°	0,441 90°	0,549 135°	0,657 180°	0,778 225°	0,832 270°	1,000 315°
2	0,189 0°	0,286 180°	0,467 0°	0,547 180°	0,731 0°	0,760 180°	1,000 0°	
3	0,193 0°	0,309 270°	0,512 180°	0,679 90°	0,816 0°	1,000 270°		
4	0,196 0°	0,313 180°	0,570 0°	0,691 180°	1,000 0°			

Tableau 12 : Paramètres de la matrice de Nolen 4×8 à loi d'amplitude non-uniforme

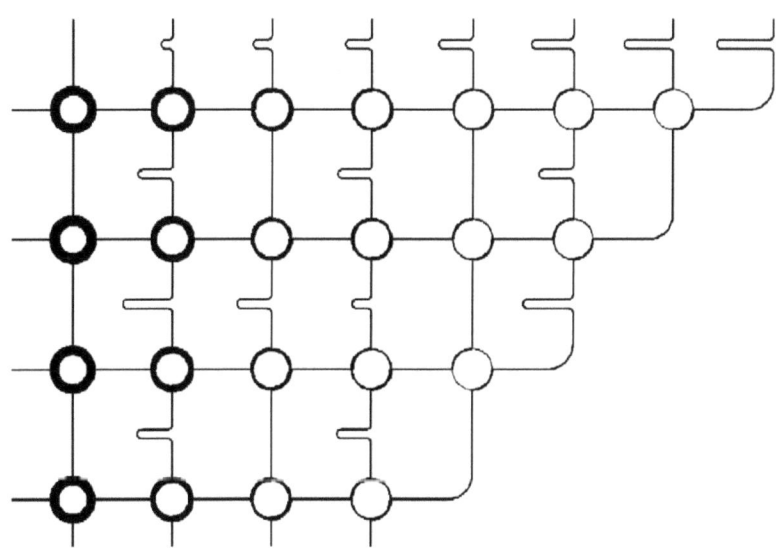

Figure 56 : Matrice de Nolen 4×8 à loi d'amplitude non-uniforme

des entrées à 1,15, 1,40, 1,63 et 1,87dB. Une erreur de phase plus importante apparaît dans cette matrice due essentiellement à la variation de la phase d'insertion des coupleurs hybrides avec le paramètre de couplage. L'erreur pire cas entre la simulation et la théorie est de 37,2°. Par contre, il est intéressant de constater que la différence de phase entre deux sorties successives reste relativement constante et proche de la théorie, ce qui est confirmé par les résultats présentés dans le Tableau 15. L'erreur pire cas constatée est de 18,9°, mais concerne finalement peu de coefficients de transmission puisque l'erreur moyenne n'est que de 2,8°. De plus, les erreurs pire cas concernent surtout les coefficients de transmission vers les sorties extrêmes (premières ou dernières), qui du fait de la dynamique en amplitude auront donc moins d'impact sur les performances globales en rayonnement.

M	N							
	1	2	3	4	5	6	7	8
1	0,184	0,264	0,383	0,415	0,398	0,342	0,221	0,138
	0,186	0,279	0,415	0,464	0,464	0,415	0,279	0,186
2	0,176	0,254	0,370	0,401	0,387	0,337	0,213	0,144
	0,186	0,279	0,415	0,464	0,464	0,415	0,279	0,186
3	0,170	0,242	0,357	0,383	0,381	0,330	0,224	0,135
	0,186	0,279	0,415	0,464	0,464	0,415	0,279	0,186
4	0,163	0,232	0,339	0,371	0,376	0,330	0,209	0,145
	0,186	0,279	0,415	0,464	0,464	0,415	0,279	0,186

Tableau 13 : Amplitude des coefficients de transmission à 4GHz de la matrice de Nolen 4×8 à loi d'amplitude non-uniforme (de haut en bas : simulation et valeur théorique)

M	N							
	1	2	3	4	5	6	7	8
1	0°	39,9°	81,9°	126,9°	171,5°	-143,4°	-98,2°	-53,8°
	0°	45°	90°	135°	180°	-135°	-90°	-45°
2	0°	-134,0°	93,4°	-40,4°	-174,8°	49,6°	-85,1°	138,9°
	0°	-135°	90°	-45°	180°	45°	-90°	135°
3	0°	146,2°	-73,4°	65,0°	-157,6°	-20,9°	113,0°	-113,7°
	0°	135°	-90°	45°	180°	-45°	90°	-135°
4	0°	-26,1°	-61,5°	-103,6°	-144,2°	172,2°	125,2°	74,3°
	0°	-45°	-90°	-135°	180°	135°	90°	45°

Tableau 14 : Phase relative des coefficients de transmission à 4GHz de la matrice de Nolen 4×8 à loi d'amplitude non-uniforme (de haut en bas : simulation et valeur théorique)

M	N						
	1/2	2/3	3/4	4/5	5/6	6/7	7/8
1	39,9° 45°	42,0° 45°	45,0° 45	44,6° 45°	45,1° 45°	45,2° 45°	44,4° 45°
2	-134,0° -135°	-132,6° -135°	-133,8° -135°	-134,4° -135°	-135,6° -135°	-134,7° -135°	-136,0° -135°
3	146,2° 135°	140,4° 135°	138,4° 135°	137,4° 135°	136,7° 135°	133,9° 135°	133,3° 135°
4	-26,1° -45°	-35,4° -45°	-42,1° -45°	-40,6° -45°	-43,6° -45°	-47,0° -45°	-50,9° -45°

Tableau 15 : Différence de phase des coefficients de transmission à 4GHz entre deux sorties adjacentes de la matrice de Nolen 4×8 à loi d'amplitude non-uniforme (de haut en bas : simulation et valeur théorique)

Les diagrammes de rayonnement obtenus avec un réseau linéaire dont le pas est fixé à 45,2mm, soit $0,60\,\lambda_0$ à 4GHz, correspondant à la distance entre deux sorties successives de la matrice dimensionnée, sont présentés pour les différents faisceaux sur la Figure 57. Nous avons retenu comme précédemment un élément rayonnant dont le diagramme est défini analytiquement sous la forme $\cos^q \theta$ avec $q = 1,2$. On note une bonne corrélation entre la simulation sous Momentum et la théorie. Par ailleurs, la comparaison avec une matrice équivalente à loi d'amplitude uniforme confirme la réduction des lobes secondaires, passant de -13dB environ à des valeurs inférieures à -20dB, sauf pour le lobe de réseau qui apparaît dans le domaine visible pour les deux faisceaux les plus dépointés. Ce résultat est conforme à la théorie puisque le lobe de réseau est un lobe image du faisceau principal et son niveau n'est donc pas modifié par la distribution en amplitude. On note également sur certains faisceaux un léger dépointage, attendu compte tenu des erreurs constatées sur la phase des coefficients de transmission. Par ailleurs, la légère asymétrie des lois en amplitude due aux pertes d'insertion affecte peu le fonctionnement en rayonnement, les niveaux de lobes secondaires étant très comparables entre simulation et théorie. Enfin, on vérifie conformément à la théorie que la réduction des lobes secondaires s'accompagne d'une légère augmentation de l'ouverture angulaire du lobe principal.

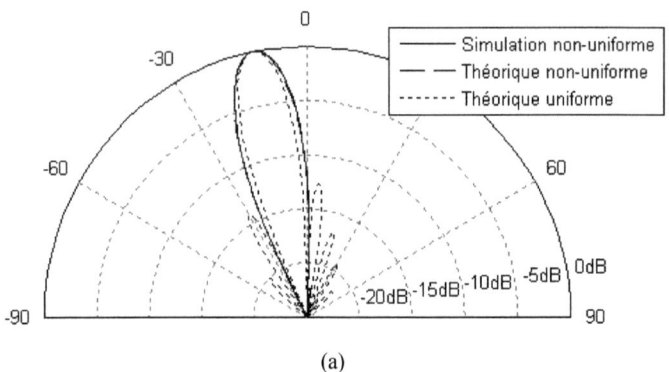

(a)

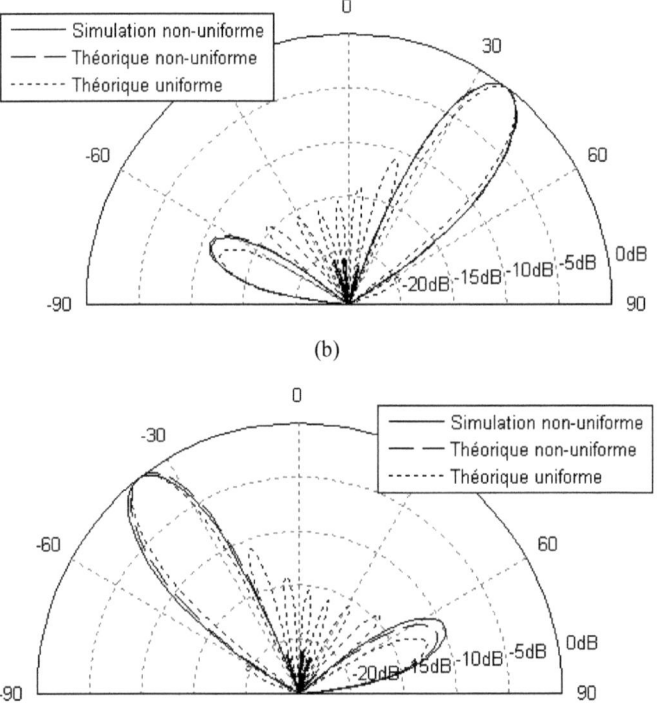

(b)

(c)

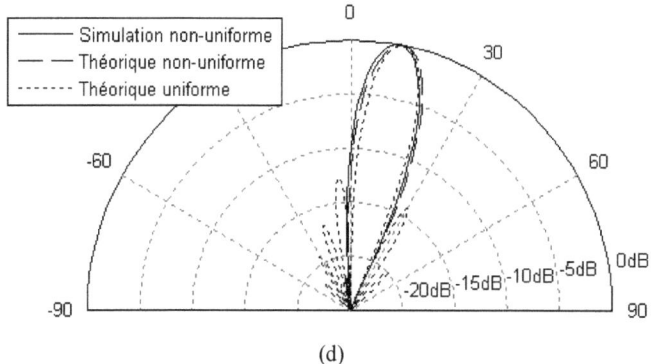

(d)

Figure 57 : Diagrammes de rayonnement produit par un réseau linéaire associé à la matrice de Nolen 4×8 à loi d'amplitude non-uniforme pour (a) l'entrée a_1, (b) l'entrée a_2, (c) l'entrée a_3 et (d) l'entrée a_4

Nous terminons cette section en soulignant que la règle de dimensionnement identifiée conduit à des matrices qui ne sont pas carrées. Elles sont sans pertes en émission (le nombre d'entrées est inférieur au nombre de sorties), mais peuvent présenter des pertes intrinsèques en réception. En émission, la matrice étudiée est sans pertes intrinsèques du fait de l'isolation des coupleurs directionnels. Pour toute combinaison linéaire de signaux cohérents appliquée sur les quatre ports d'entrée, a_1 à a_4 selon les notations de la Figure 46, il ne peut y avoir d'énergie dissipée dans les ports isolés (les quatre ports au bas de la Figure 56 reliés à des charges adaptées). Mais compte tenu des caractéristiques de ces mêmes coupleurs en réception, une partie de l'énergie peut être dirigée vers les ports chargés. Le niveau d'énergie dissipé dans les charges adaptées dépend en fait du rapport d'amplitude et du déphasage entre les deux signaux en entrée, selon la terminologie en réception, de chaque coupleur ayant un port chargé (les quatre coupleurs au bas de la Figure 56). Ce déphasage et différence d'amplitude éventuels dépendent directement de la distribution en amplitude et phase des signaux reçus par les sources élémentaires. Afin d'illustrer ce point, nous avons supposé que le réseau linéaire de 8 éléments reçoit une onde plane dont nous avons fait varier l'angle d'incidence. Cette hypothèse revient à considérer que l'antenne émettrice servant de référence est ponctuelle, isotrope et infiniment distante de l'antenne réseau étudiée. La géométrie du réseau et le diagramme de rayonnement des sources élémentaires sont pris en compte selon les mêmes hypothèses qu'en émission. La répartition de la puissance sur les quatre ports de sortie du réseau en réception est illustrée sur la Figure 58 en fonction de l'angle d'incidence. Ces données sont normalisées en faisant l'hypothèse que l'antenne réseau intercepte une puissance de 1W à incidence normale. On retrouve comme attendu une image des faisceaux produits par le réseau aux pertes d'insertion près et pondérée par le diagramme de rayonnement de la source élémentaire. Les pertes simulées du réseau d'alimentation en réception, incluant pertes intrinsèques et pertes d'insertion (pertes ohmiques et diélectriques), sont données en fonction de l'angle d'incidence sur la Figure 59, et comparées à celles d'un réseau théorique sans pertes d'insertion. On note que les pertes intrinsèques, correspondant à l'énergie dissipée dans les quatre ports isolés de la matrice, s'accentuent pour des angles d'incidence intermédiaires entre deux faisceaux. Pour des angles d'incidence correspondant à une des directions de pointage des quatre faisceaux produits en émission, les pertes observées sont quasiment réduites aux pertes d'insertion. Il est important de souligner que cette énergie dissipée dans les charges en réception ne remet pas en cause le théorème de réciprocité, selon lequel les performances globales d'une antenne passive, rayonnement inclus, sont les mêmes en émission et en réception. La matrice $[S]$ de la structure proposée, de dimension 12×12, est d'ailleurs réciproque, puisqu'il s'agit d'une structure passive. Mais une matrice réciproque n'est pas nécessairement orthogonale. En fait, les matrices orthogonales ont la particularité de produire un ensemble de facteurs de réseau qui couvre totalement le domaine visible (voir III. 2. 2). La somme des contributions de chaque facteur de réseau dans une direction angulaire donnée est constante, de sorte que toute l'énergie captée en réception est distribuée vers un ou plusieurs ports de sortie de la matrice. Dans le cas de la matrice de Nolen 4×8 étudiée, les lois produites en émission sont orthogonales deux à deux mais la matrice en elle-même n'est pas orthogonale. Les facteurs de réseau produits ne couvrent donc plus l'ensemble du domaine visible de façon uniforme, comme illustré sur la Figure 60. L'énergie dissipée dans les charges de la matrice de Nolen 4×8 en réception en fonction de l'angle d'incidence est l'image des variations de la somme des contributions des facteurs de réseau produits en émission, aux pertes d'insertion et aux erreurs de pointage près. L'énergie effectivement captée par l'antenne de référence lorsque l'antenne étudiée fonctionne en émission dépend de la direction angulaire considérée. Cette variation de l'énergie captée en fonction de l'angle d'incidence ne se produit pas en réception car les diagrammes élémentaires sont supposés isotropes. Cela entraine naturellement une différence de fonctionnement entre émission et réception au niveau du rayonnement qui explique la différence de fonctionnement constatée au niveau du réseau d'alimentation, tout en maintenant un bilan de liaison global identique dans les deux modes de fonctionnement, conformément au théorème de réciprocité.

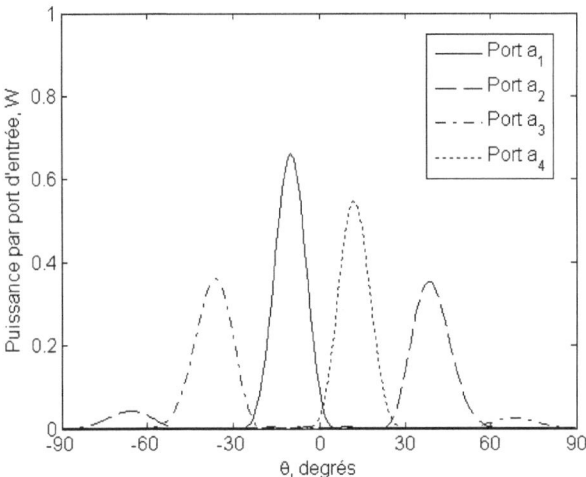

Figure 58 : Répartition de l'énergie en réception sur les quatre ports de la matrice de Nolen 4×8 à loi d'amplitude non-uniforme

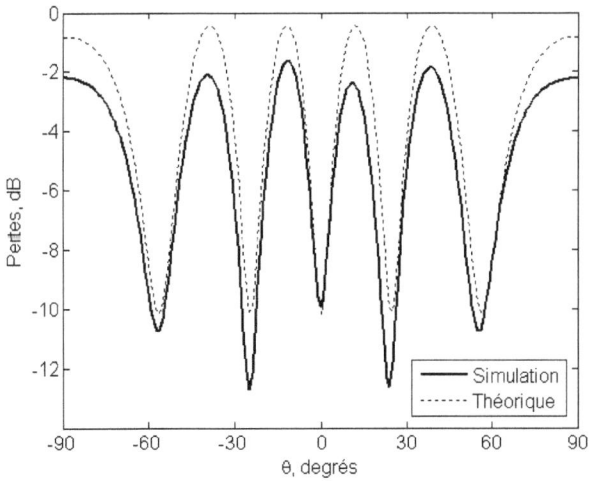

Figure 59 : Pertes en réception de la matrice de Nolen 4×8 à loi d'amplitude non-uniforme

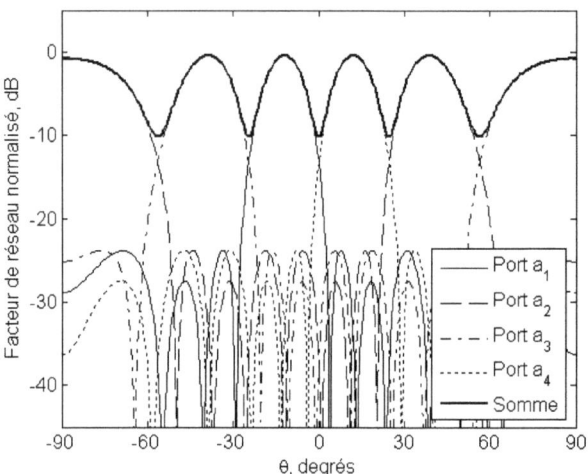

**Figure 60 : Facteurs de réseau normalisés de la matrice de Nolen 4×8
à loi d'amplitude non-uniforme**

Évidemment, si le bilan énergétique était fait sur une matrice 8×8, en considérant les 4 ports chargés comme des ports d'entrée selon la terminologie en émission, le réseau d'alimentation serait orthogonal et donc sans pertes tant en émission qu'en réception. La matrice orthogonale 8×8 ainsi obtenue produirait 8 faisceaux couvrant totalement le domaine visible. Mais en réalité, la contrainte imposée dans notre étude sur les 4 faisceaux « utiles » (loi d'amplitude non-uniforme) et la topologie retenue pour le réseau d'alimentation (suppression dans une matrice de Nolen carrée des lignes d'alimentation non-utilisées) rendent les 4 faisceaux restant inexploitables. Afin d'illustrer ce que l'on entend par inexploitables, le Tableau 16 donne les lois d'alimentation théoriques obtenues en alimentant successivement les quatre ports chargés. Les facteurs de réseau associés à ces lois d'alimentation sont illustrés sur la Figure 61. Ces lois d'alimentation étant toutes caractérisées par une distribution de l'énergie sur deux sources uniquement, distantes de 4 fois le pas du réseau (2,4 λ_0 dans le cas illustré sur la Figure 61), les facteurs de réseau obtenus présentent donc plusieurs lobes de réseau dans le domaine visible. Par ailleurs, on note qu'ils sont quasiment tous identiques, ce qui indique que les pertes en réception dans la matrice de Nolen 4×8 étudiée sont distribuées de façon quasi-uniforme sur les quatre charges adaptées pour un certain nombre de direction angulaires.

M	N							
	1	2	3	4	5	6	7	8
5	0,929 0°	0,000 -	0,000 -	0,000 -	0,371 0°	0,000 -	0,000 -	0,000 -
6	0,000 -	0,830 0°	0,000 -	0,000 -	0,000 -	0,558 0°	0,000 -	0,000 -
7	0,000 -	0,000 -	0,558 0°	0,000 -	0,000 -	0,000 -	0,830 0°	0,000 -
8	0,000 -	0,000 -	0,000 -	0,371 0°	0,000 -	0,000 -	0,000 -	0,929 0°

Tableau 16 : Lois d'alimentation obtenues avec les ports chargés de la matrice de Nolen 4×8 à loi d'amplitude non-uniforme

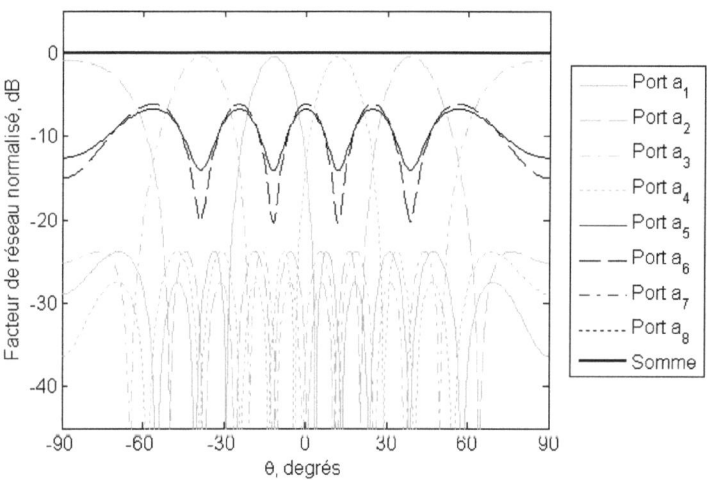

Figure 61 : Facteurs de réseau normalisés obtenus avec les ports chargés de la matrice de Nolen 4×8 à loi d'amplitude non-uniforme

Si nécessaire, la matrice de Nolen 4×8 pourrait être rendue sans pertes en réception en remplaçant les 4 coupleurs directionnels ayant un port chargé par des jonctions té déséquilibrées. Ces composants permettent une conception sans charges adaptées (donc sans pertes) au détriment d'une dégradation de l'adaptation en entrée et de l'isolation entre ports

105

d'entrée, selon la terminologie en réception. Pour pousser plus loin cette étude, nous avons également évalué la distribution des pertes en fonction de l'angle d'incidence lorsque les lois d'alimentation produites par la matrice de Nolen 4×8 sont uniformes. Les résultats obtenus en émission (diagrammes de rayonnement dans le cas de sources isotropes) sont présentés sur la Figure 62. Contrairement au cas précédent, on note que les « zéros » des diagrammes de rayonnement sont tous dans des directions angulaires identiques et un maximum de rayonnement pour un faisceau correspond à des « zéros » de rayonnement pour les trois autres faisceaux. Cette caractéristique, propre aux lois orthogonales à distribution uniforme, introduit une singularité dans le mode de fonctionnement de la matrice d'alimentation à la réception, à savoir qu'elle est sans pertes dans les directions angulaires correspondant aux maxima des faisceaux produits. Cela se comprend puisque les coupleurs directionnels sont dimensionnés en émission pour produire une distribution uniforme. Or, le mode de fonctionnement réciproque donne lui aussi une distribution uniforme (onde plane). Donc, lorsque la direction angulaire d'incidence de l'onde plane est telle que le signal reçu correspond rigoureusement à la loi produite par l'un des ports d'entrée en émission, toute l'énergie captée par l'antenne est dirigée vers ce port, dans le cas d'une matrice théorique sans pertes d'insertion.

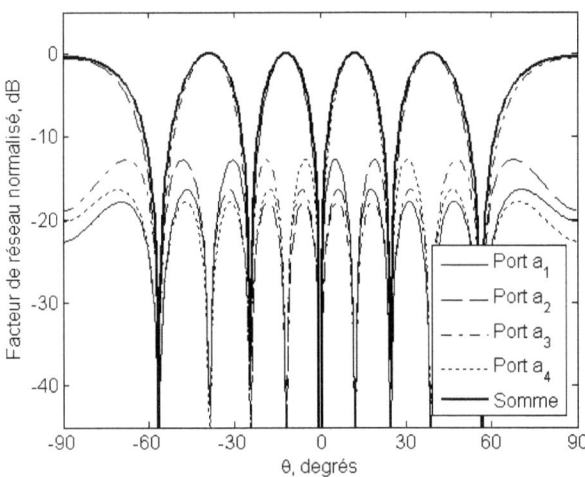

Figure 62 : Facteurs de réseau normalisés d'une matrice de Nolen 4×8 à loi d'amplitude uniforme

Enfin, on note que ces matrices à distribution non-uniforme produisent des faisceaux avec des niveaux de recoupement très faibles. Une solution pour assurer une couverture « continue » dans le cas d'applications pratiques consiste à entrelacer les faisceaux issus de deux sous-systèmes tels que présentés dans cette section. Cette méthode a été appliquée dans [61] avec des matrices de Butler à loi d'amplitude non-uniforme. On note d'ailleurs avec intérêt que la solution proposée dans [61] utilise des jonctions té, rendant la matrice sans pertes également en réception. Cette solution est bien adaptée dans le cas des matrices de Butler à loi d'amplitude non-uniforme car les jonctions té sont positionnées entre la matrice de Butler standard et les éléments rayonnants, réduisant ainsi l'impact de la désadaptation en sortie des jonctions té sur le fonctionnement global du réseau d'alimentation.

Finalement, la connaissance des pertes intrinsèques en réception en fonction de l'angle d'incidence pour des matrices de Nolen non-orthogonales n'a pas d'impact significatif sur le dimensionnement d'une antenne pour une application donnée puisque le bilan de liaison est le même en émission et en réception. De plus, les niveaux d'énergie reçus dans le cas d'applications spatiales sont extrêmement faibles. Par contre, une bonne connaissance de ce phénomène peut être utile dans les phases de test au sol, incluant des tests en puissance.

III. 3. 6 Exemples de réalisations de matrices de Nolen dans la littérature

Comme nous l'avons déjà mentionné, les matrices de Nolen sont très peu discutées dans la littérature ouverte. Cela dit, il est intéressant de voir qu'il existe quelques réalisations très proches du concept général des matrices de Nolen. C'est le cas du réseau d'alimentation décrit dans [66] et illustré sur la Figure 63. Il s'agit en fait d'une matrice de Nolen à deux entrées.

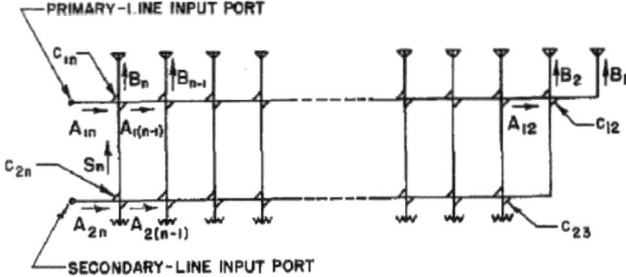

Figure 63 : Réseau d'alimentation série à deux entrées [66]

La référence [67] présente une variante des matrices de Blass qui est en fait une forme de matrice proche des matrices de Nolen. Celle-ci est présentée dans le cas d'une matrice 3×3 sur la Figure 64. Cette matrice est utilisée pour alimenter un réseau planaire pour des applications de diversité spatiale. On note qu'elle comporte un coupleur directionnel de plus qu'une matrice de Nolen 3×3 équivalente, par contre elle a l'avantage de n'utiliser que des coupleurs équilibrés. En fait, la topologie proposée revient à remplacer le coupleur déséquilibré d'une matrice de Nolen 3×3 par la cascade de deux coupleurs équilibrés et d'un déphaseur tel que détaillé sur la Figure 47.

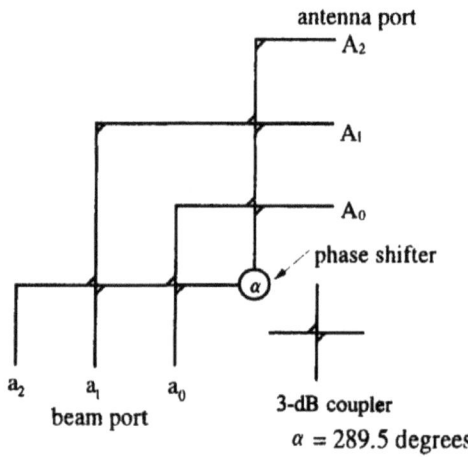

Figure 64 : Matrices de Blass modifiée proche d'une matrice de Nolen [67]

Le réseau d'alimentation présenté dans [68] est également une évolution de matrice de Nolen, où un coupleur directionnel est remplacé par un diviseur de puissance afin de produire un réseau récepteur 2×3. Le schéma de principe du réseau d'alimentation et le modèle Momentum de deux sous-réseaux linéaires disposés orthogonalement et possédant chacun un réseau d'alimentation 2×3 sont illustrés sur la Figure 65.

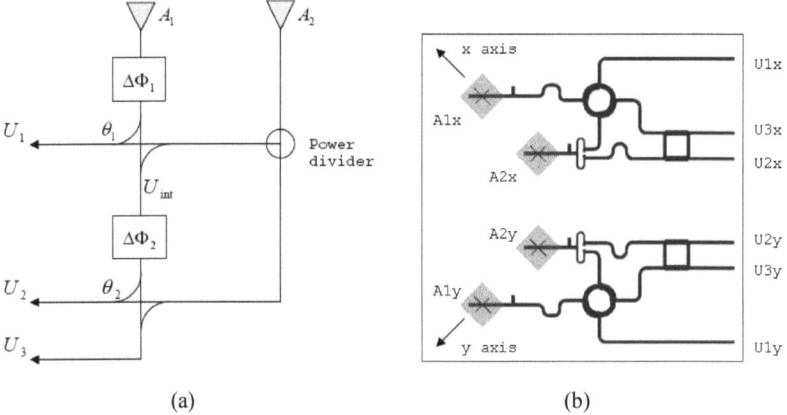

(a)   (b)

Figure 65 : Matrice de Nolen modifiée : (a) schéma de principe et (b) modèle Momentum deux axes [68]

Enfin, nous terminons cette section dédiée aux réalisations de matrices de Nolen en présentant les solutions étudiées en technologie GIS dans le cadre d'une R&T CNES réalisée dans la continuité des activités présentées dans ce rapport de thèse. Une solution planaire monocouche a été conçue et validée expérimentalement par T. Djerafi [69, 70]. Celle-ci est présentée sur la Figure 66. On note que l'utilisation d'un coupleur en croix permet une conception relativement bien adaptée à la topologie des matrices de Nolen sur une couche. A. Ali [71, 72] a proposé une solution exploitant un coupleur deux-couches large bande. La représentation schématique de la structure résultante est présentée sur la Figure 67. Le concept pourrait être étendu à une conception multicouche afin de réduire significativement l'encombrement de cette matrice en comparaison de son équivalent planaire monocouche. Par ailleurs, le coupleur deux-couches utilisé a l'avantage de permettre une correction de phase par changement de section (réduction du grand côté de la section du guide d'onde équivalent) dans la zone de couplage sans modifier significativement l'encombrement du composant. Comme nous l'avons vu, cette propriété peut s'avérer intéressante pour des applications nécessitant une stabilisation des directions de pointage avec la fréquence.

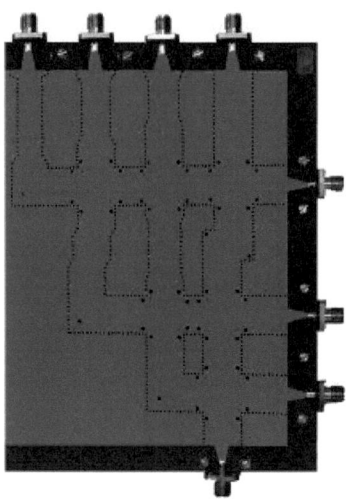

Figure 66 : Matrice de Nolen 4×4 planaire en technologie GIS [69, 70]

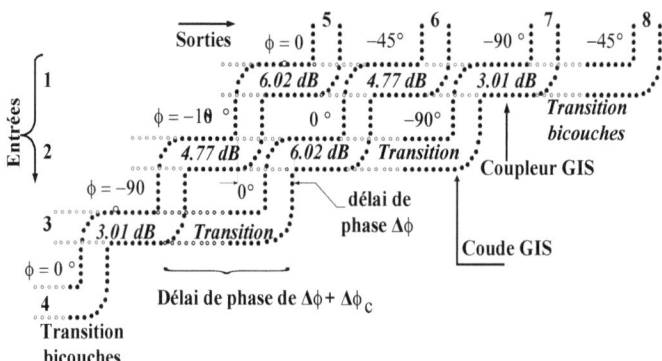

Figure 67 : Schéma d'une matrice de Nolen 4×4 sur deux couches en technologie GIS [71, 72]

III. 4 Comparaison des matrices de Butler et Nolen

Suite aux différents résultats présentés dans cette section, il nous a semblé judicieux de conclure sur une comparaison entre les deux matrices étudiées afin de mieux situer leurs domaines d'application respectifs.

Le premier point de comparaison à souligner est la contrainte sur le nombre de ports que présente une matrice de Butler standard. En effet, comme nous l'avons vu, ces matrices ont un nombre d'entrées égal au nombre de sorties et s'écrivant sous forme de puissance de deux. Nous avons vu néanmoins avec les matrices de Butler à loi d'amplitude non-uniforme qu'il est possible de dimensionner une matrice de Butler dont le nombre de sorties est un multiple entier du nombre d'entrées. Cette configuration est particulièrement intéressante pour produire des lois d'amplitude formées, mais si nécessaire elle peut aussi servir à former des lois uniformes en utilisant des diviseurs de puissance équilibrés en sortie de la matrice standard. La matrice de Nolen quant à elle ne présente pas de contraintes particulières, si ce n'est que le nombre de sorties doit être égal au nombre d'entrées pour que la matrice soit orthogonale tant en émission qu'en réception. Lorsqu'un seul mode de fonctionnement est souhaité (émission ou réception), le nombre d'entrées peut être différent du nombre de sorties tout en maintenant le caractère sans pertes de la matrice d'alimentation.

Un autre point de comparaison important est le nombre de composants. Comme nous l'avons déjà mentionné, les matrices de Butler sont une forme de matrice de répartition canonique puisqu'elles réduisent le nombre de composants au strict nécessaire. En contrepartie, elles introduisent des croisements de voies d'autant plus nombreux que la matrice est grande. Le Tableau 17 compare le nombre de composants (coupleurs et déphaseurs) nécessaires pour les matrices de Butler et Nolen. Pour permettre une comparaison objective, les matrices de Nolen ont autant de sorties que d'entrées. Ces résultats confirment qu'une matrice de Butler nécessite moins de composants qu'une matrice de Nolen. Par contre, en faisant l'hypothèse que dans une réalisation planaire la fonction de croisement de voies est produit par la combinaison de deux coupleurs hybrides, on note que les deux structures sont finalement très similaires en complexité, à ceci près que les matrices de Butler ne nécessitent la conception que d'un coupleur directionnel équilibré alors que les matrices de Nolen peuvent nécessiter plusieurs coupleurs différents. Plus généralement, ces composants peuvent être vus comme des degrés de liberté dans l'optimisation des lois d'alimentation à produire. Les matrices de Nolen présentant généralement plus de composants que les matrices de Butler, elles offrent donc plus de flexibilité sur le type de lois d'alimentation accessible (distribution d'amplitude uniforme ou non-uniforme, progression de phase arithmétique ou non-arithmétique). Néanmoins, celles-ci doivent nécessairement vérifier la contrainte d'orthogonalité, associée au caractère unitaire de chaque loi d'alimentation. Cette contrainte de loi d'alimentation unitaire est la principale différence entre les matrices de Nolen et les matrices de Blass, et traduit le caractère sans pertes du réseau d'alimentation en complément de la contrainte d'orthogonalité.

N	Matrices de Butler				Matrices de Nolen		
	Coupleurs	Déphaseurs	Croisements	Total	Coupleurs	Déphaseurs	Total
2	1	0	0	1	1	1	2
4	4	2	2	10	6	6	12
8	12	8	16	52	28	28	56
16	32	24	88	232	120	120	240
32	80	64	416	976	496	496	992

Tableau 17 : Comparaison des matrices de Butler et Nolen en nombre de composants

Le comportement fréquentiel des deux matrices considérées est un autre point de comparaison important. Les matrices de Butler sont naturellement large bande, tandis que les matrices de Nolen sont généralement dispersives. Néanmoins, nous avons vu qu'il est possible de faire évoluer la matrice de Nolen pour la rendre large bande. Il est également possible d'exploiter son comportement dispersif pour compenser le dépointage des faisceaux qui apparaît naturellement dans un réseau rayonnant lorsque la fréquence varie. Cette correction est plus difficile à mettre en œuvre dans une matrice de Butler car l'ajustement des longueurs de lignes dépend de l'angle de pointage et doit donc être adapté par entrée. Or dans les matrices de Butler toutes les entrées sont connectées en parallèle et influent donc l'une sur l'autre, contrairement à une matrice de Nolen où les entrées sont définies séquentiellement, une entrée n'étant pas affectée par celles d'indice supérieur.

Enfin, pour conclure cette comparaison entre les deux matrices orthogonales présentées, nous revenons sur le lien entre matrices multifaisceaux et transformée de Fourier discrète (DFT). Il existe un cas particulier de DFT : la Transformée de Fourier Rapide (FFT pour Fast Fourier Transform). Cette dernière permet par une réécriture particulière de réduire le nombre d'opérations à effectuer pour le calcul de la DFT dans le cas particulier où N est une puissance de 2, soit $N = 2^n$. Une telle propriété, associée à la démonstration faite dans la littérature [65] qu'une matrice de Nolen peut être réduite à une matrice de Butler dans le cas particulier où $N = 2^n$, permet d'affirmer qu'il existe un cas particulier de matrice de Butler réalisant la FFT des signaux présentés en entrée. En fait, une matrice de Butler formée de coupleurs hybrides 180° a une écriture équivalente à la FFT des signaux en entrée [73, 74]. Inversement, il serait possible de définir une forme de FFT modifiée équivalente à une matrice de Butler constituée de coupleurs hybrides 90°. Un dernier lien intéressant est la comparaison du nombre d'opérations dans le calcul de la DFT et de la FFT au nombre de composants dans les matrices multifaisceaux de dimensions $N \times N$. En reprenant les formules de dénombrement de composants pour le cas particulier d'une matrice $N \times N$, il vient qu'une matrice de Nolen en utilise $N(N-1)/2$ et une matrice de Butler $Nn/2$. Nous pouvons noter avec intérêt que le nombre d'opérations dans une DFT est proportionnel à N^2, tandis que dans une FFT ce nombre devient proportionnel à Nn, le nombre exact d'opérations dépendant de la méthode numérique employée. Nous retrouvons donc ici un autre élément associant la matrice de Butler à la FFT, et plus généralement la matrice de Nolen à la DFT.

III. 5 Conclusions et perspectives

Ce chapitre nous a permis de présenter et comparer deux formes de matrices orthogonales. Il ressort de cette comparaison que lorsqu'une matrice avec un nombre d'entrées pouvant s'écrire sous forme de puissance de deux est nécessaire, la matrice de Butler reste certainement la solution à privilégier, surtout si la technologie retenue permet de réaliser simplement les croisements de voies RF. La matrice de Nolen a l'avantage de présenter un peu plus de flexibilité, notamment sur le nombre de ports et le type de lois d'alimentation accessible. Elle pourrait donc être envisagée comme un composant de base pour généraliser le concept des matrices de Butler à des matrices avec un nombre de ports d'entrée s'écrivant comme une puissance d'un entier supérieur à deux ou plus généralement comme un produit de puissances de nombre premiers, tel qu'envisagé par Shelton [46]. Les matrices de Nolen seraient alors intéressantes avec un nombre de ports limité n'étant pas une puissance de 2 (typiquement 3, 5…). En effet, on note avec intérêt que dans le cas d'une matrice orthogonale 3×3, il n'existe pas de solution plus simple que la matrice de Nolen correspondante. Dans le cas de matrices de dimensions supérieures, Cummings [65] a proposé une technique de réduction permettant de limiter le nombre de composants d'une matrice orthogonale généralisée par rapport à la forme standard de la matrice de Nolen. Un exemple de réduction dans le cas d'une matrice 5×5 est reporté sur la Figure 68. La technique de réduction permet de supprimer 2 coupleurs directionnels, par contre un déphaseur supplémentaire est nécessaire et surtout des croisements de voies apparaissent rendant cette configuration moins adaptée pour des réalisations planaires. Il est évident que cette technique de réduction sera d'autant plus intéressante que la taille de la matrice sera importante. Mais pour des matrices de dimensions réduites et dont le nombre de ports n'est pas une puissance de 2, les matrices de Nolen sont clairement intéressantes et leur combinaison sous forme de matrices de Butler généralisées pourrait être utilisée pour réaliser des matrices de dimensions plus importantes.

Il faut également retenir que les deux matrices étudiées imposent une condition d'orthogonalité sur les lois d'alimentation, ce qui contraint la forme des faisceaux produits (ouverture de faisceau, niveaux de recoupement entre faisceaux adjacents, niveaux des lobes secondaires, etc.). Par contre, ces structures ont l'avantage d'être théoriquement sans pertes, si l'on exclut les pertes linéiques (ohmiques, diélectriques, etc.) présentes dans toute structure. La contrainte d'orthogonalité des matrices conduit à la formation de faisceaux eux-mêmes orthogonaux couvrant le domaine visible, ce qui les rend particulièrement bien adaptées à des applications de réseaux linéaires réguliers, voire planaires de forme carrée par un agencement judicieux de deux niveaux de matrices disposés orthogonalement [12] tel qu'illustré sur la Figure 69. Par contre, sans exclure quelques cas d'application très particuliers, ces matrices orthogonales sont moins adaptées à des réseaux planaires de forme quelconque ou plus généralement à des réseaux conformés ou irréguliers. Les matrices multifaisceaux présentées dans le chapitre suivant sont mieux adaptées à ce type d'antennes réseaux.

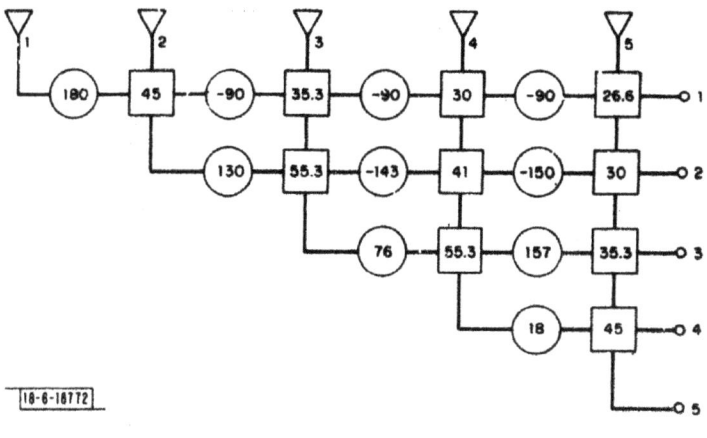

(a)

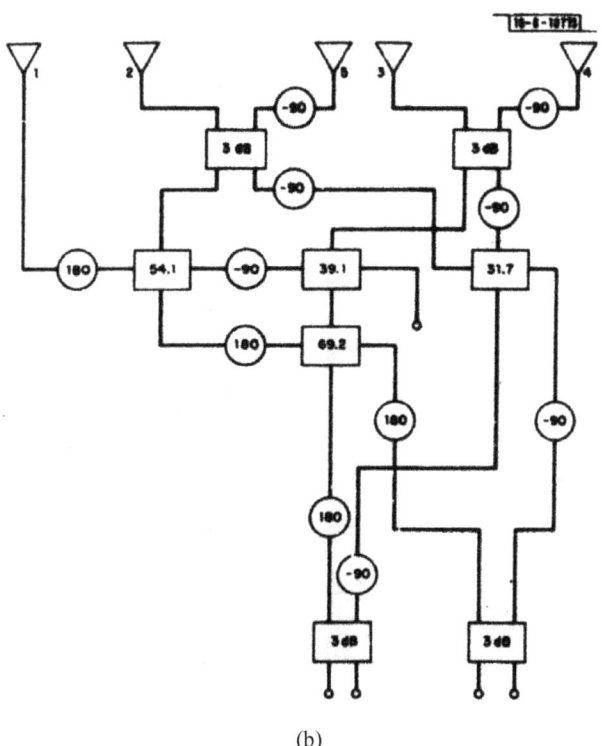

(b)

Figure 68 : (a) Matrice de Nolen 5×5 et (b) matrice orthogonale 5×5 réduite [65]

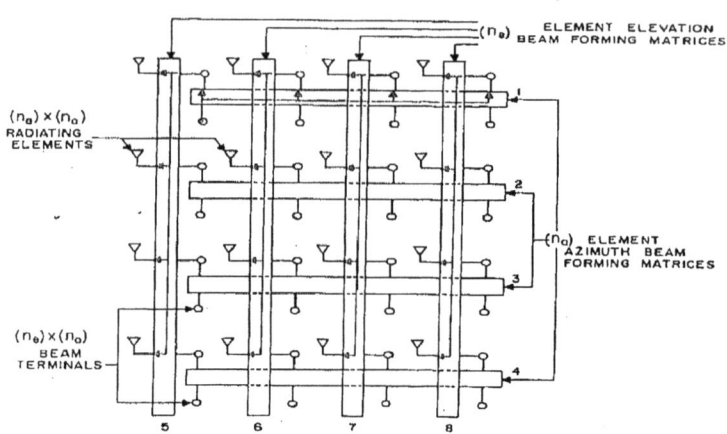

Figure 69 : Matrices de Butler pour réseaux rayonnants planaires carrés [12]

Chapitre IV - <u>Matrices multifaisceaux à lois de phase uniformes</u>

IV. 1 Introduction

Contrairement aux matrices orthogonales, les matrices multifaisceaux à lois de phase uniformes offrent une certaine flexibilité sur la définition des lois d'alimentation en dissociant la distribution en amplitude du contrôle en phase. Les matrices de Blass pourraient donc à juste titre être incluses dans cette catégorie lorsqu'elles sont conçues pour produire ce type de lois. En fonction de la topologie retenue, le contrôle, voire la reconfiguration éventuellement en orbite, des faisceaux produits peut se faire de façon plus ou moins indépendante. En contre partie, cette flexibilité se traduit par des pertes qu'il est important de connaître précisément afin de garantir la compatibilité de la solution avec le besoin.

Nous abordons dans ce chapitre deux solutions de matrices à lois de phase uniformes. La première, très répandue dans les applications spatiales, s'appuie sur une structure de base en forme de chandelier [17]. La deuxième, qui fait l'objet de plusieurs publications récentes, est une forme de structure nommée C-BFN s'appuyant sur le principe de la loi binomiale [16, 75-77]. Il nous a paru nécessaire sur cette dernière structure d'approfondir certains points, et plus particulièrement le mode de dimensionnement et l'évaluation de l'efficacité car ces informations ne sont pas disponibles dans la littérature. Nous proposons de plus une évolution intéressante de cette structure particulièrement bien adaptée à des réseaux circulaires.

IV. 2 Diviseur / combineur de puissance

Avant de décrire les matrices à lois de phase uniformes considérées, il nous paraît judicieux de détailler le composant élémentaire. Il s'agit d'un composant 3 ports, illustré schématiquement sur la Figure 70, pouvant être utilisé soit comme un diviseur de puissance (le port 1 sert d'entrée et les ports 2 et 3 servent de sorties) soit comme un combineur de puissance (les ports 2 et 3 servent d'entrées et le port 1 sert de sortie). La matrice de répartition associée est la suivante :

$$[S] = \frac{1}{\sqrt{2}} \begin{bmatrix} 0 & 1 & 1 \\ 1 & 0 & 0 \\ 1 & 0 & 0 \end{bmatrix} \qquad (86)$$

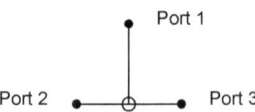

Port 1

Port 2   Port 3

Figure 70 : Représentation schématique d'un combineur/diviseur de puissance

Par soucis de généralisation, la phase d'insertion n'est pas prise en compte dans cette écriture puisque seul le différentiel de phase entre les deux voies est important. On note très facilement que cette matrice n'est pas orthogonale. En réalité, il est impossible mathématiquement parlant de trouver un composant 3 ports qui serait en théorie parfaitement adapté sur tous les ports (termes de la diagonale de la matrice de répartition nuls) tout en étant sans pertes. Par contre, il est intéressant de voir que ces pertes dépendent du mode d'opération. En effet, lorsque le composant est utilisé comme diviseur de puissance, la puissance disponible en sortie est la même que celle en entrée. Si nous appliquons un signal complexe a_1 sur le port 1, la matrice de répartition nous donne une distribution en amplitude équilibrée et sans pertes :

$$[S] \cdot \begin{bmatrix} a_1 \\ 0 \\ 0 \end{bmatrix} = \begin{bmatrix} 0 \\ a_1/\sqrt{2} \\ a_1/\sqrt{2} \end{bmatrix} \tag{87}$$

Par contre, lorsque le composant est utilisé comme combineur de puissance, le rendement η dépend du rapport de puissance et de la différence de phase entre les deux signaux combinés. Soient deux signaux complexes a_2 et a_3 appliqués respectivement sur les ports 2 et 3, la matrice de répartition permet d'évaluer le signal recombiné selon la formule suivante :

$$[S] \cdot \begin{bmatrix} 0 \\ a_2 \\ a_3 \end{bmatrix} = \begin{bmatrix} (a_2 + a_3)/\sqrt{2} \\ 0 \\ 0 \end{bmatrix} \tag{88}$$

Le rendement du composant est alors défini comme le rapport suivant :

$$\eta = \frac{|a_2 + a_3|^2}{2(|a_2|^2 + |a_3|^2)} \tag{89}$$

118

Cette équation peut être réécrite sous la forme suivante :

$$\eta = \frac{R + 2\sqrt{R}\cos\Theta + 1}{2(R+1)} \tag{90}$$

où R est le rapport de puissance entre les deux signaux en entrée et Θ la différence de phase.

La variation de l'efficacité avec le rapport de puissance dans le cas de signaux en entrée en phase est illustrée sur la Figure 71. On note que le cas extrême pour lequel un seul port est alimenté induit un rendement de 50%, soit des pertes de 3dB. La variation de l'efficacité en fonction de la différence de phase dans le cas de signaux en entrée équilibrés en amplitude est illustrée sur la Figure 72. Dans ce cas particulier, la combinaison des signaux peut être nulle lorsque ceux-ci sont en opposition de phase. À une fréquence donnée, le rendement présente un caractère périodique.

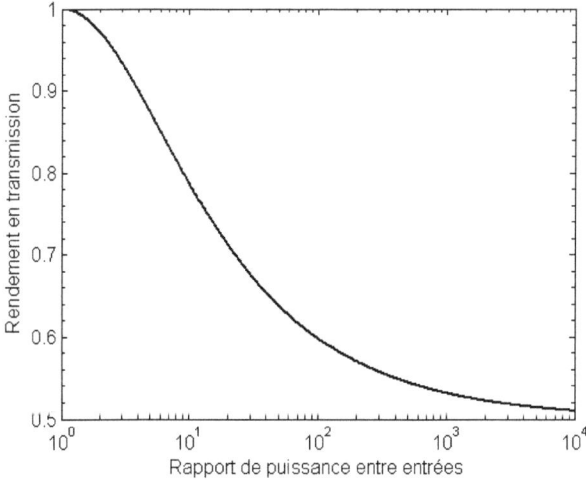

Figure 71 : Efficacité d'un combineur de puissance en fonction du rapport de puissance entre les signaux en entrées dans le cas équi-phase

119

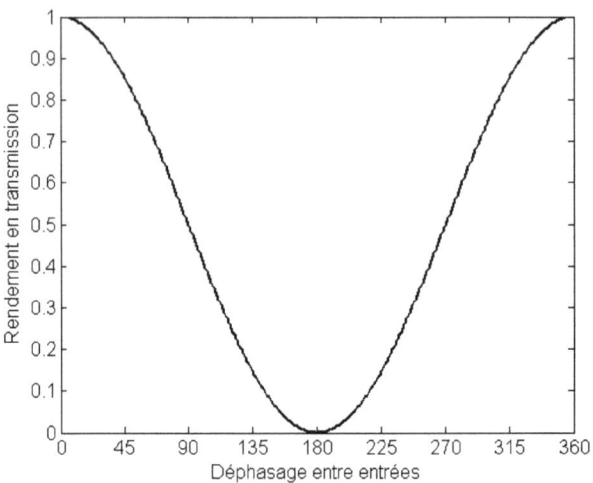

Figure 72 : Efficacité d'un combineur de puissance en fonction de la différence de phase entre les signaux en entrée dans le cas équi-amplitude

Pour les simulations présentées dans la suite de ce chapitre, nous avons retenu un diviseur / combineur de puissance en anneau, qui est en fait un composant 5 ports dont deux ports sont adaptés [78]. Ce composant élémentaire est illustré sur la Figure 73.

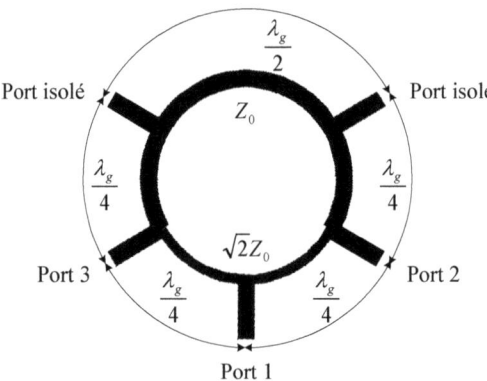

Figure 73 : Diviseur / combineur de puissance en anneau

Il a l'avantage d'être large bande et particulièrement peu sensible à la précision de positionnement des charges adaptées, celles-ci étant placées sur des lignes 50Ω. Le travail de simulation sur ce composant et les matrices associées a été réalisé par N. Ferrando dans le cadre de son stage au CNES. Les mesures des différents prototypes réalisés ont été faites au CNES, et plus particulière avec un analyseur de réseau vectoriel E8364B d'Agilent Technologies pour l'évaluation des paramètres de répartition (mesures réalisées par M. Romier) et dans la Base Compacte de Mesure d'Antennes pour la caractérisation en rayonnement (mesures réalisées par D. Belot et L. Féat). Le substrat utilisé pour ces réalisations est le NY9208 de Neltec déjà décrit précédemment. La fréquence de travail est fixée à 6GHz. Par ailleurs, pour mieux rendre compte des pertes intrinsèques aux structures étudiées par la suite, nous avons calibré les pertes d'insertion d'un composant élémentaire en ajustant le paramètre des pertes tangentielles du substrat pour assurer une bonne corrélation entre simulations et mesures. Le composant élémentaire en question est présenté sur la Figure 74 selon deux modes de réalisation, à savoir 3 et 5 ports. Dans le cas à 3 ports, les deux ports isolés sont directement connectés à des résistances soudées sur le circuit imprimé. Le retour à la masse après les résistances est assuré par un dépôt de métallisation dans un trou traversant le substrat de part en part. Le modèle de résistance retenu est de type SMC (Surface Mount Chip) de la série FC produite par la société Vishay. La configuration à 5 ports a été réalisée pour anticiper un disfonctionnement éventuel de la configuration à 3 ports. En réalité, les performances du composant 3 ports sont en ligne avec le modèle, comme on peut le voir sur la Figure 75 pour l'adaptation et l'isolation et sur la Figure 76 pour les coefficients de transmission.

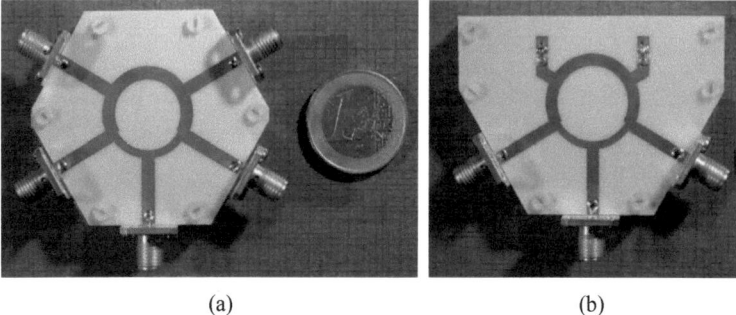

(a)   (b)

Figure 74 : Diviseur de puissance en anneau avec (a) 5 et (b) 3 ports

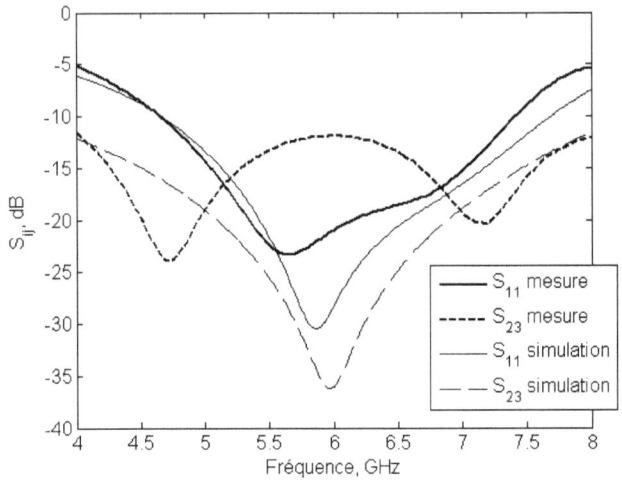

Figure 75 : Adaptation et isolation d'un diviseur de puissance en anneau

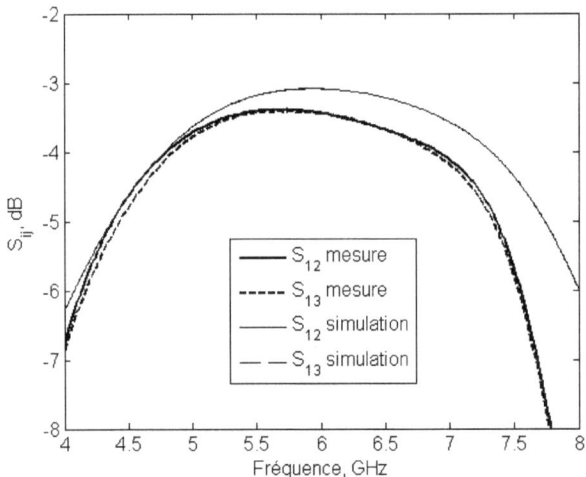

Figure 76 : Coefficients de transmission d'un diviseur de puissance en anneau

À la fréquence de fonctionnement, les coefficients de transmission mesurés sont de -3,44dB, contre -3,09dB en simulation. L'écart est en parti dû aux connecteurs. Concernant les performances en adaptation, elles sont en ligne avec la simulation. L'isolation est par contre dégradée mais reste tout de même suffisamment basse pour ne pas trop affecter l'insertion de ce composant dans un ensemble plus complexe.

IV. 3 Réseaux d'alimentation en chandelier

IV. 3. 1 Description et performances

Historiquement, le concept de réseau d'alimentation multifaisceaux en chandelier, également appelé en parallèle, semble antérieur aux autres concepts déjà présentés dans ce rapport de thèse. Le premier document le décrivant de façon relativement précise dans une configuration en parallèle est le brevet de Kadak [15]. Cela dit, certains principes fondateurs sont déjà présents dans [79], et Butler fait référence à un concept visiblement très similaire lorsqu'il introduit sa matrice [12].

Pour bien comprendre le principe de ce réseau d'alimentation, nous commençons par décrire le cas monofaisceau. En fait, l'objectif d'un réseau en chandelier dans sa forme équilibrée est de produire une loi d'alimentation en sortie uniforme en amplitude et phase. Pour cela, il suffit de chaîner différents niveaux de diviseurs de puissance équilibrés selon le schéma présenté sur la Figure 77.

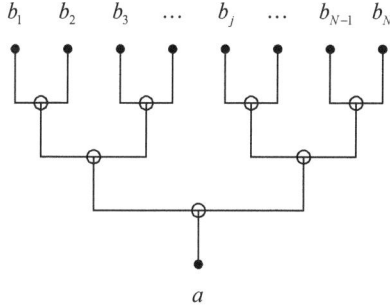

Figure 77 : Réseau d'alimentation en chandelier monofaisceau

Dans le cas général, on peut envisager d'utiliser des diviseurs de puissance déséquilibrés pour produire une loi formée en amplitude. L'intérêt de cette structure dans le cas équilibré est de dissocier le réseau d'alimentation de la couche de contrôles en amplitude (atténuateurs) et/ou phase (déphaseurs) permettant la formation de faisceau.

123

Considérons maintenant le cas multifaisceaux. Supposons que l'on souhaite produire M faisceaux avec un réseau de N éléments rayonnants. Le premier niveau consiste à diviser l'ensemble des signaux en entrée de façon indépendante en utilisant un réseau en chandelier avec N sorties par entrée. Toutes les sorties des différents réseaux en chandelier correspondant à un même élément rayonnant sont ensuite combinées via un réseau en chandelier utilisé en combineur, tel qu'illustré sur la Figure 78. Dans l'hypothèse où le composant de base pour produire le réseau en chandelier est un composant à 3 ports comme celui décrit dans la section précédente, les nombres d'entrées et de sorties sont nécessairement des puissances de deux, sans forcément être égaux, pour avoir le même niveau de pertes d'insertion sur toutes les voies RF. Cette configuration particulière, associée à une matrice de contrôles en amplitude et/ou phase positionnée entre le niveau de division et le niveau de combinaison, permet une définition indépendante des lois d'alimentation de chaque faisceau, offrant ainsi une flexibilité totale pouvant s'adapter à toutes formes de réseaux rayonnants et plus particulièrement des réseaux conformés tel que suggéré dans [15].

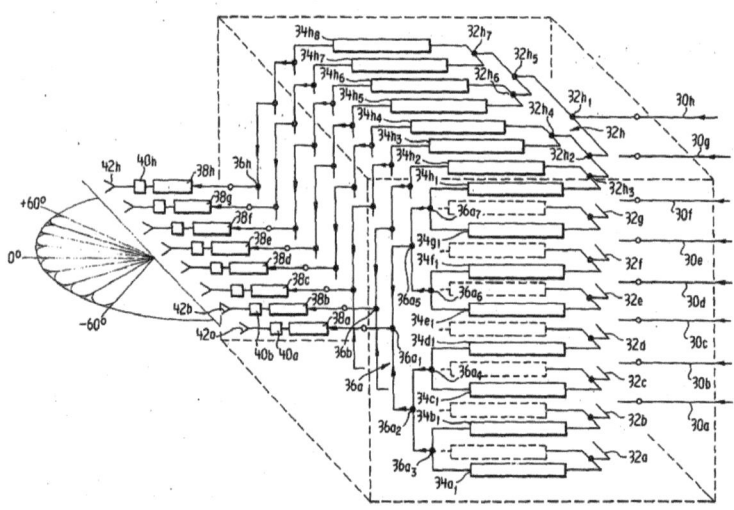

Figure 78 : Réseau d'alimentation multifaisceaux en chandelier [15]

Compte tenu des résultats présentés sur le composant de base, on en déduit que le niveau de division est nécessairement sans pertes. Par contre, le niveau de combinaison entre signaux non-cohérents (fréquences différentes) issus d'entrées différentes induit une perte systématique de 3dB par étage de combineurs. Finalement, pour un réseau linéaire à N éléments rayonnants avec $N = 2^n$, le niveau de combinaison induit $3n$ dB de pertes. Les pertes augmentent donc de façon logarithmique avec le nombre de sorties.

IV. 3. 2 Exemples de réalisations de réseaux d'alimentation en chandelier dans la littérature

Les exemples de réalisation dont on dispose dans la littérature sont pour la plupart liés à des applications spatiales. Le premier exemple concerne les antennes réseaux à rayonnement direct de la constellation Globalstar [80, 81]. La Figure 79 présente une vue éclatée de l'antenne active d'émission en bande S. Il s'agit d'un réseau de forme globale hexagonale avec une maille triangulaire produisant 16 faisceaux fixes. L'élément rayonnant élémentaire est un patch dans une cavité alimenté par deux accès orthogonaux et associé à un coupleur hybride pour produire la polarisation circulaire. La décomposition des sous-systèmes de l'antenne est détaillée sur la Figure 80.

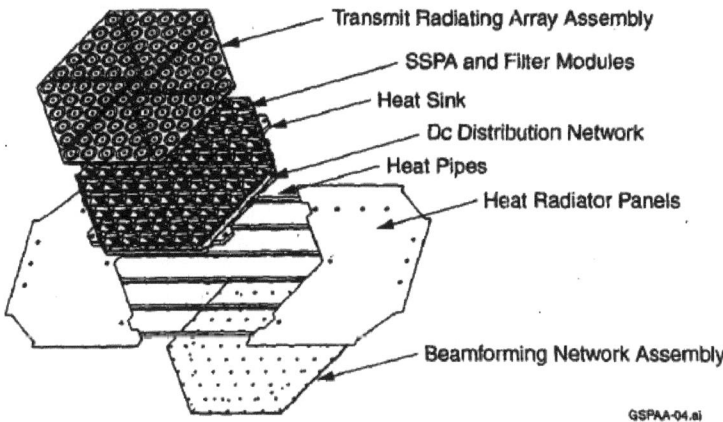

Figure 79 : Vue éclatée de l'antenne active multifaisceaux d'émission en bande S embarquée sur les satellites Globalstar [81]

Le niveau de division est constitué de réseaux d'alimentation en technologie imprimée (stripline) 1:91. Le nombre de sorties n'étant pas une puissance de deux, soit le réseau d'alimentation est une combinaison de plusieurs formes de diviseurs de puissance, soit certains ports de sortie sont inutilisés et donc chargés sur 50Ω. Cette dernière configuration n'est pas la plus judicieuse puisqu'elle introduit des pertes dans le niveau de division qui serait autrement sans pertes intrinsèques. Le réseau d'alimentation comporte ensuite un niveau de combineurs 16:1. Le réseau est certainement constitué de 4 couches de combineurs de puissance, soit des pertes intrinsèques de 12dB, qui viennent s'ajouter aux pertes d'insertion de la technologie imprimée retenue.

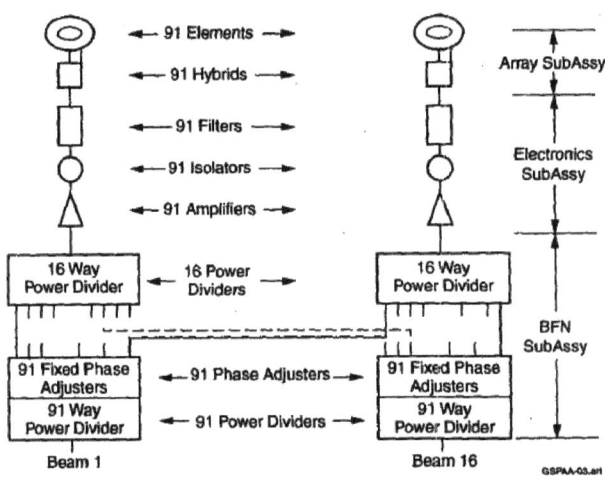

Figure 80 : Représentation schématique par sous-systèmes de l'antenne active multifaisceaux d'émission en bande S embarquée sur les satellites Globalstar [81]

Une autre réalisation intéressante de réseau d'alimentation est l'antenne embarquée sur la constellation IRIDIUM [82]. Chacun des trois réseaux formant l'antenne est constitué d'un peu plus de 100 éléments rayonnants (106 selon les vues d'artiste présentées dans [82]), disposés selon une maille triangulaire avec une forme globale elliptique (cette forme particulière est liée à l'aménagement des antennes sur les faces latérales du satellite), tel qu'illustré sur la Figure 81. Le réseau d'alimentation, présenté schématiquement sur la Figure 82, est une combinaison judicieuse de matrices orthogonales avec un réseau à lois de phase uniformes. Huit matrices de Butler 16×16 sont connectées aux éléments rayonnants, d'où la forme globale elliptique du réseau rayonnant. En réalité, les sorties de matrices sont réparties selon une forme rectangulaire mais quelques éléments en bordure ne sont pas utilisés, cette

126

Figure 81 : Photo d'un réseau rayonnant sous test pour l'antenne active multifaisceaux émission/réception en bande L embarquée sur les satellites IRIDIUM [82]

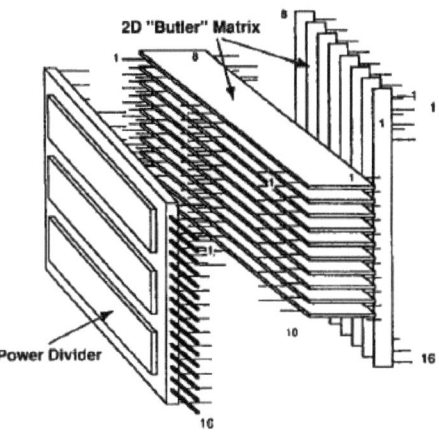

Figure 82 : Représentation schématique du réseau d'alimentation de l'antenne active multifaisceaux émission/réception en bande L embarquée sur les satellites IRIDIUM [82]

forme elliptique favorisant la baisse des lobes secondaires comme discuté dans la section I. 3. Cette configuration particulière induit des pertes en émission sur ce premier niveau de matrices, mais celles-ci restent modérées (de l'ordre de 0,8dB) compte tenu du rapport relativement faible du nombre de ports inutilisés sur le nombre de ports total. La

127

configuration est a priori sans pertes en réception. Ces matrices sont connectées à un second niveau constitué de 10 matrices de Butler 8×8 disposées orthogonalement par rapport au premier niveau (voir chapitre précédent). De fait, on n'utilise que 80 faisceaux sur l'ensemble des 128 faisceaux réalisables compte tenu du premier niveau de formateur de faisceau. Mais ces 80 faisceaux orthogonaux suffisent à couvrir la zone de service. La charge utile étant dimensionnée pour produire 16 faisceaux simultanément, un troisième niveau de réseau d'alimentation constitué de diviseurs / combineurs de puissance est donc ajouté. Ces 16 faisceaux sont chacun une combinaison linéaire à coefficients complexes des 80 faisceaux orthogonaux, les coefficients étant optimisés pour diviser la zone de couverture en spots à même Puissance Isotrope Rayonnée Équivalente (PIRE) tout en contrôlant le niveau de lobes secondaires. Ce troisième niveau constitué d'un réseau d'alimentation à lois de phase uniformes n'est pas détaillé dans la littérature. Il s'agit peut être d'une architecture en chandelier 16:80 telle que décrite dans cette section, mais il se peut aussi que l'architecture ait été optimisée pour réduire le nombre de composants et donc les pertes de ce niveau sachant que chacun des 16 faisceaux à produire n'est une combinaison que d'un nombre limité de faisceaux orthogonaux (4 à 6 faisceaux orthogonaux typiquement pour former le lobe principal, mais les contraintes sur les lobes secondaires, non détaillées dans la littérature, imposent peut être un nombre de faisceaux orthogonaux plus important).

Nous terminons en abordant le réseau d'alimentation des antennes émission SPACEWAY. Il s'agit d'un réseau rayonnant constitué de 1500 cornets élémentaires bi-polarisation, le réseau d'alimentation est défini par rangées de 12 à 22 éléments rayonnants selon le principe décrit dans cette section, tel qu'illustré sur la Figure 83 [83] (22 éléments rayonnants représentent une demi-rangée pour les rangées les plus longues). La particularité de cette antenne par rapport aux précédentes solutions présentées est de disposer de déphaseurs variables contrôlés numériquement (voir Figure 84) pour assurer une forte flexibilité de pointage pour les 24 faisceaux produits, 12 par polarisation. En fait, chaque faisceau est pointé à un instant donné en fonction du besoin en ressources des utilisateurs vers une des 106 cellules prédéfinies formant la couverture en réception. Par ailleurs, 12 n'étant pas une puissance de deux, on note que le niveau de recombinaison n'est pas équivalent pour tous les faisceaux comme détaillé dans cette section, mais doit être aménagé tel qu'illustré sur la Figure 84, certains signaux passent donc par quatre niveaux de combinaison tandis que d'autres n'en ont que trois.

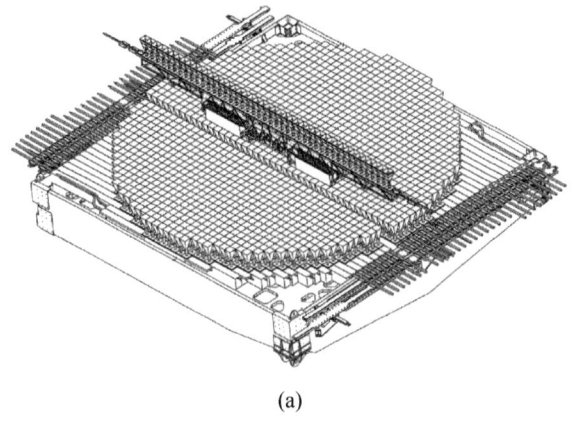

(a)

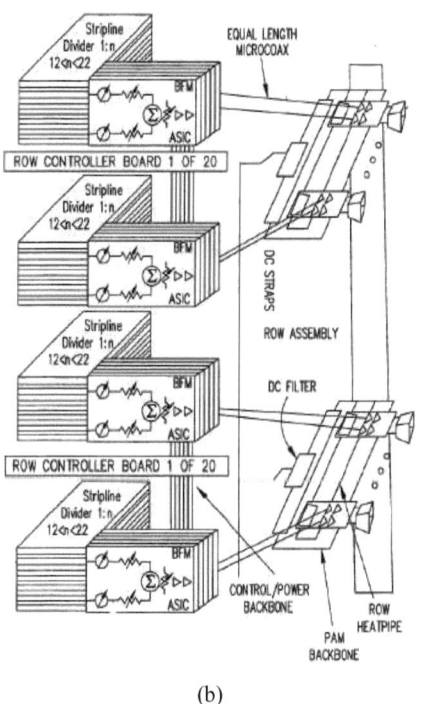

(b)

Figure 83 : Représentation schématique (a) d'une rangée d'éléments rayonnants de l'antenne active en émission sur le satellite SPACEWAY et (d) du réseau d'alimentation associé [83]

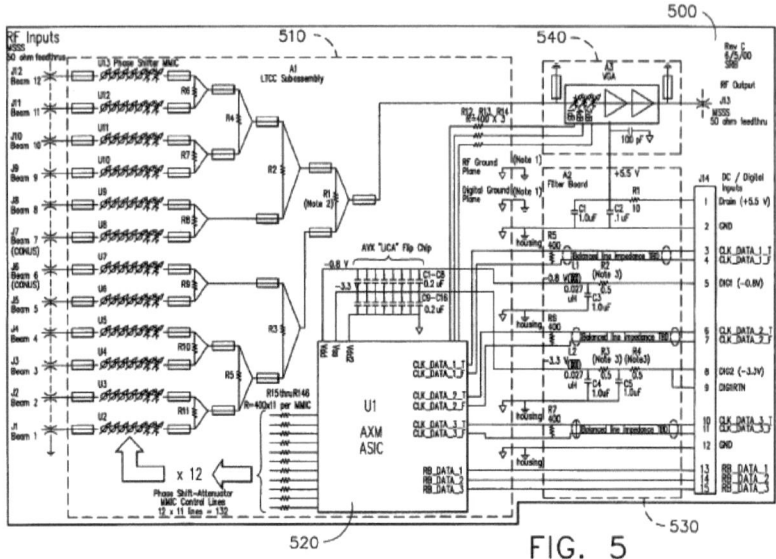

Figure 84 : Détail d'un sous-ensemble du combineur de l'antenne active en émission sur le satellite SPACEWAY [83]

IV. 4 Réseaux d'alimentation périodiques

IV. 4. 1 Description

La particularité de ce réseau d'alimentation en comparaison de la structure précédente est d'alterner des diviseurs et des combineurs de puissance équilibrés afin de produire une loi de distribution en puissance proche de la loi binomiale. La loi binomiale est décrite par le triangle de Pascal dont la relation de base est la suivante :

$$\binom{n-1}{p-1} + \binom{n-1}{p} = \binom{n}{p} \qquad \text{avec } 0 \leq p \leq n \qquad (91)$$

où $\binom{n}{p} = \dfrac{n!}{p!(n-p)!}$ est le nombre de combinaisons non-ordonnées de p éléments parmi n.

Cette relation aboutit à la représentation proposée dans le Tableau 18. Elle permet de voir qu'un nombre d'une couche donnée du triangle de Pascal contribue à la définition de deux nombres de la couche suivante et tout nombre, en dehors de ceux en bord de couche, est obtenu par sommation de deux nombres de la couche précédente. Il est donc possible de produire une loi binomiale en puissance en alternant des diviseurs et combineurs de puissance selon le schéma illustré sur la Figure 85. Sur ce schéma, nous avons normalisé la puissance par couche par rapport au signal le plus faible afin de mettre en évidence la loi binomiale.

p	N					
	1	2	3	4	5	6
1	1	1	1	1	1	1
2		1	2	3	4	5
3			1	3	6	10
4				1	4	10
5					1	5
6						1

Tableau 18 : Triangle de Pascal

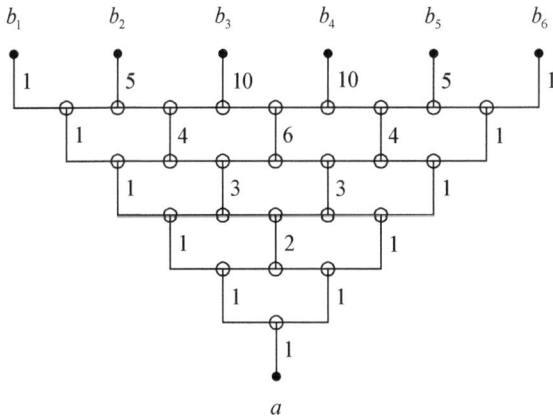

Figure 85 : Réalisation d'une loi binomiale en puissance par alternance de diviseurs et de combineurs de puissance

131

Cette loi présente une symétrie par rapport à l'élément (cas impair) ou aux deux éléments (cas pair) centraux et est caractérisée par une décroissance gaussienne vers les bords. Les lois d'alimentation à distribution en amplitude gaussienne sont particulièrement intéressantes pour réduire le niveau des lobes secondaires. En pratique, des pertes apparaissent dans la structure du fait de recombinaisons déséquilibrées en puissance à partir de la troisième couche, de sorte que la loi en puissance effectivement obtenue s'éloigne progressivement de la loi binomiale à mesure que le nombre de couches augmente. Par ailleurs, on note que dans le cas d'une réalisation concrète, des déphaseurs sont ajoutés en bord de structure tel qu'illustré sur la Figure 86 afin de produire la même phase d'insertion et pente de phase qu'un combineur de puissance et permettre ainsi un comportement large bande pour l'ensemble de la structure par un équilibrage des chemins électriques. Pour la structure à 5 couches illustrée, la loi binomiale en puissance normalisée serait caractérisée par la distribution suivante : 0,03, 0,16, 0,31, 0,31, 0,16 et 0,03. Comme attendu, les pertes n'affectent pas les niveaux de puissance en bord de structure puisque les signaux en question ne passent pas par des combineurs de puissance. Les pertes apparaissent par contre dans la partie centrale, mais restent dans ce cas modérées puisque le nombre de couches est limité. Les combineurs présentant des pertes du fait d'un déséquilibre des puissances en entrée sont mis en évidence sur la Figure 86. Finalement, cela concerne tous les combineurs en dehors de l'axe de symétrie de la structure, présents à partir de la troisième couche.

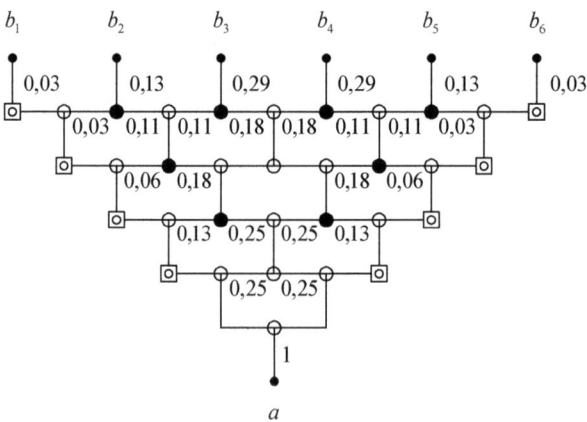

Figure 86 : Réseau d'alimentation périodique monofaisceau large bande

La structure de la Figure 86 peut facilement être généralisée à des applications multifaisceaux, il suffit pour cela de remplacer les déphaseurs en bord d'une structure monofaisceau par des combineurs et de reproduire autant que nécessaire le schéma de distribution d'une structure monofaisceau. L'énergie se distribue toujours selon le principe du triangle de Pascal, décrivant ainsi une zone de propagation « triangulaire ». Contrairement aux autres structures étudiées, il n'est plus possible de distribuer un signal sur l'ensemble des sorties à partir d'une seule entrée. Cela se traduit par un certain niveau de recouvrement entre faisceaux, chaque faisceau partageant certaines sorties avec les faisceaux adjacents tel qu'illustré sur la Figure 87. Le niveau de recouvrement entre faisceaux dépend du nombre de couches. On note par ailleurs qu'il nous faut ajouter dans ce cas des charges adaptées en bord de structure. Celles-ci sont nécessaires pour assurer un comportement équivalent à tous les faisceaux, notamment les faisceaux en bord de structure.

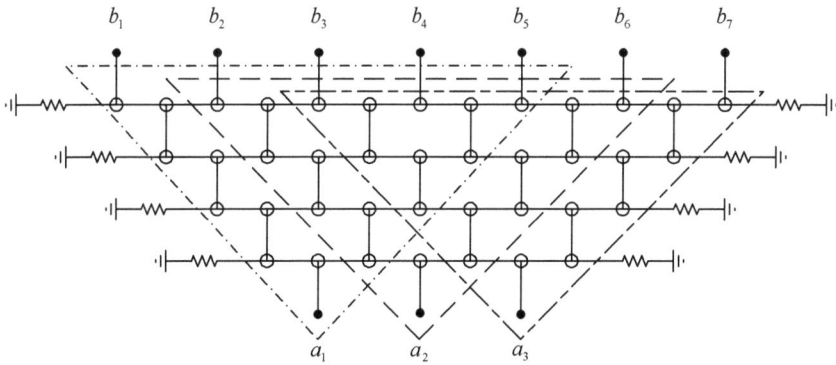

Figure 87 : Réseau d'alimentation périodique multifaisceau

Plusieurs publications récentes produites par le Groupe Antenne de l'Université de Navarre ont approfondi le sujet et envisagé des applications, notamment dans le spatial, en plaçant ce type de réseau dans le plan focal d'une antenne à réflecteur [76, 77]. En réalité, ce genre de structure alternant diviseurs et combineurs était déjà décrit dans l'article de Butler [12] afin de créer une distribution en amplitude de type cosinus ou cosinus carré en entrée d'une matrice orthogonale (voir section III. 2. 3). La référence [29] décrit cette même topologie en alimentation directe d'une antenne réseau en se limitant à un maximum de deux couches. Le problème de l'efficacité y est abordé puisqu'il est précisé qu'une structure produisant une distribution en cosinus (une couche) présente un rendement de 50%, réduit à seulement 25% pour une distribution en cosinus carré (deux couches). Une analyse approfondie du rendement de ces structures nous a donc paru nécessaire car peu mis en évidence dans les publications plus récentes.

IV. 4. 2 Cas des réseaux d'alimentation périodiques monofaisceau

Avant d'aborder le cas général multifaisceaux, il est préférable de commencer par le cas des réseaux monofaisceaux, ceux-ci étant plus simples. Nous les traitons en considérant que nous sommes en émission, mais une description similaire pourrait être faite pour un réseau d'alimentation utilisé en réception.

Pour simplifier l'écriture de la matrice de transfert de ce réseau d'alimentation, nous avons identifié la forme générique de la matrice de transfert élémentaire associée à une seule couche. Si nous considérons la première couche, qui est en fait réduite à un simple diviseur de puissance, la matrice de transfert peut s'écrire comme suit :

$$T_1 = \frac{1}{2}\begin{bmatrix} \sqrt{2} \\ \sqrt{2} \end{bmatrix} \qquad (92)$$

Les sorties de cette première couche sont contenues dans le vecteur obtenu par le calcul suivant :

$$\begin{bmatrix} b_1 \\ b_2 \end{bmatrix} = T_1 \cdot [a_1]$$

où a_1 est le signal en entrée du réseau d'alimentation monofaisceau.

La couche suivante est composée de deux diviseurs intercalés d'un combineur et peut être mise sous la forme matricielle suivante :

$$T_2 = \frac{1}{2}\begin{bmatrix} \sqrt{2} & 0 \\ 1 & 1 \\ 0 & \sqrt{2} \end{bmatrix} \qquad (93)$$

Dans cette matrice, les colonnes produisent la fonction de division de puissance tandis que les lignes permettent la combinaison des signaux. La combinaison de ces deux opérations se traduit par un coefficient de transfert égale à 0,5 en dehors des deux signaux en bordure.

Selon ce principe, nous pouvons définir plus généralement la matrice de transfert de la couche n par :

$$
T_n = \frac{1}{2}
\begin{bmatrix}
\sqrt{2} & 0 & 0 & \cdots & 0 \\
1 & 1 & 0 & \cdots & 0 \\
0 & 1 & 1 & & \vdots \\
0 & 0 & \ddots & \ddots & 0 \\
\vdots & \vdots & & 1 & 1 \\
0 & 0 & \cdots & 0 & \sqrt{2}
\end{bmatrix}_{(n+1)\times n}
\tag{94}
$$

Il ressort de cette écriture qu'un réseau linéaire à N éléments rayonnants aura nécessairement $N-1$ couches.

La loi d'alimentation en amplitude associée est donnée par la relation matricielle suivante :

$$
\begin{bmatrix}
C_1 \\
\vdots \\
C_n \\
\vdots \\
C_N
\end{bmatrix}
= T_{N-1} \cdot T_{N-2} \cdots\cdots T_2 \cdot T_1 \cdot [a_1]
\tag{95}
$$

Évaluons maintenant l'efficacité d'une telle matrice. Comme nous l'avons vu en introduisant le composant élémentaire, des pertes par combinaison apparaissent lorsque les amplitudes en entrée sont déséquilibrées. L'évaluation des pertes en fonction du nombre de couches est présentée sur la Figure 88. Les pertes théoriques rendent compte des pertes intrinsèques de la structure, soit les pertes par combinaison, tandis que les pertes simulées cumulent ces pertes intrinsèques aux pertes d'insertion (pertes diélectrique et pertes ohmiques). Comme attendu, on constate que les pertes intrinsèques augmentent avec le nombre de couches puisqu'il y a de plus en plus de combineurs déséquilibrés. Par ailleurs, les pertes simulées s'éloignent progressivement des pertes théoriques car les pertes d'insertion augmentent linéairement avec les longueurs de lignes, elles-mêmes augmentant naturellement avec le nombre de couches.

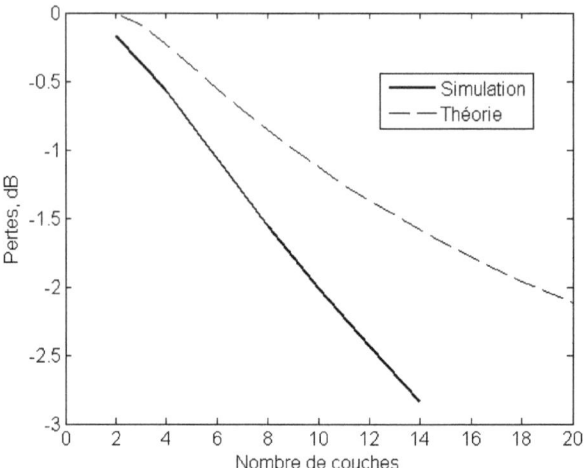

Figure 88 : Pertes dans un réseau d'alimentation périodique monofaisceau

Un bilan sur le gain de réseau est présenté sur la Figure 89. On note qu'en cumulant les pertes intrinsèques de la structure aux pertes liées à une loi non-uniforme le gain de réseau semble converger rapidement dès une dizaine de couches. Si nous ajoutons à ce bilan les pertes d'insertion, le gain de réseau présente alors un maximum autour de 8 à 10 couches. L'impact en rayonnement d'un tel réseau d'alimentation associé à un réseau linéaire est illustré sur la Figure 90. Nous avons fait l'hypothèse d'éléments rayonnants espacés de $0,785\ \lambda_0$ à la fréquence centrale (correspondant à la distance physique entre deux sorties dans le cas des réalisations présentées dans la section suivante, soit 39,25mm) et dont le diagramme de rayonnement élémentaire est modélisé par une gaussienne présentant une ouverture à mi-puissance de 86° (voir section IV. 5. 2). On note que le niveau pire cas des lobes secondaires décroît rapidement et est sensiblement inférieur aux 13dB obtenus typiquement avec une distribution en amplitude uniforme, même pour un nombre de couches relativement réduit. Par ailleurs, la baisse des lobes secondaires se traduit comme attendu par une augmentation de l'ouverture angulaire du lobe principal. L'ensemble de ces résultats permet de voir qu'un réseau d'alimentation à 3 ou 4 couches présente déjà des caractéristiques en rayonnement intéressantes tout en conservant un niveau de pertes intrinsèques et d'insertion relativement faibles.

136

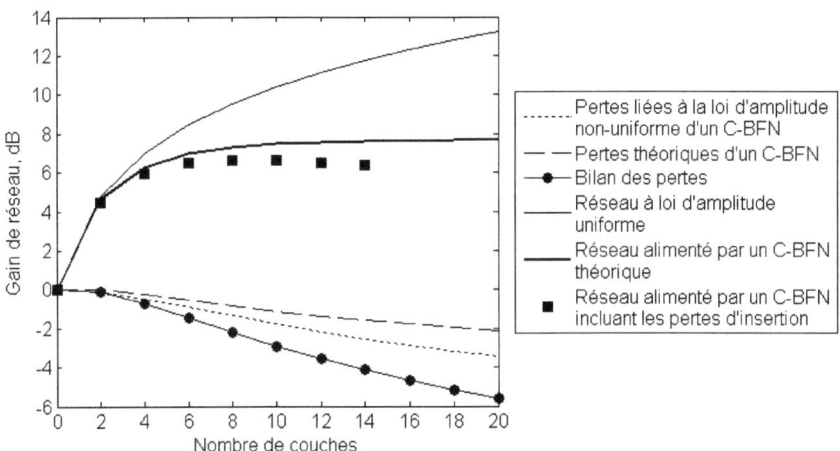

Figure 89 : Gain de réseau d'un réseau d'alimentation périodique monofaisceau

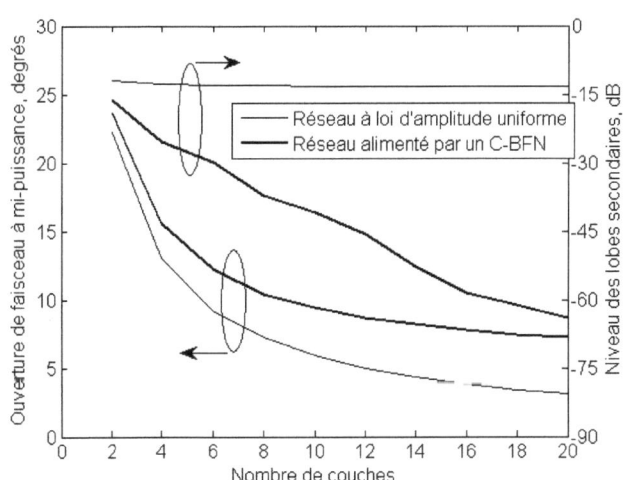

Figure 90 : Caractéristiques en rayonnement d'un réseau linéaire associé à un réseau d'alimentation périodique monofaisceau

Le cas que nous venons de traiter est caractérisé par des sorties en phase, ce qui se traduit par un lobe principal pointant dans la direction orthogonale au réseau rayonnant. Pour introduire une capacité de dépointage de faisceau avec un seul déphaseur variable, les auteurs de [16, 75] proposent la structure illustrée sur la Figure 91. L'ajout d'un déphaseur variable rompt la symétrie de la structure, de sorte que maintenant même les combineurs sur l'axe de symétrie présentent des pertes liées au déséquilibre en phase des signaux en entrée. Les autres combineurs présentent également des pertes accrues puisque les signaux déjà déséquilibrés en amplitude le sont maintenant également en phase. Il est intéressant de noter que les pertes évoluent en fonction de la valeur du déphaseur. Ceci est illustré sur la Figure 92. Nous avons dû nous limiter à un déphasage maximum de 90°, car au-delà la distribution en sortie n'est plus gaussienne.

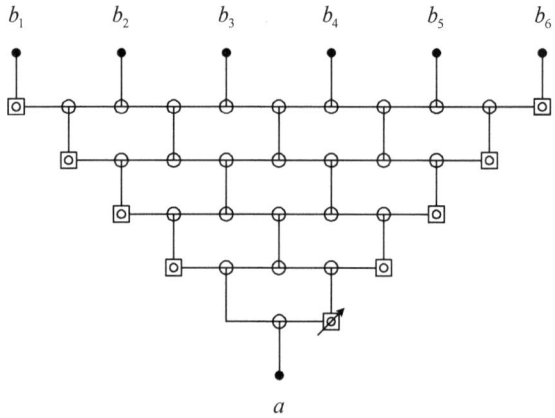

Figure 91 : **Matrice périodique monofaisceau à balayage électronique**

Une autre information intéressante est la manière dont se propage la phase dans la structure. Ceci est illustré sur la Figure 93. On note en effet que le déphaseur variable introduit entre la première et la deuxième couche ajuste la dynamique de phase entre les ports de sortie puisqu'il fixe la différence de phase entre les deux chemins électriques en bord de structure. De ce fait, pour généraliser les résultats présentés, nous donnons sur la Figure 92 les phases relatives (première sortie prise en référence) normalisées par rapport à la phase introduite par le déphaseur variable. On note que les combinaisons successives à mesure que l'on augmente le nombre de couches tendent à dégrader la linéarité de la loi de phase en sortie, caractéristique nécessaire pour produire une recombinaison optimale en rayonné dans une direction angulaire donnée. Par contre, il est intéressant de noter que la loi de phase reste

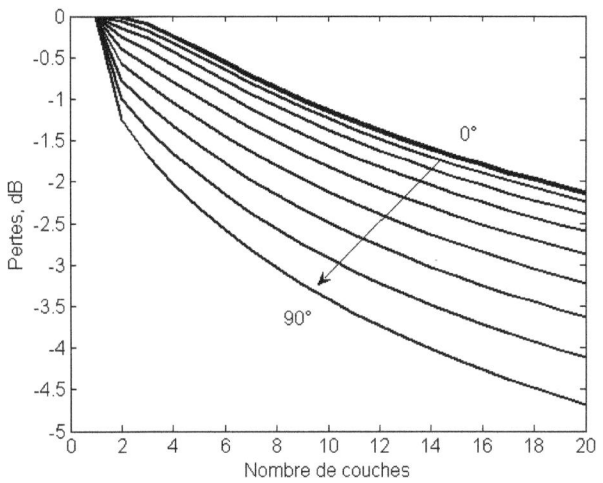

Figure 92 : Pertes dans un réseau d'alimentation périodique monofaisceau avec un déphaseur

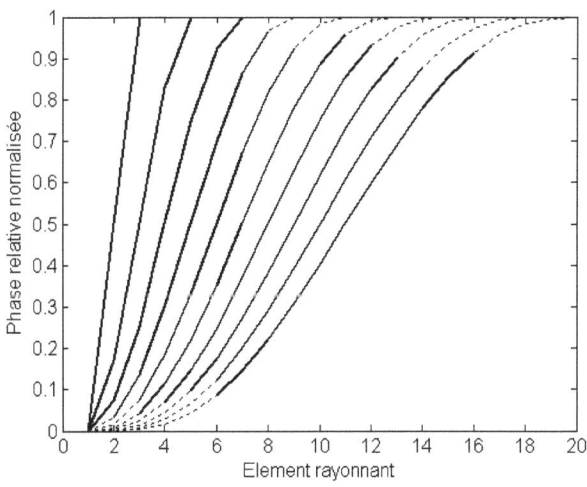

Figure 93 : Distribution de phase en sortie dans un réseau d'alimentation périodique monofaisceau avec un déphaseur en fonction du nombre d'éléments rayonnants

globalement linéaire sur les éléments rayonnants centraux, les écarts à la progression arithmétique les plus importants apparaissant en bord de réseau rayonnant. Or ces derniers éléments présentent une amplitude relative de plus en plus faible avec le nombre de couches et contribuent donc peu au rayonnement, ce qui nous permet de conclure que les pertes par recombinaison en rayonnement du fait de la non-linéarité de la phase restent relativement modérées, le phénomène prépondérant étant les pertes liées à la recombinaison en rayonné de signaux caractérisés par une distribution en amplitude non-uniforme. Nous avons mis cet aspect en évidence sur la Figure 93 en indiquant la phase des éléments dont l'amplitude est 15dB sous l'amplitude maximale (centrale) en pointillés. Par ailleurs, on note que si l'on se limite à une structure à 2 couches (correspondant à un réseau linéaire à 3 éléments rayonnants), les pertes restent modérées et la phase est linéaire. Cela nous permet de comprendre pourquoi les cas de réalisations pratiques traités dans [16, 75] sont volontairement limités à 2 couches. La réduction du nombre de contrôles en phase dans le cas d'une application d'antenne réseau à rayonnement direct tel que détaillé dans [16] reste donc limitée.

IV. 4. 3 Cas des réseaux périodiques multifaisceaux

Abordons maintenant la configuration multifaisceaux. Il s'agit en fait d'une configuration monofaisceau dans laquelle les déphaseurs en bord de structure sont remplacés par des combineurs de puissance. Ces composants supplémentaires rendent la matrice de transfert plus générique puisque nous n'avons plus l'exception liée aux chemins électriques en bord de structure. La matrice de transfert de la couche n devient alors :

$$T_n = \frac{1}{2} \begin{bmatrix} 1 & 0 & 0 & \cdots & 0 \\ 1 & 1 & 0 & \cdots & 0 \\ 0 & 1 & 1 & & \vdots \\ 0 & 0 & \ddots & \ddots & 0 \\ \vdots & \vdots & & 1 & 1 \\ 0 & 0 & \cdots & 0 & 1 \end{bmatrix}_{(n+1) \times n} \tag{96}$$

Dans le cas particulier des matrices multifaisceaux, la première couche a donc M entrées, correspondant aux M faisceaux à produire.

Finalement, la loi d'alimentation d'un réseau linéaire constitué de N éléments rayonnants est donnée par le calcul matriciel suivant, correspondant à la succession de $N - M$ couches telles que décrites par l'équation (96) :

$$
\begin{bmatrix} C_1 \\ \vdots \\ C_n \\ \vdots \\ C_N \end{bmatrix} = T_{N-1} \cdot T_{N-2} \cdots \cdot T_{M+1} \cdot T_M \cdot \begin{bmatrix} a_1 \\ \vdots \\ a_j \\ \vdots \\ a_M \end{bmatrix} \tag{97}
$$

Il est intéressant de noter qu'il est possible de donner une formulation analytique simple pour les pertes supplémentaires apportées dans la configuration multifaisceaux par les combineurs en bord de structure, c'est-à-dire en bord de la zone de propagation triangulaire de chaque faisceau. Du fait des divisions et combinaisons successives, on note en effet que ces pertes suivent une loi géométrique de raison $1/4$ et de premier terme $1/2$, les pertes totales en bord de structure étant finalement la somme des termes de cette suite géométrique. Les pertes en transmission, exprimées en dB, se mettent alors sous la forme suivante :

$$
P_{dB} = 10 \cdot \log_{10} \left(1 - \frac{1}{2} \sum_{n=0}^{N-2} \frac{1}{4^n} \right) \tag{98}
$$

Après simplifications, cette équation se met sous la forme suivante :

$$
P_{dB} = 10 \cdot \log_{10} \left[\frac{1}{3} \left(1 + \frac{2}{4^{N-1}} \right) \right] \tag{99}
$$

Les pertes totales de la structure multifaisceaux sont alors la somme de ces pertes en bord de structure et des pertes à l'intérieur de la structure, du même ordre que celles mises en évidence dans le cas monofaisceau. Afin de valider les résultats obtenus, nous avons fait réaliser deux circuits, tous deux produisant 3 faisceaux, l'un ayant deux couches et l'autre quatre couches. Les circuits en question sont présentés sur la Figure 94. Le détail des résultats de mesures sur ces circuits d'alimentation est reporté en annexe J. On note globalement un bon accord entre simulations et mesures autour de la fréquence nominale de fonctionnement, sachant que la simulation électromagnétique rigoureuse n'a pu être réalisée sur les circuits complets compte tenu de leurs dimensions, ce qui a amené à négliger partiellement certains effets de couplage liés à la proximité des composants élémentaires sur ces réalisations. Il en résulte que, lorsque l'on analyse les résultats sur une bande de fréquence un peu plus importante, on constate globalement un décalage en fréquence. Mais ces résultats sont suffisants pour nous permettre de confirmer les analyses de rendement présentées dans cette section. Les pertes d'une structure multifaisceaux en fonction du nombre de couches sont présentées sur la Figure 95. Les résultats de mesures viennent confirmer les résultats théoriques aux pertes d'insertion près.

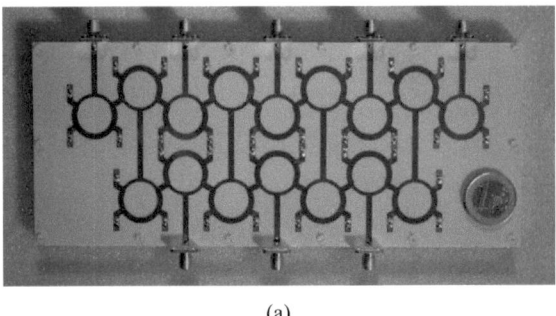

(a)

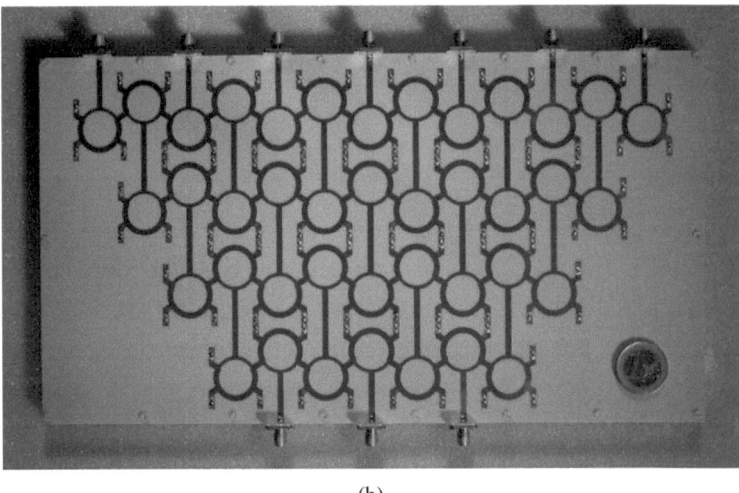

(b)

Figure 94 : Réseaux d'alimentation périodiques multifaisceaux réalisés avec (a) 2 couches et (b) 4 couches.

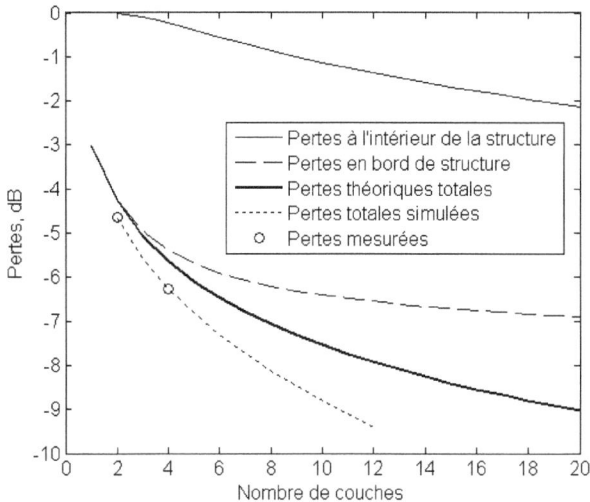

Figure 95 : Pertes dans un réseau périodique multifaisceaux

Plus précisément, les pertes obtenues en mesures sont en moyenne de 4,63dB et 6,26dB sur les différents accès pour respectivement la matrice périodique à deux couches et la matrice périodique à quatre couches. La simulation, prenant en compte les pertes d'insertion, prévoyait respectivement 4,52dB et 6,16dB, soit un écart à la mesure relativement faible et pouvant être imputé essentiellement aux pertes d'insertion des connecteurs qui ne sont pas prises en compte dans la simulation. Ces résultats mettent donc en évidence le fait que sur ces structures multifaisceaux, les pertes en bord de structure, nécessaires pour assurer le recouvrement des différents faisceaux, sont prédominantes. En fait, la première couche introduit à elle seule 3dB de pertes.

En faisant le bilan sur le gain de réseau en fonction du nombre de couches, présenté sur la Figure 96, on constate que la mise en réseau n'apporte finalement aucun gain, le gain lié à la mise en réseau étant équilibré par les pertes intrinsèques de la structure. En incluant les pertes d'insertion, on constate même une dégradation progressive à mesure que la taille du réseau augmente. Ces structures présentent donc un intérêt limité en l'état pour des antennes réseaux à rayonnement direct. Elles peuvent par contre présenter un intérêt pour la conception de réseaux focaux à condition que le nombre de couches reste très limité, ce qui se traduira finalement par un niveau de recouvrement entre faisceaux relativement réduit mais potentiellement suffisant pour des applications d'antennes à réflecteur multifaisceaux. La Figure 97 présente les caractéristiques en rayonnement d'un réseau linéaire associé à un réseau d'alimentation périodique multifaisceaux. Les performances obtenues sont sensiblement identiques à celles du cas monofaisceau en assumant les mêmes hypothèses sur la définition du réseau linéaire et le diagramme de rayonnement élémentaire. Il est intéressant de noter que le lobe principal est un peu plus large dans le cas multi-faisceau malgré une augmentation légère du niveau pire cas des lobes secondaires par rapport au cas monofaisceau. Ceci est dû à la distribution de l'énergie dans les lobes secondaires, condensée dans un nombre réduit de lobes dans le cas multifaisceau, et une dynamique en amplitude plus importante accentuant les pertes liées à l'efficacité de rayonnement. Ces phénomènes sont clairement illustrés sur la Figure 98, comparant les diagrammes de rayonnement obtenus dans les cas mono et multifaisceaux pour un réseau d'alimentation périodique à 4 couches.

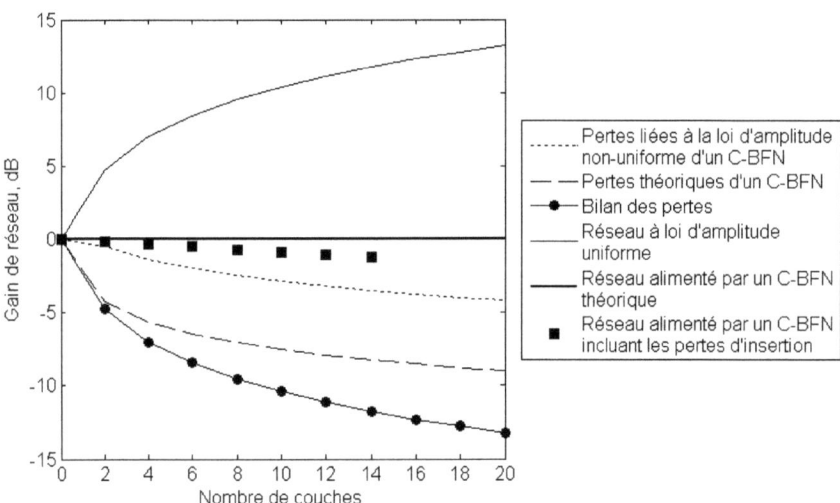

Figure 96 : Gain de réseau d'un réseau d'alimentation périodique multifaisceaux

144

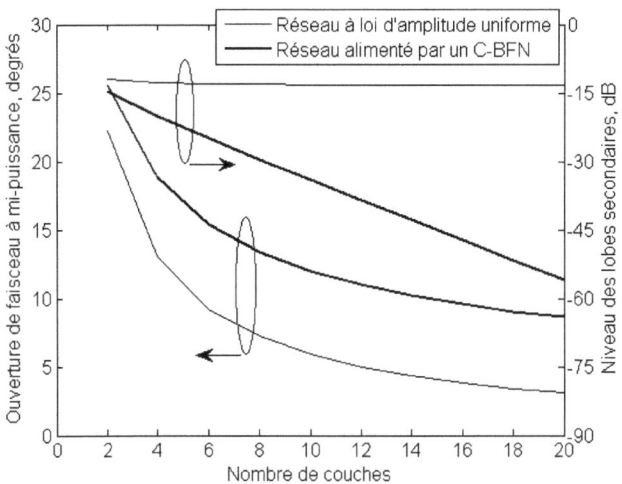

Figure 97 : Caractéristiques en rayonnement d'un réseau linéaire associé à un réseau d'alimentation périodique multifaisceaux

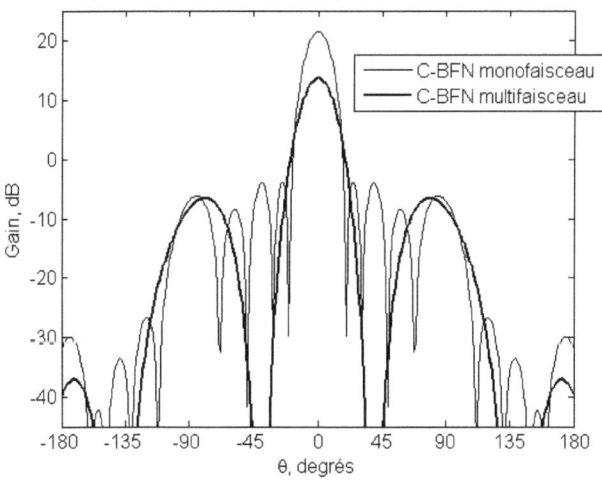

Figure 98 : Comparaison de diagrammes de rayonnement pour des réseaux d'alimentation périodiques mono et multifaisceaux à 4 couches

En prenant une topologie de réseau d'alimentation telle qu'illustrée sur la Figure 99, qui consiste finalement à prendre seulement un accès sur deux et à simplifier le réseau d'alimentation en conséquence, il est possible de réduire sensiblement les pertes. Dans ce cas particulier, les pertes de 3dB présentes dans la première couche de la structure générale sont évitées. Pour valider ce point expérimentalement, nous avons réalisé le circuit présenté sur la Figure 100 correspondant à un réseau à quatre couches selon le mode de réalisation proposé ici, c'est-à-dire en supprimant un port d'entrée sur deux. En conséquence, les deux faisceaux adjacents ne partagent plus que trois ports de sortie sur les sept disponibles contre quatre pour

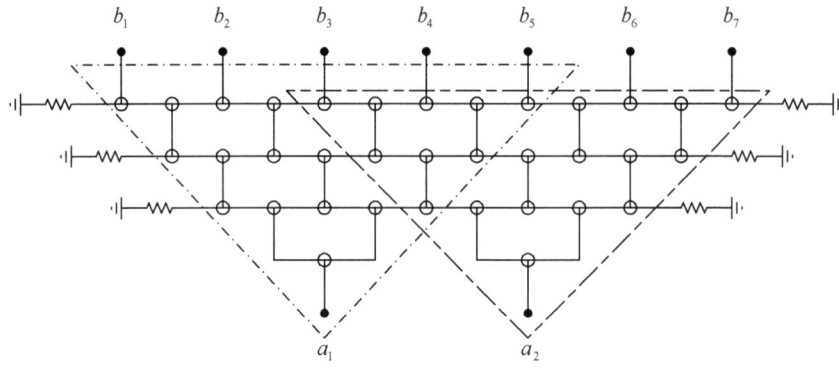

Figure 99 : Réseau d'alimentation périodique à pertes intrinsèques réduites

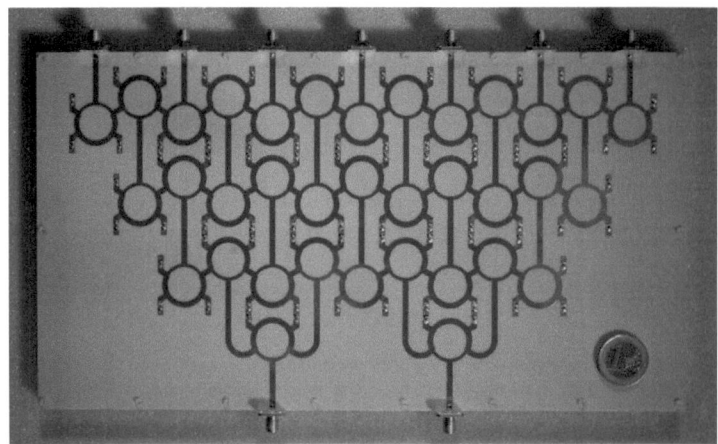

Figure 100 : Exemple de réalisation de réseau d'alimentation périodique à pertes intrinsèques réduites par réduction de recouvrement entre faisceaux

une structure générale à quatre couches. Les pertes moyennes par accès obtenues en mesure à la fréquence centrale sont de 3,44dB, contre 3,12dB en simulation. Ces résultats confirment la réduction de pertes envisagée, soit exactement 2,82dB en mesure contre 3,04dB en simulation et 3,01dB en théorie.

Il est évidemment possible de pousser davantage cette simplification de la topologie. À mesure que le niveau de recouvrement entre faisceaux adjacents est réduit, les pertes diminuent, mais la structure perd de son intérêt puisque l'on cherche justement par ce type de réseau d'alimentation à produire un certain niveau de recouvrement des signaux. Ayant ces informations à l'esprit, il revient donc au concepteur de définir convenablement le niveau de recouvrement souhaité entre faisceaux adjacents pour minimiser les pertes.

D'autres configurations ont été envisagées et approfondies dans le cadre du stage de N. Ferrando, notamment l'impact d'une capacité d'agilité de faisceau par dépointage dans une configuration multifaisceaux. Mais compte tenu des pertes associées, elles nous paraissent moins pertinentes pour des applications spatiales. Nous n'avons donc pas jugé utile de les reprendre dans ce rapport de thèse.

IV. 5 Réseaux d'alimentation périodiques refermés

IV. 5. 1 Description

Les réseaux étudiés dans la section précédente présentent une topologie pseudopériodique. Il nous a donc paru intéressant de pousser un peu plus loin cette particularité en refermant la structure sur elle-même, lui donnant ainsi une forme d'invariance ou périodicité par rotation autour d'un axe principal. Le principe de fonctionnement est illustré sur la Figure 101. Il consiste en une portion rectangulaire du réseau d'alimentation périodique précédemment décrit refermée sur elle-même, en ce sens que les chemins électriques de l'extrémité gauche sont reliés aux chemins électriques de l'extrémité droite. De cette façon, la structure par faisceau est inchangée, chaque faisceau présentant le même nombre de sorties. Par contre, les résistances en bord de structure ne sont plus nécessaires et le nombre de composants est réduit pour un nombre de faisceaux et de couches donnés. Un avantage évident de cette nouvelle structure est que les recouvrements entre faisceaux adjacents sont maintenant similaires pour tous les faisceaux, puisqu'il n'y a plus d'exceptions liées aux faisceaux en bord de structure. Évidemment, l'évolution décrite dans le cas de la structure planaire consistant à simplifier la ou les premières couches de la structure afin de réduire les pertes intrinsèques reste valable. Le concept a été validé expérimentalement en technologie micro-ruban avec un réseau d'alimentation à 7 entrées et 14 sorties, la première couche de la structure étant simplifiée par la suppression d'un port d'entrée sur deux et des composants associés. Le prototype correspondant est présenté sur la Figure 102. Nous avons conservé le même substrat que celui utilisé pour les structures planaires, sa souplesse permettant les rayons de courbure nécessaires. Les chemins électriques en bord de substrat sont raccordés par des soudures. Nous avons également conservé le dimensionnement réalisé précédemment dans le cas de structures planaires car la prise en compte du rayon de courbure affecterait sensiblement les temps de calculs.

Le dimensionnement retenu associe 4 ports de sortie par port d'entrée avec un niveau de transmission théorique à -5,51dB pour les deux éléments centraux et -15,05dB pour les éléments périphériques, soit des pertes intrinsèques de 2,04dB. En simulation, les pertes sont évaluées à 2,37dB à la fréquence centrale en incluant les pertes ohmiques et diélectriques. En mesure, les pertes sont en moyenne de 3,7dB à 6GHz, dont 0,25dB dues à la désadaptation en entrée (-12,5dB à 6GHz). Compte tenu de la très bonne corrélation entre simulations et mesures sur les structures planaires, il apparaît clairement que cette dégradation des performances est liée à la courbure du substrat. Le choix d'une technologie mieux adaptée à une réalisation en 3 dimensions serait préférable pour des applications pratiques. Les performances obtenues sont tout de même acceptables et permettent de valider le concept. Des résultats de mesure détaillés pour trois ports d'entrée sont reportés en annexe J et permettent de vérifier la très bonne reproductibilité des performances.

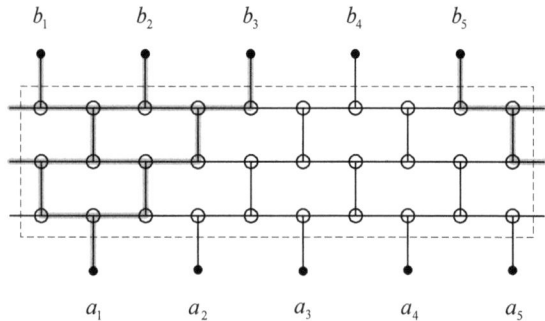

Figure 101 : Réseau d'alimentation périodique refermé

148

Figure 102 : Réalisation d'un réseau d'alimentation périodique refermé en technologie micro-ruban

IV. 5. 2 Antennes réseaux circulaires alimentées par des réseaux périodiques refermés

Compte tenu de leur géométrie invariante par rotation, les réseaux périodiques refermés semblent particulièrement intéressants pour des applications d'antennes réseaux circulaires. Nous avons étudié ce point en associant le réseau d'alimentation présenté dans la section précédente à un réseau circulaire de sources élémentaires imprimées. Un exemple de réalisation est présenté sur la Figure 103. Deux prototypes ont été réalisés avec le même concept de réseau d'alimentation (soit trois couches dont la première est simplifiée pour n'avoir qu'un faisceau sur deux) : le premier est une réplique du prototype décrit dans la section précédente soit 7 entrées et 14 sorties liées à une antenne réseau circulaire de 14 patchs imprimés, le deuxième est un réseau d'alimentation à 10 entrées et 20 sorties associées à un réseau circulaire de 20 patchs imprimés. Ces deux réalisations permettent d'évaluer l'impact du rayon de courbure du réseau sur les performances en rayonné. Le pas du réseau circulaire est fixé par la distance entre deux ports de sortie adjacents soit 39,25mm (0,785λ_0 à 6GHz) et est le même pour les deux réalisations. Le premier réseau présente donc un diamètre de 174,9mm tandis que le deuxième est caractérisé par un diamètre de 249,9mm. La numérotation des ports d'entrée et sortie se fait dans le même sens en partant de la zone de raccordement des deux extrémités du substrat. Le patch élémentaire a été optimisé par N. Ferrando avec l'outil commercial FEKO d'EMSS (basé sur la Méthode des Moments) pour

149

produire une résonance à 6GHz. Un prototype a permis de valider ces résultats expérimentalement et a servi à calibrer le modèle de type gaussien du diagramme élémentaire, associé au facteur de réseau d'un réseau circulaire tel que défini par l'équation (21), soit finalement dans le plan d'azimut défini par $\theta = \dfrac{\pi}{2}$:

$$E(\phi) = \sum_{n=1}^{N} A e^{-\left(\frac{(\phi - \phi_n)}{q}\right)^2} \cdot C_n e^{j[ka\cos(\phi - \phi_n)]} \tag{100}$$

où A et q sont des paramètres caractérisant le diagramme élémentaire de type gaussien et ϕ_n est la position angulaire de l'élément rayonnant n telle que définie à l'équation (21).

La Figure 104 et la Figure 105 présentent quelques exemples d'adaptations mesurées en entrée dans le cas respectivement du réseau circulaire à 14 et 20 éléments rayonnants. Ces résultats sont de plus comparés à l'adaptation d'un élément imprimé seul. On note que la fréquence de résonance pour l'ensemble de la structure dans les deux cas de réalisation est maintenue autour de 6GHz. Par ailleurs le rayon de courbure a peu d'impact sur ce paramètre puisque les performances sont sensiblement similaires dans les deux cas. La Figure 106 et la Figure 107 présentent quelques exemples d'isolations entre entrées adjacentes et séparées par un port d'entrée dans le cas respectivement du réseau circulaire à 14 et 20 éléments rayonnants. Pour les ports adjacents, on note que l'isolation est fortement dépendante des conditions d'adaptation en sortie du réseau d'alimentation puisqu'on retrouve clairement l'image de l'adaptation du patch élémentaire avec un pic d'isolation marqué à 6GHz. La valeur trouvée est également liée à l'isolation au niveau du diviseur de puissance élémentaire. Le signal est divisé deux fois puis combiné deux fois de façon totalement déséquilibrée (le signal entrant sur un port uniquement du combineur), soit une atténuation théorique de 12,04dB, à laquelle s'ajoute l'isolation du composant élémentaire, oscillant essentiellement entre -10 et -20dB sur la bande de fréquence considérée et dans de bonnes conditions d'adaptation sur l'ensemble des ports. Les valeurs d'isolation mesurées oscillant autour de -20dB en dehors de la fréquence d'adaptation semblent donc cohérentes. Comme attendu, l'isolation entre ports non directement adjacents est sensiblement plus importante avec une valeur moyenne autour de -50dB pour des ports séparés par un seul port et n'ayant donc déjà plus d'élément rayonnant (port de sortie) en commun.

150

Figure 103 : Antenne réseau circulaire alimenté par un réseau périodique refermé

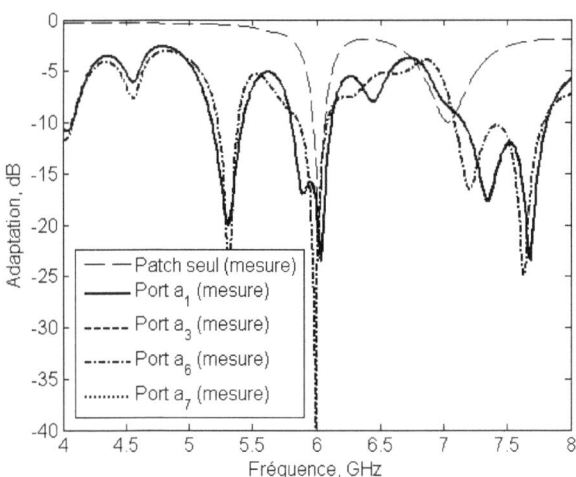

Figure 104 : Exemples d'adaptations mesurées pour le réseau circulaire à 14 patchs

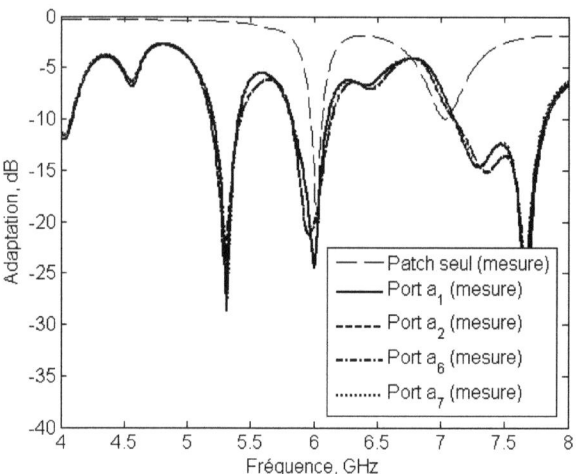

Figure 105 : Exemples d'adaptations mesurées pour le réseau circulaire à 20 patchs

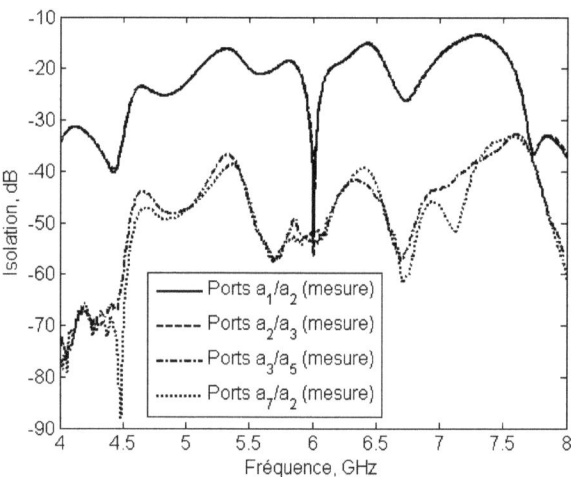

Figure 106 : Exemples d'isolations mesurées pour le réseau circulaire à 14 patches

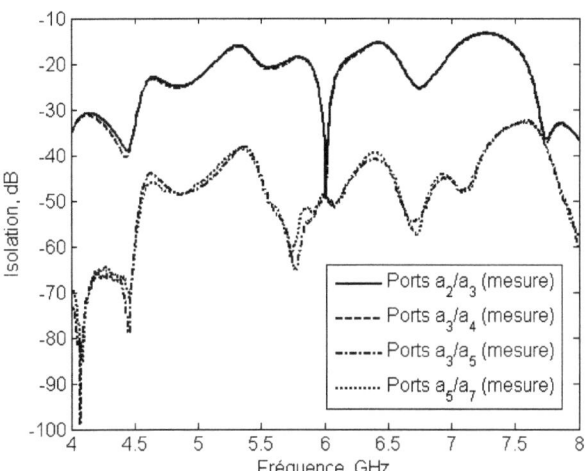

Figure 107 : Exemples d'isolations mesurées pour le réseau circulaire à 20 patchs

Les performances en rayonnement à 6GHz sont présentées sur la Figure 108 et la Figure 109 pour respectivement le réseau circulaire à 14 et 20 patchs. On note une très bonne corrélation entre simulation et mesures sur le lobe principal. Les lobes secondaires s'avèrent plus faibles qu'attendu en simulation. Quelques analyses ont été menées pour identifier la cause de cet écart avec le modèle. Il s'avère que le diagramme est peu sensible aux écarts constatés entre simulation et mesure sur la dynamique d'amplitude. L'hypothèse sur le diagramme élémentaire semble affecter davantage le niveau des lobes secondaires. Il est très probable en effet que la mise en réseau de l'élément rayonnant affecte le diagramme élémentaire, rendant le lobe principal un peu plus étroit dans ce cas d'application. On note également quelques asymétries dans les lobes principaux, visibles essentiellement dans le cas du réseau circulaire à 14 éléments rayonnants. Les dimensionnements retenus pourraient être intéressants pour des applications multifaisceaux, le niveau de recoupement entre faisceaux adjacents étant de l'ordre de -3dB. Pour des applications d'antenne à balayage électronique, on pourrait évidement conserver la structure initiale du réseau d'alimentation, qui aurait pour conséquence d'ajouter un faisceau intermédiaire entre chaque faisceau du dimensionnement proposé, soit un niveau de recoupement entre faisceaux adjacents de l'ordre de -1dB et une

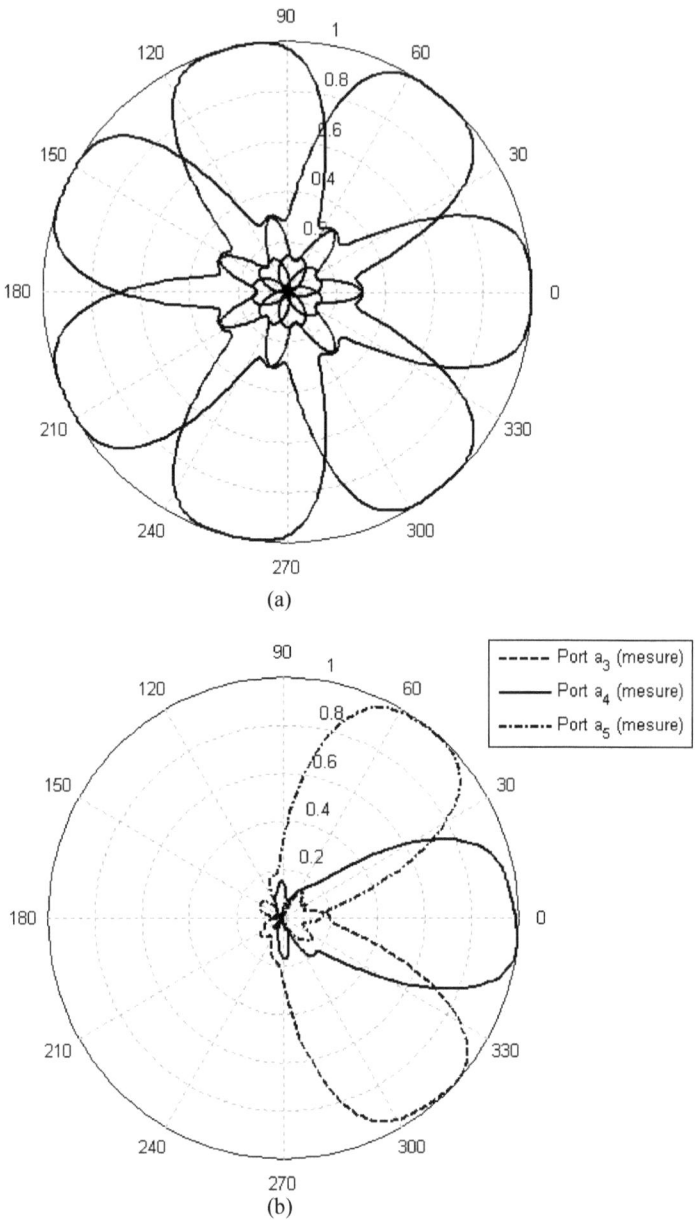

**Figure 108 : Diagrammes de rayonnement en amplitude normalisés :
(a) simulation et (b) mesure dans le cas du réseau circulaire à 14 patchs**

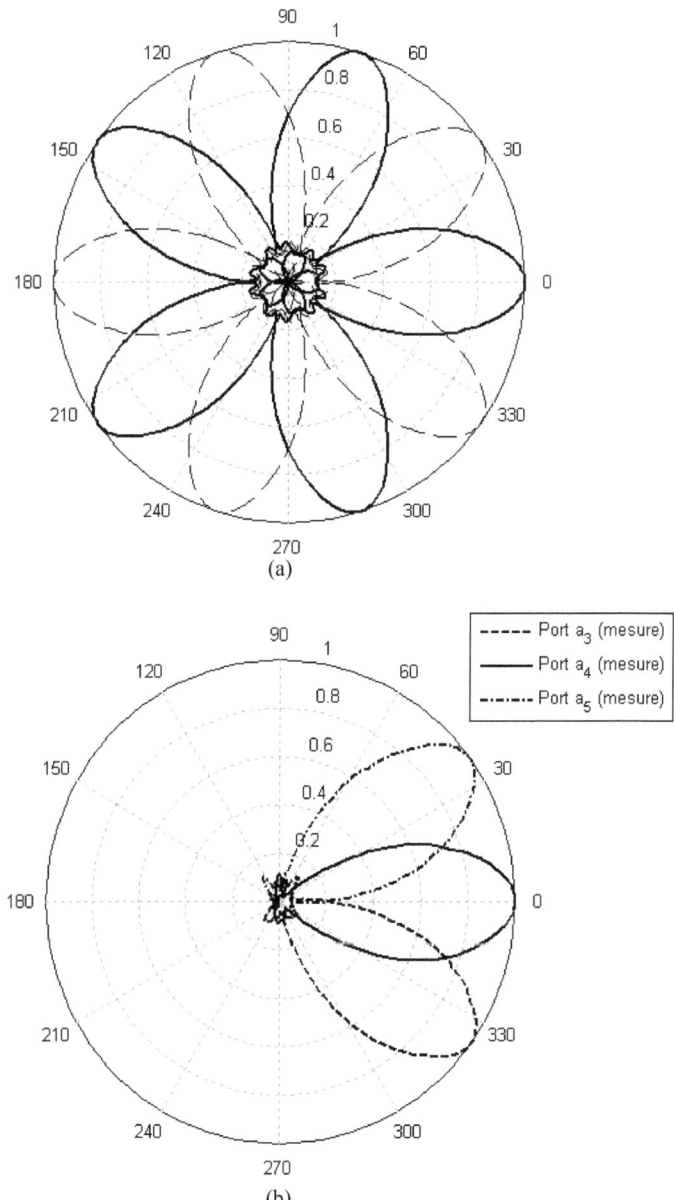

**Figure 109 : Diagrammes de rayonnement en amplitude normalisés :
(a) simulation et (b) mesure dans le cas du réseau circulaire à 20 patchs**

résolution angulaire améliorée pour le pointage du faisceau. Mais cela serait au détriment d'une perte additionnelle de 3dB dans le réseau l'alimentation. Le bilan de liaison apparaît donc moins favorable. Une autre solution pour réduire le niveau de recoupement en rayonné sans dégrader les pertes intrinsèques consiste à augmenter sensiblement le nombre d'éléments rayonnants et par voie de conséquence le nombre de faisceaux, mais cela se fait évidemment au détriment de l'encombrement.

Pour illustrer l'intérêt d'une distribution gaussienne en amplitude dans le cas de réseaux circulaires, nous présentons les diagrammes de rayonnement obtenus avec un réseau d'alimentation distribuant les signaux selon un schéma similaire aux réseaux périodiques refermés mais avec distribution en amplitude uniforme (une telle structure pourrait être obtenue par exemple à partir des réseaux en chandelier compte tenu de leur flexibilité). Ceux-ci sont reportés sur la Figure 110. On note comme attendu que le niveau des lobes secondaires est sensiblement dégradé, mais également que la courbure du réseau d'éléments rayonnants induit des oscillations importantes dans le lobe principal. Ce second phénomène est lié au rayon de courbure du réseau circulaire : plus le rayon est petit, plus les oscillations seront importantes. Ces oscillations augmentent la zone de recoupement entre faisceaux adjacents et peuvent être défavorable en termes d'interférences dans le cas d'applications multifaisceaux.

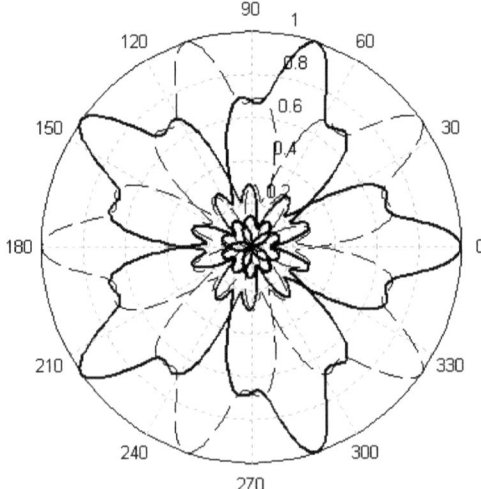

Figure 110 : Diagrammes de rayonnement en amplitude normalisés obtenus avec un réseau d'alimentation refermé à distribution d'amplitude uniforme

156

Nous avons ensuite analysé l'impact de la distribution en phase uniforme. En effet, l'équation (22) indique clairement que l'optimum de recombinaison du signal en rayonné nécessite une loi en phase spécifique, fonction du rayon de courbure. En prenant comme référence un réseau linéaire uniforme de 4 éléments rayonnants, dont le gain de réseau est de 6,02dB, la loi d'amplitude retenue réduit ce gain de réseau à 5,05dB dans le cas linéaire. Considérant maintenant l'impact du rayon de courbure, le gain de réseau théorique de la structure proposée est de 1,37 et 3,15dB pour respectivement un réseau circulaire de 14 et 20 éléments rayonnants. En faisant l'hypothèse d'un réseau circulaire équivalent à amplitude uniforme, le gain de réseau serait respectivement de -0,21 et 3,23dB. Comme attendu, le fait de ne pas respecter la condition de phase (22) dégrade le gain de réseau. Par contre, il est intéressant de constater qu'une distribution gaussienne pour la loi d'amplitude est plus favorable ou équivalente (en fonction du rayon de courbure) à une distribution uniforme, ce qui se comprend dans la mesure où, lorsque la condition de recombinaison en phase n'est pas respectée, la dégradation qui en découle est moins importante si l'un des signaux est prédominant. Or dans le cas étudié, il y a un écart de près de 10dB entre les signaux centraux et périphériques. La forme du diagramme de rayonnement des sources élémentaires vient également dégrader le gain final de l'antenne. En pratique, les gains mesurés sont de 7,6 et 8,8dB pour un réseau circulaire de 14 et 20 éléments rayonnants respectivement, sachant que la directivité d'un élément rayonnant seul a été mesurée à 7,4dB. Une comparaison en gain entre le modèle retenu et la mesure est présentée sur la Figure 111 pour les deux prototypes réalisés. On note un léger écart entre modèle et mesure sur le gain maximum, lié essentiellement à l'hypothèse sur le diagramme de rayonnement élémentaire affecté par la mise en réseau, mais la forme du lobe principal est en bon accord avec le modèle retenu bien que relativement simple. Pour les mêmes raisons, les lobes secondaires sont quelque peu surestimés par le modèle.

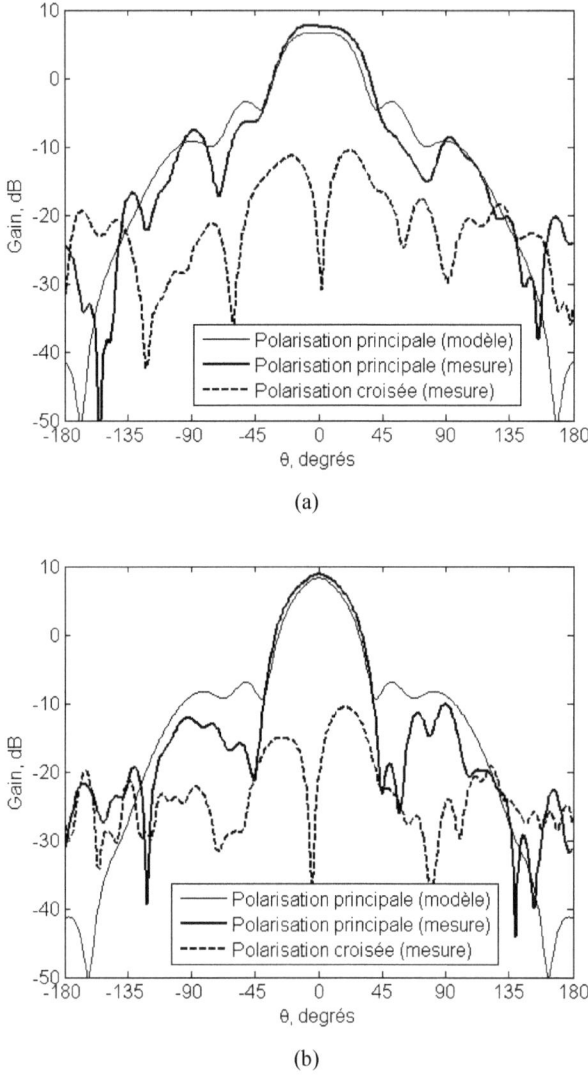

(a)

(b)

Figure 111 : Diagrammes de rayonnement en gain pour un réseau circulaire de (a) 14 et (b) 20 éléments rayonnants

Nous avons envisagé la possibilité d'insérer des déphaseurs dans la structure afin de respecter la condition (22), mais ceux-ci ne peuvent être ajoutés en sortie compte tenu du recoupement entre faisceaux adjacents et leur insertion dans la structure elle-même perturbe la distribution gaussienne (des combinaisons de signaux déphasés apparaissent, modifiant la dynamique en amplitude et augmentant les pertes intrinsèques). Il serait possible d'ajouter des déphaseurs sans affecter le fonctionnement multifaisceaux et la distribution en amplitude de la structure en utilisant la topologie rapportée sur la Figure 112. Il s'agit en fait d'un réseau d'alimentation périodique à 2 couches, la première étant simplifiée pour réduire les pertes comme décrit précédemment. Les pertes intrinsèques sont réduites à 1,25dB pour cette structure. Chaque faisceau est produit par 3 éléments rayonnants et partage ses éléments rayonnants périphériques avec les faisceaux adjacents. Le positionnement proposé pour les déphaseurs assure un déphasage symétrique pour tous les faisceaux. Les diagrammes de rayonnement obtenus en alimentant un réseau circulaire avec cette structure sont reportés sur la Figure 113. On note que l'écart sur le gain maximum entre les structures à lois de phase uniforme et non-uniforme est réduit. Ceci est dû au fait qu'avec cette nouvelle structure, le déphaseur nécessaire pour satisfaire la condition (22) est réduit : respectivement 62,4 et 44,0° pour les réseaux circulaires à 14 et 20 éléments rayonnants. En guise de comparaison, un déphasage respectivement de 121,6 et 87,0° aurait été nécessaire avec la structure à 3 couches étudiée précédemment. Par ailleurs, la distribution gaussienne apporte peu sur la réduction des lobes secondaires, mais on pouvait s'attendre à ce résultat compte tenu du nombre réduit d'éléments rayonnants. Elle permet néanmoins, tout comme le contrôle en phase, de former le diagramme de rayonnement, ce qui peut être favorable pour réduire les niveaux d'interférences en fonction des applications.

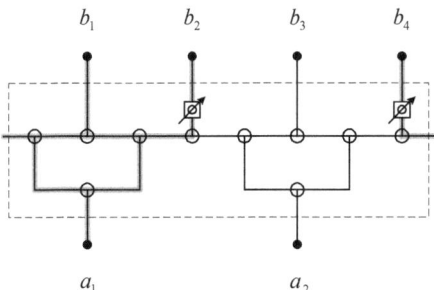

Figure 112 : Réseau d'alimentation phasé à distribution d'amplitude gaussienne pour antennes réseaux circulaires

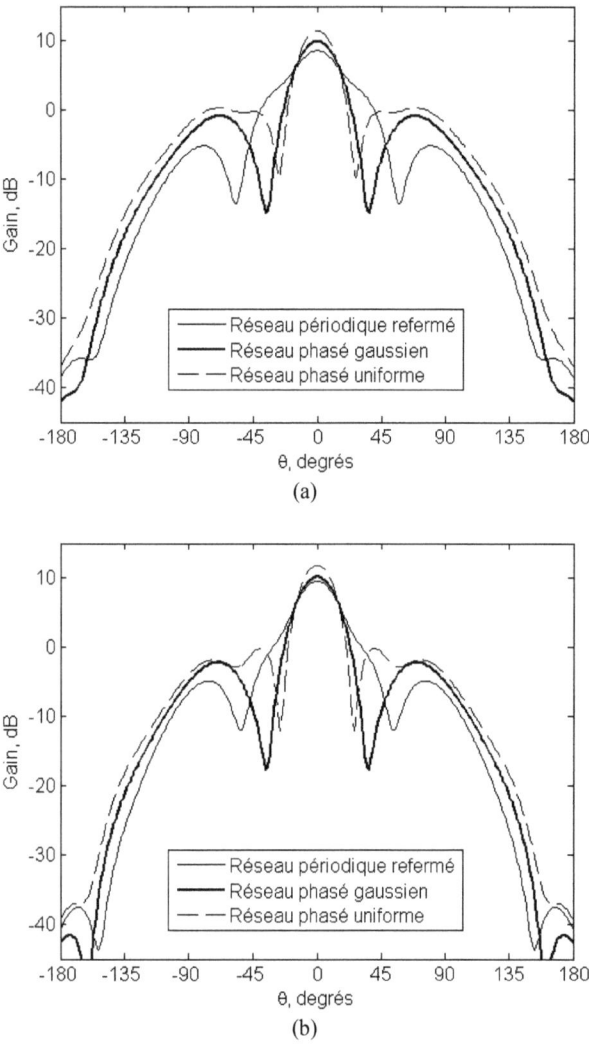

(a)

(b)

Figure 113 : Diagramme de rayonnement d'un réseau d'alimentation phasé associé à un réseau circulaire de (a) 14 et (b) 20 éléments rayonnants

Finalement, on peut noter que les diagrammes obtenus présentent une ouverture angulaire réduite de 35 à 26° en comparaison de la configuration précédente associée à un

160

réseau circulaire à 20 éléments rayonnants. Il faudra donc un réseau circulaire de 28 éléments rayonnants approximativement pour obtenir un niveau de recoupement entre faisceaux adjacents d'environ 3dB sous le maximum de rayonnement.

IV. 6 Comparaison des réseaux d'alimentation en chandelier et périodiques

Les réseaux d'alimentation en chandelier et périodiques présentent certaines similarités dans leurs structures et caractéristiques, il paraît donc intéressant de dégager quelques grandes lignes comparatives. Les premiers aspects qui ressortent clairement de cette comparaison est que les réseaux en chandelier sont plus flexibles sur la définition des lois en amplitude et phase, permettent de distribuer l'énergie sur l'ensemble des sorties et surtout permettent un dimensionnement de chaque faisceau de façon indépendante. En contre partie, même pour des applications d'antennes réseaux linéaires, une conception multicouches est nécessaire. Les réseaux périodiques sont quant à eux moins flexibles sur la distribution en amplitude, mais présentent une topologie mieux adaptée à des réalisations planaires. Dans le cas multifaisceaux, ils ont l'inconvénient de ne repartir l'énergie que sur un sous-ensemble des ports de sortie, ce qui impose un surdimensionnement du nombre de sorties dans le cas d'antennes réseaux à rayonnement direct. Pour cette raison, l'utilisation des C-BFN multifaisceaux semble mieux adaptée à des réseaux focaux pour lesquels on cherche à obtenir un certain niveau de recouvrement entre faisceaux adjacents.

Comme nous l'avons déjà mentionné, un réseau d'alimentation en chandelier peut être dimensionné pour produire des lois d'amplitude à distribution gaussienne en utilisant des diviseurs de puissance déséquilibrés. Il est donc possible de dimensionner des réseaux en chandelier produisant les mêmes lois d'alimentation que des réseaux périodiques, permettant ainsi une comparaison plus poussée. Afin d'illustrer la complexité respective de ces deux structures, nous avons étudié deux cas à savoir des réseaux produisant 3 et 4 faisceaux, les résultats en fonction du nombre de couches étant reportés respectivement dans le Tableau 19 et le Tableau 20. Deux exemples de dimensionnements comparatifs sont donnés, un issu du Tableau 19, présenté de façon schématique sur la Figure 114, et un issu du Tableau 20, présenté sur la Figure 115. Dans les deux cas, le réseau périodique et son équivalent en réseau chandelier sont représentés. On note que les combineurs en périphérie des réseaux en chandelier pourraient être simplifiés, car certains ports ne sont pas utilisés. Néanmoins, par soucis de généralisation, il est préférable de conserver une structure similaire pour tous les faisceaux. En effet, si l'on augmente significativement le nombre de faisceaux à produire, les simplifications en question auront un impact réduit sur les dénombrements présentés dans cette section car elles ne concernent que les faisceaux en bord de structure. Cette forme générique permet par ailleurs d'assurer des performances similaires, notamment en gain, pour tous les faisceaux. C'est ce même argument qui impose les charges en bord des réseaux périodiques. Les résultats obtenus tant sur le nombre de composants que sur les pertes intrinsèques indiquent que les réseaux d'alimentation périodiques sont comparables aux réseaux d'alimentation en chandelier lorsque le nombre de couches est réduit. De plus, il est intéressant de noter que les pertes dans un réseau périodique ne dépendent que du nombre de couches, alors que dans un réseau en chandelier équivalent ces pertes dépendent également du nombre de faisceaux. Enfin, on note que les réseaux périodiques sont bien adaptés à des

Nombre de couches	Réseau en chandelier			Réseau périodiques	
	Nombre de Composants	Nombre de Croisements	Pertes	Nombre de composants	Pertes
1	7	0	3,01dB	7	3,01dB
2	16	2	4,77dB	16	4,26dB
3	21	7	4,77dB	27	5,05dB
4	28	15	4,77dB	40	5,63dB

Tableau 19 : Comparaison des réseaux d'alimentation en chandelier et périodiques produisant 3 faisceaux

Nombre de couches	Réseau en chandelier			Réseau périodiques	
	Nombre de Composants	Nombre de Croisements	Pertes	Nombre de composants	Pertes
1	9	0	3,01dB	9	3,01dB
2	20	3	4,77dB	20	4,26dB
3	33	11	6,02dB	33	5,05dB
4	40	25	6,02dB	48	5,63dB
5	47	45	6,02dB	65	6,09dB

Tableau 20 : Comparaison des réseaux d'alimentation en chandelier et périodiques produisant 4 faisceaux

162

réalisations planaires car ils ne présentent pas de croisements de voies, ce qui n'est pas le cas des réseaux en chandelier.

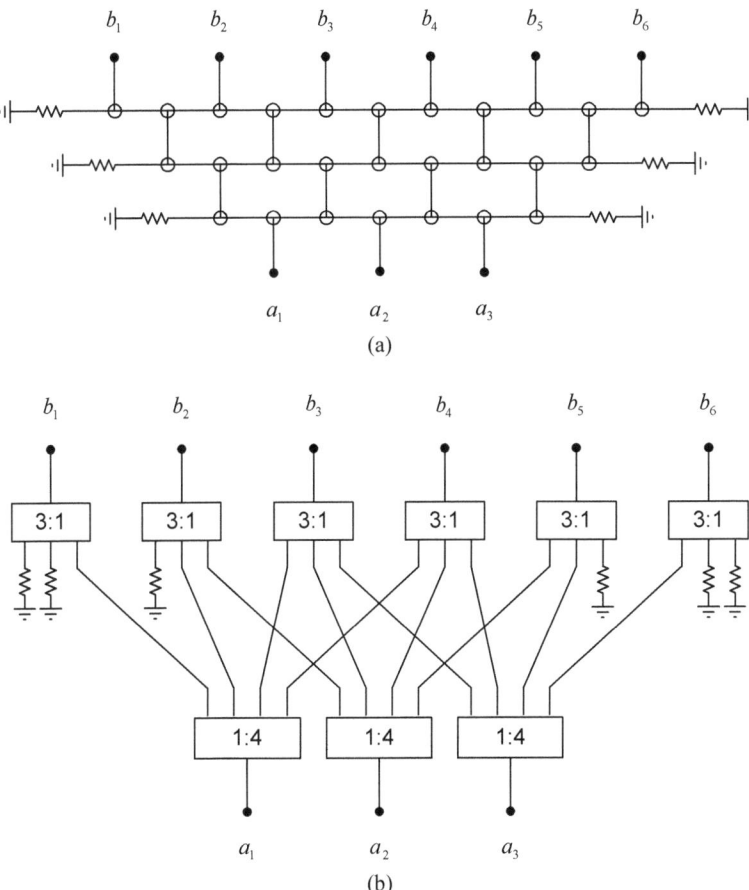

Figure 114 : (a) Réseau périodique 3 vers 6 (3 couches) et (b) réseau d'alimentation en chandelier équivalent

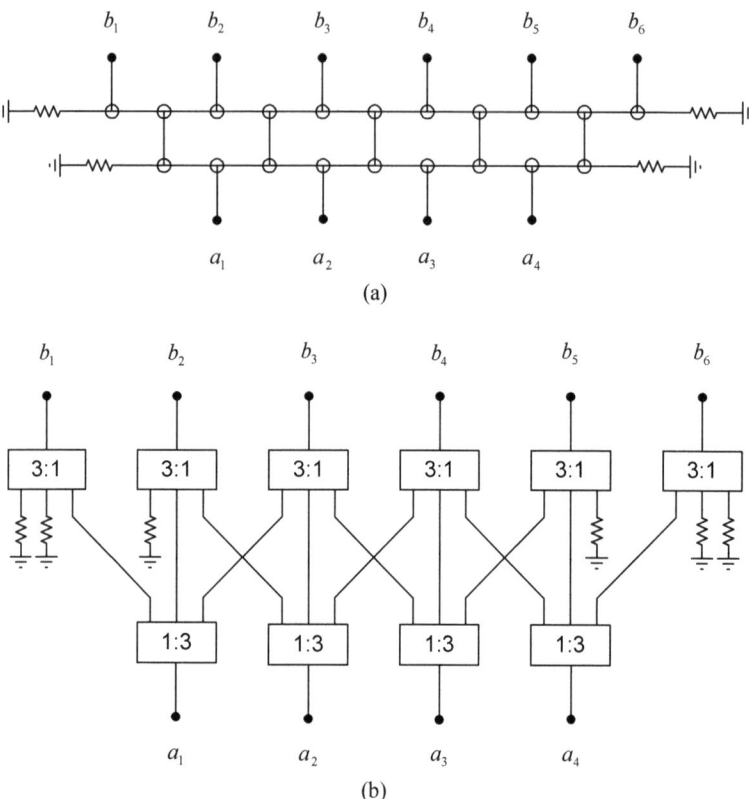

Figure 115 : (a) Réseau périodique 4 vers 6 (2 couches) et (b) réseau d'alimentation en chandelier équivalent

Pour des applications de réseaux focaux nécessitant un nombre de faisceaux important mais un niveau de recouvrement faible, les réseaux d'alimentation périodiques semblent donc une solution envisageable, à condition évidemment que la distribution en amplitude gaussienne imposée par la topologie du réseau corresponde au besoin. Par ailleurs, les C-BFN seuls ne semblent pas adaptés à des applications d'antennes réseaux à rayonnement direct compte tenu du surdimensionnement qu'ils entrainent sur la taille de l'antenne réseau et des pertes qui augmentent avec le nombre de ports de sortie par entrée (contrairement aux réseaux en chandelier pour lesquels les pertes intrinsèques ne dépendent que du nombre d'entrées). Cela est d'autant plus vrai dans le domaine spatial, les contraintes sur le bilan de liaison

164

nécessitant généralement des antennes de forte directivité. Par contre leur combinaison avec un autre type de matrice multifaisceaux pourrait présenter un certain intérêt pour ce type d'application, comme l'avait suggéré Butler dans [49] pour réduire les lobes secondaires d'une matrice orthogonale (voir III. 2. 3).

IV. 7 Conclusions et perspectives

Ce chapitre nous a permis de détailler deux types de réseaux à lois de phase uniformes. Les structures en chandelier offrent une flexibilité totale sur la définition des lois d'alimentation en amplitude et phase au même titre que la matrice de Blass, mais leur structure en parallèle rend leur conception plus systématique et plus simple que celle des matrices de Blass. Il n'est donc pas surprenant de voir que cette solution est souvent privilégiée pour des applications d'antennes réseaux à rayonnement direct, surtout lorsque le nombre de faisceaux à produire est relativement important. Associés à un étage d'atténuateurs/déphaseurs variables, ces structures permettent également de reconfigurer relativement simplement les lois d'alimentation notamment pour des applications nécessitant un balayage électronique indépendant des différents faisceaux produits. Nous avons également étudié les structures alternant diviseurs et combineurs de puissance, dites C-BFN. En particulier, nous avons proposé une formulation matricielle relativement simple pour évaluer les lois d'alimentation produites par de telles structures. Nous avons également analysé en détail l'efficacité de ces structures et identifié les zones de pertes intrinsèques (les résultats présentés font l'hypothèse d'un fonctionnement en émission, mais les informations fournies permettent d'étendre facilement cette étude à un fonctionnement en réception). Il ressort de ces analyses qu'une utilisation de ces structures pour des réseaux focaux semble plus pertinente qu'une utilisation pour des antennes à rayonnement direct dans la mesure où il est possible de se limiter à un nombre de couches relativement faible tout en assurant un niveau de recoupement des diagrammes secondaires suffisant. La généralisation du concept à des réseaux planaires serait alors préférable à condition d'identifier un composant élémentaire adapté pour conserver une topologie relativement simple. Une alternative proposée dans [16] consiste à disposer orthogonalement deux niveaux de C-BFN empilés selon le même principe que celui décrit pour les matrices orthogonales (voir Figure 69). Par ailleurs, nous avons mis en évidence l'importance de dimensionner au mieux le niveau de recouvrement entre signaux adjacents, dans la mesure où une réduction de ce recouvrement permet de simplifier la structure et réduire sensiblement les pertes intrinsèques par la suppression de composants dans les premières couches.

Nous avons également proposé une évolution des C-BFN adaptée à des réseaux circulaires. Cette configuration a l'avantage d'être extrêmement simple au détriment d'une efficacité souvent réduite. Le choix technologique s'avère particulièrement important pour ce type de structure. Les réalisations présentées en technologie imprimée ont permis de valider le concept, mais s'avèrent moins efficaces comparées aux réalisations planaires. Par ailleurs, la zone de raccordement peut introduire des erreurs notamment sur la phase d'insertion. Pour des applications nécessitant une précision accrue, une technologie mieux adaptée à des réalisations en trois dimensions devra être privilégiée. L'ajout de déphaseurs peut également être envisagé et une configuration adaptée à un fonctionnement multifaisceau associé à une loi d'alimentation phasée gaussienne a été proposée. Ces structure refermées ont été analysées pour des applications de réseaux circulaires, mais pourraient également être utilisées pour des réseaux cylindriques. L'utilisation du réseau d'alimentation proposé en combinaison avec un réseau d'alimentation orthogonal par exemple permettrait la formation des diagrammes de rayonnement en élévation et azimut.

Conclusion générale

Ce rapport de thèse a permis de faire le point sur plusieurs réseaux d'alimentation en structure guidée. Dans les différents cas étudiés, des éléments de comparaison ont été donnés tant au niveau circuit qu'au niveau antenne, avec néanmoins un certain nombre d'hypothèses simplificatrices dans le deuxième cas afin de garder une certaine généralité (sources ponctuelles et isotropes, lois d'alimentation caractérisées par une même distribution en amplitude, etc.). Les réseaux orthogonaux ont été étudiés, avec une attention particulière pour les matrices de Nolen, étant une forme généralisée de matrices orthogonales. La comparaison avec les matrices de Butler a permis d'identifier le domaine d'application de chacune de ces matrices. En règle générale, on utilisera les matrices de Butler quand le nombre de ports est compatible avec le dimensionnement standard de ces matrices car les matrices de Nolen sont plus complexes et nécessitent l'optimisation de davantage de composants. Par contre, lorsque qu'un nombre de ports autre qu'une puissance de deux est requis, ou encore lorsque des nombres d'entrées et de sorties différents sont nécessaires, les matrices de Nolen peuvent trouver un intérêt en tant que réseau d'alimentation ou en tant que brique de base d'un réseau d'alimentation sous forme de matrice de Butler généralisée. Cette dernière solution présente des perspectives intéressantes et reprend d'une certaine façon les travaux de Shelton [46]. L'étude de matrices de Nolen large bande, s'inspirant des matrices de Blass large bande, présente également un intérêt pour des applications pratiques notamment en télécommunications, pour lesquels une bande de fréquence relativement large est souvent requise. Nous avons également approfondi la possibilité d'utiliser le caractère dispersif des réseaux d'alimentation en série pour stabiliser le dépointage des faisceaux avec la fréquence. Le mode de dimensionnement utilisé peut être généralisé aux matrices de Blass à plusieurs accès lorsque les lignes d'alimentation sont suffisamment découplées. Par contre, son application aux matrices de Nolen, prenant rigoureusement en compte le couplage entre lignes d'alimentation, est moins évidente et mérite d'être approfondie. Enfin, il est important de souligner que, compte tenu de leur complexité et des contraintes imposées sur les lois d'alimentation (et donc directement sur la formation de faisceau), l'utilisation des matrices orthogonales, bien qu'attrayantes du fait de leurs faibles pertes, reste limitée en nombre de faisceaux, les réalisations pratiques allant rarement au-delà de 16 faisceaux. Pour des architectures d'antennes nécessitant un nombre de faisceaux plus important, les solutions à base de structures quasi-optiques sont à privilégier. En particulier, des travaux récents ont montré l'intérêt des lentilles de Rotman pour des applications spatiales avec un nombre de faisceaux important [84, 85]. Une configuration particulière empilant des lentilles de Rotman avec 44 ports d'entrée associées à une antenne à double-réflecteurs permet de produire jusqu'à 1463 faisceaux fixes simultanés de 0,4° d'ouverture angulaire couvrant l'ensemble de la Terre depuis l'orbite géostationnaire [86]. En contre partie, ces structures introduisent des pertes par dépointage relativement importantes (jusqu'à 5dB pour les lentilles de Rotman à 44 ports décrites dans [86]).

Nous avons également abordé deux solutions de matrices à lois de phase uniformes, se distinguant par leur distribution en amplitude. La structure en chandelier produisant dans sa forme standard une distribution en amplitude uniforme est particulièrement intéressante par son caractère générique. Le dimensionnement est relativement simple et dissocie le réseau d'alimentation de la section de contrôle en amplitude et/ou phase, permettant l'insertion de contrôles variables pour une reconfiguration en vol. Cette caractéristique est particulièrement intéressante pour des applications de télécommunications par satellite, l'évolution des besoins en couverture étant souvent rapide en comparaison de la durée de vie d'un satellite. Par contre, cela se fait au détriment des pertes intrinsèques dans le cas d'un fonctionnement multifaisceaux. Pour cette raison, cette solution est souvent associée à une amplification distribuée (antenne active) pour minimiser l'impact des pertes. Nous avons également présenté une étude détaillée des C-BFN indiquant que le niveau de pertes augmente avec le nombre de sorties par entrées, rendant ainsi ces structures moins pertinentes pour des configurations d'antennes réseaux à rayonnement direct. D'autant que ces structures ont la particularité, contrairement à toutes les autres structures étudiées, de ne pouvoir adresser qu'un sous-ensemble des ports de sortie par entrée. Ce qui impose un surdimensionnement de la structure pour des applications d'antennes réseaux à rayonnement direct. La distribution de l'énergie dans ces structures les rend mieux adaptées pour alimenter un réseau focal dans une configuration d'antenne à réflecteur. Pour cela, il serait intéressant d'approfondir la généralisation de ce concept à des réseaux planaires (distribution de l'énergie selon deux directions orthogonales au lieu d'une seule comme présenté dans ce mémoire de thèse). La difficulté réside dans l'identification d'un composant de base approprié. Des travaux ont déjà été publiés avec des structures produisant des divisions et combinaisons successives en rayonné (structures empilées alternant des patchs et des fentes) [87]. Les performances de telles structures restent à évaluer, notamment en comparaison des structures à Bande Interdite Electromagnétique (BIE) dont le mode d'utilisation est assez similaire, à savoir un positionnement au dessus d'un réseau de sources afin de produire un recouvrement des champs électromagnétiques issus de ces sources. Enfin, nous avons également mis en évidence l'intérêt potentiel de ces structures pour des antennes réseaux circulaires.

Évidemment, ce rapport de thèse ne prétend pas être exhaustif sur la thématique des réseaux d'alimentation en structures guidées. D'autres solutions disponibles dans la littérature n'ont pas été abordées faute de temps, bien qu'intéressantes pour certaines applications spécifiques. On peut mentionner par exemple, la structure décrite dans [88] et adaptée à des réseaux circulaires. La topologie de cette structure est assez similaire à celle des réseaux périodiques refermés en remplaçant les diviseurs et combineurs par des coupleurs directionnels. L'utilisation de coupleurs hybrides permet à cette structure d'être sans pertes, contrairement à celle proposée dans ce rapport de thèse. De plus, les phases d'insertion peuvent être optimisées pour maximiser la recombinaison en rayonné des signaux issus d'un réseau circulaire. Par contre, ces caractéristiques sont obtenues au détriment de la simplicité de conception. En effet, la structure proposée nécessite une réalisation sur deux couches du fait de croisements de voies RF et la répartition en puissance des coupleurs hybrides doit être optimisée en fonction de leur position dans la structure. Un autre concept intéressant est celui décrit dans [89], appelé habituellement réseau d'alimentation multi-modes, permettant de réaliser un réseau focal assurant un certain niveau de recouvrement entre faisceaux adjacents sans introduire de pertes autres que les pertes ohmiques (les pertes d'insertion ont été mesurées à 0,22dB en bande Ka pour le cas pratique décrit dans [89]). Cette caractéristique est obtenue en combinant des coupleurs directionnels. Le caractère orthogonal du réseau d'alimentation contraint fortement les lois d'amplitude et phase réalisables et requiert une optimisation des coefficients du réseau d'alimentation au niveau antenne pour assurer les performances exigées sur l'ensemble de la couverture. Cela se traduit par une certaine complexité du réseau focal, le dimensionnement proposé dans [89] utilisant 100 coupleurs et 150 déphaseurs pour produire 18 faisceaux.

Finalement, ayant toutes ces informations à l'esprit, il serait intéressant de mener une réflexion au niveau antenne et non plus sous-système d'alimentation afin d'évaluer les concepts les plus prometteurs pour une application donnée. Les travaux présentés dans ce rapport de thèse avaient plutôt vocation à donner une vision étendue des structures disponibles indépendamment de l'architecture antenne visée (antenne active ou passive, réseau à rayonnement direct ou réseau focal, taille et forme de l'antenne réseau, contraintes liées au pas du réseau, etc.). Une étude similaire sur les systèmes quasi-optiques serait nécessaire en complément de ce mémoire pour donner une vision exhaustive sur les réseaux d'alimentation. Ayant toutes ces informations à l'esprit et partant d'exigences liées à une mission spécifique, il serait alors possible de dériver les besoins associés en termes de réseau d'alimentation permettant d'identifier la topologie la mieux adaptée au besoin. Il peut même être judicieux dans certains cas de combiner différents types de sous-systèmes.

Annexe A - Orthogonalité d'une matrice sans pertes

Nous montrons dans cette annexe le lien entre matrice sans pertes et orthogonalité. En partant de la relation (26) traduisant la conservation de la puissance, combinée à la définition (23) d'une matrice $[S]$ de dimensions $P \times P$, il vient :

$$A^T \cdot A^* = ([S] \cdot A)^T \cdot ([S] \cdot A)^* \tag{A-1}$$

Soit, en appliquant une propriété des transposées :

$$A^T \cdot A^* = A^T \cdot ([S]^T \cdot [S]^*) \cdot A^* \tag{A-2}$$

Pour arriver à la condition d'orthogonalité sur la matrice $[S]$, nous devons introduire une base vectorielle, de dimension P, notée $\{e_i\}_{1 \leq i \leq P}$, associée à un espace vectoriel E défini sur l'ensemble des nombres complexes, noté C.

On peut interpréter la matrice $[S]^T \cdot [S]^*$ comme l'écriture matricielle d'une forme bilinéaire $f : (x, y) \in \mathrm{E}^2 \longrightarrow f(x, y^*) \in C$.

On peut donc écrire la relation suivante :

$$[S]^T . [S]^* = \begin{bmatrix} f(e_1, e_1^*) & \cdots & f(e_1, e_j^*) & \cdots & f(e_1, e_P^*) \\ \vdots & \ddots & \vdots & \cdots & \vdots \\ f(e_i, e_1^*) & \cdots & f(e_i, e_j^*) & \cdots & f(e_i, e_P^*) \\ \vdots & \cdots & \vdots & \ddots & \vdots \\ f(e_P, e_1^*) & \cdots & f(e_P, e_j^*) & \cdots & f(e_P, e_P^*) \end{bmatrix} \tag{A-3}$$

Pour deux vecteurs x et y décomposés comme suit dans la base $\{e_i\}_{1 \leq i \leq P}$:

$$x = \sum_{i=1}^{P} x_i e_i \qquad \text{et} \qquad y = \sum_{i=1}^{P} y_i e_i \tag{A-4}$$

La propriété de bilinéarité de f permet d'écrire la relation suivante :

$$f(x, y^*) = \sum_{i=1}^{P} \sum_{j=1}^{P} x_i y_j^* f(e_i, e_j^*) \tag{A-5}$$

Cette relation peut se mettre sous forme matricielle comme suit :

$$f(x, y^*) = x^T \cdot \left([S]^T \cdot [S]^* \right) \cdot y^* \qquad \text{(A-6)}$$

On introduit également la forme quadratique $q : x \in \mathrm{E} \longrightarrow q(x) = f(x, x^*) \in C$. Il ressort de la relation (A-5) que la forme quadratique q peut s'écrire comme suit :

$$q(x) = \sum_{i=1}^{P} x_i x_i^* f(e_i, e_i^*) + \sum_{i=1}^{P} \sum_{\substack{j=1 \\ j \neq i}}^{P} x_i x_j^* f(e_i, e_j^*) \qquad \text{(A-7)}$$

Tout ceci nous permet d'écrire l'égalité suivante :

$$A^T \cdot \left([S]^T \cdot [S]^* \right) A^* = \sum_{i=1}^{P} a_i a_i^* f(e_i, e_i^*) + \sum_{i=1}^{P} \sum_{\substack{j=1 \\ j \neq i}}^{P} a_i a_j^* f(e_i, e_j^*) \qquad \text{(A-8)}$$

De plus, nous avons la relation suivante :

$$A^T . A^* = \sum_{i=1}^{P} a_i a_i^* \qquad \text{(A-9)}$$

En égalisant les relations (A-8) et (A-9), l'unicité d'écriture d'une forme quadratique impose les conditions suivantes sur la matrice de la forme bilinéaire f :

$$f(e_i, e_i^*) = 1 \qquad\qquad i = 1...P$$

$$\text{et } f(e_i, e_j^*) = 0 \qquad i = 1...P, \; j = 1...P \text{ et } i \neq j \qquad \text{(A-11)}$$

Ceci implique que la matrice associée à la forme bilinéaire f est la matrice unité de dimension $P \times P$, notée I_P. Il vient donc naturellement la relation suivante :

$$[S]^T . [S]^* = I_P \qquad \text{(A-12)}$$

Nous avons ainsi montré que la matrice $[S]$ définissant un réseau sans pertes est nécessairement orthogonale au sens du produit scalaire hermitien. De la relation (A-2), il ressort que la réciproque est évidente, à savoir qu'un réseau défini par une matrice orthogonale est nécessairement sans pertes.

Dans le cas d'une matrice $[S]$ associée à un circuit distinguant M ports d'entrée et N ports de sortie, caractérisé par une adaptation de tous les ports et un découplage entre toutes les entrées, respectivement entre toutes les sorties, l'équation (28) indique que la contrainte d'orthogonalité se reporte sur la matrice de transfert ou matrice $[S]$ réduite, de dimension $N \times M$. Dans le cas général, cette matrice de transfert n'est pas nécessairement carrée. Néanmoins, on peut étendre partiellement la propriété d'orthogonalité telle que définie par (A-12). Cette matrice réduite est constituée de M vecteurs colonnes de dimension N, notés $C^{(m)}$ pour $m = 1...M$. Il s'agit en fait des lois d'alimentation produites par le réseau d'alimentation. Le membre de gauche de l'équation (A-12) peut donc s'écrire dans ce cas :

$$[S]^{T}.[S]^{*} = \begin{bmatrix} C^{(1)}.C^{(1)*} & C^{(1)}.C^{(2)*} & \cdots & C^{(1)}.C^{(M)*} \\ C^{(2)}.C^{(1)*} & C^{(2)}.C^{(2)*} & \cdots & C^{(2)}.C^{(M)*} \\ \vdots & \vdots & \ddots & \vdots \\ C^{(M)}.C^{(1)*} & C^{(M)}.C^{(2)*} & \cdots & C^{(M)}.C^{(M)*} \end{bmatrix}_{M \times M} \quad \text{(A-13)}$$

Le résultat est donc une matrice carrée de dimensions $M \times M$ contenant les produits scalaires hermitiens des vecteurs colonnes de $[S]$, les éléments de la diagonale correspondant à la norme de ces vecteurs. Il vient donc naturellement que si les vecteurs colonnes de $[S]$ forment une famille de vecteurs unitaires linéairement indépendants, c'est-à-dire orthogonaux deux à deux au sens du produit scalaire hermitien, la matrice obtenue est une matrice unité de dimension $M \times M$. Les vecteurs considérés étant de dimension N, cette propriété ne sera vérifiée que si $M \leq N$. Par ailleurs, cette propriété entraine que le mode de fonctionnement réciproque (les sorties deviennent les entrées et les entrées deviennent les sorties), caractérisé par la matrice de transfert transposée $[S]^{T}$ composée de N vecteurs colonnes de dimension M, ne peut vérifier la relation (A-12). En effet, le rang de cette famille de vecteurs ne peut être supérieur à la dimension de l'espace vectoriel. Il s'en suit que la famille constituée par les vecteurs colonnes de $[S]^{T}$ est liée, donc certains produits scalaires sont non-nulles et le membre de droite de l'équation (A-13) n'est plus une matrice unité.

Cette analyse permet de justifier qu'une matrice de transfert rectangulaire peut donc être sans pertes dans un mode de fonctionnement, tout en ayant des pertes dans le mode de fonctionnement réciproque. Par ailleurs, le mode de fonctionnement sans pertes n'est possible que si le nombre d'entrées est inférieur au nombre de sorties et que les lois d'alimentation produites sont unitaires et orthogonales deux à deux.

Annexe B - Orthogonalité de faisceaux et lois d'alimentation orthogonales

Nous considérons une famille de M faisceaux produits par un réseau linéaire sans pertes comportant N sources élémentaires. D'après la propriété dérivée en annexe A, les lois d'alimentation de ces M faisceaux sont mutuellement orthogonales. Nous allons appliquer le produit scalaire hermitien intégral normalisé aux facteurs de réseau définissant ces M faisceaux. De la relation (21), il vient :

$$\frac{1}{2\pi}\int_{-\pi}^{\pi} f^{(i)}(u)\cdot f^{(j)*}(u)du =$$
$$\frac{1}{2\pi}\int_{-\pi}^{\pi}\left(\sum_{p=1}^{N}C_p^{(i)}e^{jpu}\right)\cdot\left(\sum_{q=1}^{N}C_q^{(j)*}e^{-jqu}\right)du \qquad \text{pour } i,j=1...N \qquad \text{(B-1)}$$

En effectuant le produit des deux sommes et en sortant de l'intégrale tous les termes indépendants de la variable d'intégration, nous arrivons à l'écriture suivante :

$$\frac{1}{2\pi}\int_{-\pi}^{\pi} f^{(i)}(u)\cdot f^{(j)*}(u)du =$$
$$\frac{1}{2\pi}\sum_{p=1}^{N}\sum_{q=1}^{N}C_p^{(i)}C_q^{(j)*}\int_{-\pi}^{\pi}e^{j(p-q)u}du \qquad \text{pour } i,j=1...N \qquad \text{(B-2)}$$

Nous allons maintenant évaluer l'intégrale. Pour ce faire, nous distinguons deux cas. Lorsque $p=q$, l'intégrale se calcule simplement :

$$\frac{1}{2\pi}\int_{-\pi}^{\pi}e^{j(p-q)u}du = \frac{1}{2\pi}\int_{-\pi}^{\pi}du = 1 \qquad \text{(B-3)}$$

Dans les cas où $p\neq q$, le calcul se décompose comme suit :

$$\frac{1}{2\pi}\int_{-\pi}^{\pi}e^{j(p-q)u}du = \frac{1}{2\pi}\left[\frac{e^{j(p-q)u}}{j(p-q)}\right]_{-\pi}^{\pi} = \frac{1}{2\pi}\frac{e^{j(p-q)\pi}-e^{-j(p-q)\pi}}{j(p-q)} \qquad \text{(B-4)}$$

En utilisant les formules d'Euler, la relation (B-4) se simplifie comme suit :

$$\frac{1}{2\pi}\int_{-\pi}^{\pi}e^{j(p-q)u}du = \frac{1}{(p-q)\pi}\sin\left[(p-q)\pi\right] \qquad \text{(B-5)}$$

Il s'en suit que cette intégrale est toujours nulle pour $p \neq q$. La relation (B-2) se simplifie donc de la manière suivante :

$$\frac{1}{2\pi} \int_{-\pi}^{\pi} f^{(i)}(u) \cdot f^{(i)*}(u) du = \sum_{p=1}^{N} C_p^{(i)} C_p^{(j)*} \qquad \text{pour } i, j = 1...N \qquad (B-6)$$

Soit pour des lois d'alimentation orthonormées :

$$\frac{1}{2\pi} \int_{-\pi}^{\pi} f^{(i)}(u) \cdot f^{(j)*}(u) du = \delta_{ij} \qquad \text{pour } i, j = 1...N \qquad (B-7)$$

où δ_{ij} est le symbole de Kronecker, tel que $\delta_{ii} = 1$ pour $i = 1...N$ et $\delta_{ij} = 0$ pour $i, j = 1...N$ et $i \neq j$.

Annexe C - Orthogonalité et Transformée de Fourier Discrète

Nous démontrons dans cette annexe que la Transformée de Fourier Discrète assimilée à une matrice multifaisceaux présente une propriété d'orthogonalité. En s'appuyant sur le résultat démontré en annexe A, nous allons donc démontrer le caractère « sans pertes » de la transformée.

L'analogie avec les matrices multifaisceaux, présentée dans la section I. 5. 3, permet d'écrire les puissances en entrée et sortie comme suit :

$$P_{entrée} = \sum_{n=0}^{N-1} x_n x_n^* \tag{C-1}$$

$$\text{et } P_{sortie} = \sum_{k=0}^{N-1} X_k X_k^* \tag{C-2}$$

En développant le calcul à partir de la formule (63), il vient :

$$P_{sortie} = \sum_{k=0}^{N-1} \left(\frac{1}{\sqrt{N}} \sum_{p=0}^{N-1} x_p e^{-j\frac{2\pi}{N}kp} \right) \left(\frac{1}{\sqrt{N}} \sum_{q=0}^{N-1} x_q^* e^{j\frac{2\pi}{N}kq} \right) \tag{C-3}$$

Cette expression peut être reformulée comme suit :

$$P_{sortie} = \frac{1}{N} \sum_{k=0}^{N-1} \left(\sum_{p=0}^{N-1} \sum_{q=0}^{N-1} x_p x_q^* e^{-j\frac{2\pi}{N}k(p-q)} \right) \tag{C-4}$$

En sortant de la double somme les termes quadratiques, il vient :

$$P_{sortie} = \frac{1}{N} \sum_{k=0}^{N-1} \left(\sum_{n=0}^{N-1} x_n x_n^* + \sum_{\substack{p=0 \\ }}^{N-1} \sum_{\substack{q=0 \\ q \neq p}}^{N-1} x_p x_q^* e^{-j\frac{2\pi}{N}k(p-q)} \right) \tag{C-5}$$

Soit, après simplifications :

$$P_{sortie} = \sum_{n=0}^{N-1} x_n x_n^* + \frac{1}{N} \sum_{k=0}^{N-1} \sum_{p=0}^{N-1} \sum_{\substack{q=0 \\ q \neq p}}^{N-1} x_p x_q^* e^{-j\frac{2\pi}{N}k(p-q)} \tag{C-6}$$

En réordonnant les sommes, cette relation peut s'écrire :

$$P_{sortie} = \sum_{n=0}^{N-1} x_n x_n^* + \frac{1}{N} \sum_{p=0}^{N-1} \sum_{\substack{q=0 \\ q \neq p}}^{N-1} \left(x_p x_q^* \sum_{k=0}^{N-1} e^{-j\frac{2\pi}{N}k(p-q)} \right) \qquad \text{(C-7)}$$

Cette dernière relation fait apparaître la somme des N premiers termes d'une suite géométrique de premier terme 1 et de raison $e^{-j\frac{2\pi}{N}(p-q)}$, ce qui donne le résultat suivant :

$$\sum_{k=0}^{N-1} e^{-j\frac{2\pi}{N}k(p-q)} = \frac{1-e^{-j2\pi(p-q)}}{1-e^{-j\frac{2\pi}{N}(p-q)}} \qquad \text{(C-8)}$$

Les signes sommes définissant p et q nous permettent d'affirmer que $p-q$ est un entier non nul vérifiant $|p-q| \leq N-1$. De sorte que la relation (C-8) est toujours définie et égale à 0 pour les valeurs de p et q imposées par la relation (C-7). Cette dernière relation se simplifie donc comme suit :

$$P_{sortie} = \sum_{n=0}^{N-1} x_n x_n^* \qquad \text{(C-9)}$$

Soit :

$$P_{sortie} = P_{entrée} \qquad \text{(C-10)}$$

Cette propriété permet donc d'affirmer le caractère sans pertes, et donc orthogonal de la matrice de transfert associée à la Transformée de Fourier Discrète.

Annexe D - Calcul des coupleurs du deuxième accès d'une matrice de Blass sans déphaseurs

Nous cherchons dans cette annexe à dériver une formulation générique des paramètres de couplage du deuxième accès B, soit les θ_n^B pour $n = 1...N$, en fonction des coefficients c_n^D pour $n = 1...N$ associés à la loi d'amplitude du faisceau « différence » et des autres paramètres connus dans le cas d'une matrice de Blass sans déphaseurs à deux faisceaux. Nous reprenons avec nos notations la démonstration en annexe de l'article de Jones et DuFort [35]. Pour cela, nous partons du système d'équations suivant :

$$\begin{cases} a_{n+1}^D = a_n^D \cos\theta_n^A - b_n^D \sin\theta_n^B \sin\theta_n^A \\ b_{n+1}^D = b_n^D \cos\theta_n^B \\ c_n^D = a_n^D \sin\theta_n^A + b_n^D \sin\theta_n^B \cos\theta_n^A \end{cases} \qquad \text{pour } n = 1...N \qquad (D-1)$$

En combinant la première et la dernière équation du système (D-1), nous obtenons une formule de récurrence sur les a_n^D où ne figure pas θ_n^B :

$$c_n^D \sin\theta_n^A + a_{n+1}^D \cos\theta_n^A = a_n^D \qquad \text{pour } n = 1...N \qquad (D-2)$$

Il s'en suit que tous les a_n^D, pour $n = 1...N$, peuvent être exprimés en fonction de a_{N+1}^D et des coefficients c_n^D :

$$a_n^D = a_{N+1}^D \left(\prod_{l=n}^{N} \cos\theta_l^A \right) + c_n^D \sin\theta_n^A$$

$$+ \sum_{k=n+1}^{N} \left(\prod_{l=n}^{k-1} \cos\theta_l^A \right) c_k^D \sin\theta_k^A \qquad \text{pour } n = 1,...N \qquad (D-3)$$

La validité de cette formule peut être vérifiée en l'insérant dans la relation (D-2). Pour simplifier cette écriture, nous avons recours à une relation dérivée de l'analyse de la ligne d'alimentation A :

$$a_{n+1}^S = a_n^S \cos\theta_n^A \qquad \text{pour } n = 1...N \qquad (D-4)$$

En multipliant les relations données par (D-4), il vient :

$$\prod_{l=n}^{N} \cos\theta_l^A = \prod_{l=n}^{N} \frac{a_{l+1}^S}{a_l^S} \qquad \text{pour } n = 1...N \tag{D-5}$$

En simplifiant les termes de (D-5) répétés dans le numérateur et le dénominateur, nous pouvons réécrire cette relation comme suit :

$$\prod_{l=n}^{N} \cos\theta_l^A = \frac{a_{N+1}^S}{a_n^S} \qquad \text{pour } n = 1...N \tag{D-6}$$

En utilisant la relation $c_n^S = a_n^S \sin\theta_n^A$, il vient :

$$\prod_{l=n}^{N} \cos\theta_l^A = \frac{a_{N+1}^S}{c_n^S} \sin\theta_n^A \qquad \text{pour } n = 1...N \tag{D-7}$$

La relation (D-3) peut ainsi se mettre sous la forme suivante :

$$a_n^D = \frac{\sin\theta_n^A}{c_n^S}\left(a_{N+1}^D a_{N+1}^S + \sum_{k=n}^{N} c_k^S c_k^D \right) \qquad \text{pour } n = 1...N \tag{D-8}$$

La dernière relation du système (D-1) peut se mettre sous la forme suivante :

$$b_n^D \sin\theta_n^B = \frac{c_n^D}{\cos\theta_n^A} - a_n^D \tan\theta_n^A \qquad \text{pour } n = 1...N \tag{D-9}$$

Combinée à la relation (D-8), il vient :

$$b_n^D \sin\theta_n^B = M_n - P_n a_{N+1}^D \qquad \text{pour } n = 1...N \tag{D-10}$$

où $\qquad M_n = \dfrac{c_n^D}{\cos\theta_n^A} - \dfrac{\tan\theta_n^A \sin\theta_n^A}{c_n^S}\sum_{k=n}^{N} c_k^S c_k^D \qquad$ et $\qquad P_n = \dfrac{a_{N+1}^S}{c_n^S}\sin\theta_n^A \tan\theta_n^A$

Finalement, en utilisant la deuxième relation du système (D-1), il vient la relation de récurrence suivante :

$$\left(b_{n+1}^D\right)^2 = \left(b_n^D\right)^2 - \left(b_n^D\right)^2 \sin\theta_n^B \qquad \text{pour } n = 1...N \tag{D-11}$$

En ajoutant terme à terme les $N - n + 1$ dernières égalités ainsi obtenues, nous obtenons la relation suivante :

$$\left(b_{N+1}^D\right)^2 = \left(b_n^D\right)^2 - \sum_{l=n}^{N}\left(b_l^D\right)^2 \sin^2\theta_l^B \qquad \text{pour } n = 1...N \tag{D-12}$$

180

En introduisant la relation (D-10) dans cette dernière relation, il vient :

$$\left(b_{N+1}^{D}\right)^{2} = \frac{\left(\mathrm{M}_{n} - \mathrm{P}_{n} a_{N+1}^{D}\right)^{2}}{\sin^{2}\theta_{n}^{B}} - \sum_{l=n}^{N}\left(\mathrm{M}_{l} - \mathrm{P}_{l} a_{N+1}^{D}\right)^{2} \qquad \text{pour } n = 1...N \qquad \text{(D-13)}$$

D'où la formulation donnant les paramètres de la ligne d'alimentation B dans le cas d'une matrice de Blass sans déphaseurs :

$$\sin^{2}\theta_{n}^{B} = \frac{\left(\mathrm{M}_{n} - \mathrm{P}_{n} a_{N+1}^{D}\right)^{2}}{\left(b_{N+1}^{D}\right)^{2} + \sum_{l=n}^{N}\left(\mathrm{M}_{l} - \mathrm{P}_{l} a_{N+1}^{D}\right)^{2}} \qquad \text{pour } n = 1...N \qquad \text{(D-14)}$$

Annexe E - Algorithme de résolution du deuxième accès d'une matrice de Blass sans déphaseurs

Nous présentons l'algorithme basé sur l'étude de formes quadratiques proposé par Jones et DuFort [35] afin de trouver la valeur minimale de $\left(a_{N+1}^{D}\right)^2 + \left(b_{N+1}^{D}\right)^2$ satisfaisant l'inéquation suivante :

$$\frac{\left(M_n - P_n a_{N+1}^{D}\right)^2}{\left(b_{N+1}^{D}\right)^2 + \sum_{l=n}^{N}\left(M_l - P_l a_{N+1}^{D}\right)^2} \leq \sin^2\theta \qquad \text{pour } n = 1...N \qquad \text{(E-1)}$$

où $\quad M_n = \dfrac{c_n^{D}}{\cos\theta_n^{A}} - \dfrac{\tan\theta_n^{A}\sin\theta_n^{A}}{c_n^{S}}\displaystyle\sum_{k=n}^{N}c_k^{S}c_k^{D} \quad$ et $\quad P_n = \dfrac{a_{N+1}^{S}}{c_n^{S}}\sin\theta_n^{A}\tan\theta_n^{A}$

On réécrit l'inégalité (E-1) de manière à introduire la puissance totale dissipée dans la charge, notée P :

$$P \geq \left(a_{N+1}^{D}\right)^2 + \frac{\left(M_n - P_n a_{N+1}^{D}\right)^2}{\sin^2\theta} - \sum_{l=n}^{N}\left(M_l - P_l a_{N+1}^{D}\right)^2 \quad \text{pour } n = 1...N \qquad \text{(E-2)}$$

Le second terme de l'inégalité (E-2) peut être vu comme un polynôme du second degré en a_{N+1}^{D} et fonction de n. On introduit donc la famille de polynômes suivante :

$$P_n\left(a_{N+1}^{D}\right) = \alpha_n\left(a_{N+1}^{D}\right)^2 - 2\beta_n\left(a_{N+1}^{D}\right) + \gamma_n \qquad \text{pour } n = 1...N \qquad \text{(E-3)}$$

vérifiant l'égalité :

$$P_n\left(a_{N+1}^{D}\right) = \left(a_{N+1}^{D}\right)^2 + \frac{\left(M_n - P_n a_{N+1}^{D}\right)^2}{\sin^2\theta} - \sum_{l=n}^{N}\left(M_l - P_l a_{N+1}^{D}\right)^2$$

$$\text{pour } n = 1...N \qquad \text{(E-4)}$$

Ces polynômes sont représentés graphiquement par des paraboles. On définie une suite d'aires, notées S_n, dans le plan $\left(a_{N+1}^{D}, P\right)$ et vérifiant la relation (E-2) :

$$S_n = \left\{\left(a_{N+1}^{D}, P\right) \mid P \geq P_n\right\} \qquad \text{pour } n = 1...N \qquad \text{(E-5)}$$

De sorte que la configuration pour obtenir une puissance dissipée minimale P_0 correspond au minimum en P de l'intersection de toutes ces aires, soit :

$$P_0 = \frac{\min(P)}{(a_{N+1}^D, P) \in S} \quad \text{avec } S = \bigcap_{n=1}^{N} S_n \quad \text{(E-6)}$$

La représentation graphique de ce problème, reportée sur la Figure 116, permet de voir que la solution sera toujours sur l'enveloppe de l'aire S.

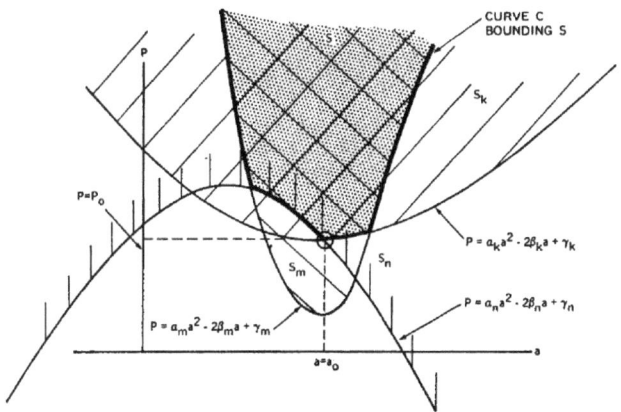

**Figure 116 : Solution graphique du deuxième accès
d'une matrice de Blass sans déphaseurs [35]**

De la même façon, la Figure 116 permet d'affirmer que la solution du problème est soit un point d'intersection de deux paraboles soit un sommet de parabole ayant un coefficient de plus haut degré positif, seul minimum local possible avec ce type de courbes. Il est donc possible de trouver la solution exacte du problème en cherchant le minimum en P parmi l'ensemble de ces points particuliers.

Toutefois, les auteurs de la référence [35] proposent une méthode approchée permettant de simplifier la résolution du problème. En comparant les équations (E-4) et (E-5), il vient :

$$\alpha_n = 1 + \left(\frac{P_n}{\sin\theta}\right)^2 - \sum_{l=n}^{N} P_l^2 \quad \text{pour } n = 1...N \quad \text{(E-7)}$$

183

Cette formule permet de voir qu'il existe au moins une parabole ayant un α_n positif (celle correspondant à $n = N$). De sorte que l'on peut affirmer que pour des valeurs de P grandes, l'aire S est délimitée par la parabole ayant le coefficient α_n le plus grand. Soit α_{n0} ce coefficient. Ainsi, la recherche de la solution peut se limiter à l'intervalle défini par les extrêmes suivant :

$$a_{min} = \frac{min}{n \neq n_0} \left\{ \frac{(\beta_{n0} - \beta_n) - \sqrt{(\beta_{n0} - \beta_n)^2 - (\alpha_{n0} - \alpha_n)(\gamma_{n0} - \gamma_n)}}{(\alpha_{n0} - \alpha_n)} \right\} \qquad \text{(E-8)}$$

$$a_{max} = \frac{max}{n \neq n_0} \left\{ \frac{(\beta_{n0} - \beta_n) + \sqrt{(\beta_{n0} - \beta_n)^2 - (\alpha_{n0} - \alpha_n)(\gamma_{n0} - \gamma_n)}}{(\alpha_{n0} - \alpha_n)} \right\} \qquad \text{(E-9)}$$

Ces valeurs correspondent aux points d'intersection extrêmes entre P_{n0} et les P_n pour $n \neq n_0$. Pour une valeur a_k donnée de l'intervalle $[a_{min}, a_{max}]$, la frontière de l'aire S correspond à la valeur maximale de $P_n(a_k)$, pour $n = 1...N$.

La solution numérique approchée est donc :

$$P = \frac{min}{a_k \in [a_{min}, a_{max}]} \left\{ \frac{max}{n = 1...N} \{P_n(a_k)\} \right\} \qquad \text{(E-10)}$$

La précision de la solution dépendra de l'échantillonnage de l'intervalle $[a_{min}, a_{max}]$. Connaissant ainsi P et a_{N+1}^D, on peut déterminer b_{N+1}^D puis les paramètres des coupleurs de la ligne d'alimentation B à l'aide de la formule dérivée en annexe D.

Annexe F - Formule de récurrence pour les matrices de Blass à M accès

Nous détaillons la dérivation de la formule de récurrence permettant de calculer le vecteur F_i dans le cas des matrices de Blass à M accès connaissant les paramètres des coupleurs directionnels et les déphaseurs des lignes d'indice inférieur à i, ainsi que les coefficients d'alimentation des éléments rayonnants associés à l'alimentation du port a_{i1}. Cette annexe reprend l'appendice de [27] à quelques modifications mineures près.

Partant de la matrice $[S]$ d'un coupleur directionnel et de la description d'un nœud élémentaire de la matrice de Blass à M accès, il vient les relations suivantes :

$$\begin{cases} f_{mn} = j a_{mn} e^{-j\phi_{mn}} \sin \theta_{mn} + f_{(m+1)n} e^{-j\phi_{mn}} \cos \theta_{mn} \\ a_{m(n+1)} = a_{mn} \cos \theta_{mn} + j f_{(m+1)n} \sin \theta_{mn} \end{cases} \quad \text{pour} \begin{cases} m = 1...M \\ n = 1...N \end{cases} \tag{F-1}$$

Nous introduisons les matrices suivantes :

$$\underline{\Theta}_m^S = \begin{bmatrix} \sin \theta_{m1} & 0 & \cdots & 0 \\ 0 & \sin \theta_{m2} & \cdots & 0 \\ \vdots & \vdots & \ddots & \vdots \\ 0 & 0 & \cdots & \sin \theta_{mN} \end{bmatrix} \tag{F-2}$$

$$\underline{\Theta}_m^C = \begin{bmatrix} \cos \theta_{m1} & 0 & \cdots & 0 \\ 0 & \cos \theta_{m2} & \cdots & 0 \\ \vdots & \vdots & \ddots & \vdots \\ 0 & 0 & \cdots & \cos \theta_{mN} \end{bmatrix} \tag{F-3}$$

$$\underline{\Phi}_m = \begin{bmatrix} e^{-j\phi_{m1}} & 0 & \cdots & 0 \\ 0 & e^{-j\phi_{m2}} & \cdots & 0 \\ \vdots & \vdots & \ddots & \vdots \\ 0 & 0 & \cdots & e^{-j\phi_{mN}} \end{bmatrix} \tag{F-4}$$

$$\underline{a}_m = \begin{bmatrix} a_{m1} & a_{m2} & a_{m3} & \cdots & a_{mN} \end{bmatrix}^T \tag{F-5}$$

De sorte qu'il est possible d'écrire la première équation du système (F-1) sous la forme matricielle suivante :

$$F_m = j\underline{\Phi}_m \cdot \underline{\Theta}_m^S \cdot \underline{a}_m + \underline{\Phi}_m \cdot \underline{\Theta}_m^C \cdot F_{m+1} \quad \text{pour } m = 1...M \tag{F-6}$$

Par commodité d'écriture, nous introduisons également la famille de vecteurs unitaires de dimension N suivante :

$$\underline{u}_n = \begin{bmatrix} 0 & \cdots & 0 & \underset{rang\ n}{1} & 0 & \cdots & 0 \end{bmatrix}^T,$$ (F-7)

ainsi que la matrice de dimension $N \times N$ suivante :

$$\underline{T} = \begin{bmatrix} 0 & 0 & 0 & \cdots & 0 & 0 \\ 0 & 1 & 0 & \cdots & 0 & 0 \\ 0 & 0 & 1 & \cdots & 0 & 0 \\ \vdots & \vdots & \vdots & \ddots & \vdots & \vdots \\ 0 & 0 & 0 & \cdots & 1 & 0 \\ 0 & 0 & 0 & \cdots & 0 & 1 \end{bmatrix}.$$ (F-8)

La relation (F-6) peut donc s'écrire comme suit :

$$F_m = \underline{\Phi}_m \cdot \left[j\underline{\Theta}_m^S \cdot (a_{m1} \cdot \underline{u}_1 + \underline{T} \cdot \underline{a}_m) + \underline{\Theta}_m^C \cdot F_{m+1} \right] \qquad \text{pour } m = 1...M$$ (F-9)

De la même façon, en réécrivant la deuxième équation du système (F-1) comme suit :

$$-a_{mn}\cos\theta_{mn} + a_{m(n+1)} = jf_{(m+1)n}\sin\theta_{mn} \qquad \text{pour } \begin{cases} m = 1...M \\ n = 1...N \end{cases},$$ (F-10)

nous pouvons introduire l'écriture matricielle suivante :

$$\begin{bmatrix} -\cos\theta_{m1} & 1 & 0 & 0 & \cdots & 0 & 0 \\ 0 & -\cos\theta_{m2} & 1 & 0 & \cdots & 0 & 0 \\ 0 & 0 & -\cos\theta_{m3} & 1 & \cdots & 0 & 0 \\ \vdots & \vdots & \vdots & \ddots & \ddots & \vdots & \vdots \\ 0 & 0 & 0 & \cdots & -\cos\theta_{m(N-1)} & 1 & 0 \\ 0 & 0 & 0 & \cdots & 0 & -\cos\theta_{mN} & 1 \end{bmatrix} \cdot \begin{bmatrix} \underline{a}_m \\ a_{m(N+1)} \end{bmatrix} = j\underline{\Theta}_m^S \cdot F_{m+1}$$

$$\text{pour } m = 1...M.$$ (F-11)

En définissant la matrice de dimensions $N \times N$ suivante :

$$\underline{A}_m = \begin{bmatrix} -\cos\theta_{m1} & 1 & 0 & \cdots & 0 & 0 \\ 0 & -\cos\theta_{m2} & 1 & \cdots & 0 & 0 \\ 0 & 0 & -\cos\theta_{m3} & \ddots & \vdots & \vdots \\ \vdots & \vdots & \vdots & \ddots & 1 & 0 \\ 0 & 0 & 0 & \cdots & -\cos\theta_{m(N-1)} & 1 \\ 0 & 0 & 0 & \cdots & 0 & -\cos\theta_{mN} \end{bmatrix}$$

$$\text{pour } m = 1...M \; , \qquad \text{(F-12)}$$

la relation (F-11) peut s'écrire sous la forme compacte suivante :

$$\underline{A}_m \cdot \underline{a}_m + a_{m(N+1)} \cdot \underline{u}_N = j\underline{\Theta}_m^S \cdot F_{m+1} \quad \text{pour } m = 1...M \; . \qquad \text{(F-13)}$$

En prenant en compte les hypothèses simplificatrices, à savoir que lorsque l'accès a_{i1} est excité seule la charge de la même ligne dissipe de la puissance, il vient les conditions suivantes :

$$\begin{cases} a_{m1} = 0 \\ a_{m(N+1)} = 0 \end{cases} \qquad \text{pour } m = 1...M \text{ et } m \neq i \qquad \text{(F-14)}$$

De sorte que les relations (F-9) et (F-13) se simplifient comme suit :

$$F_m = \underline{\Phi}_m \cdot \left[j\underline{\Theta}_m^S \cdot \underline{T} \cdot \underline{a}_m + \underline{\Theta}_m^C \cdot F_{m+1} \right] \quad \text{pour } m = 1...M \qquad \text{(F-15)}$$

et :

$$\underline{A}_m \cdot \underline{a}_m = j\underline{\Theta}_m^S \cdot F_{m+1} \qquad \text{pour } m = 1...M \qquad \text{(F-16)}$$

En utilisant la relation (F-13) pour exprimer le vecteur $\underline{a}_m$ et en le substituant dans la relation (F-9), il vient la relation suivante entre les vecteurs F_m et F_{m+1} :

$$F_m = \underline{\Phi}_m \cdot \left[\underline{\Theta}_m^C - \underline{\Theta}_m^S \cdot \underline{T} \cdot \underline{A}_m^{-1} \cdot \underline{\Theta}_m^S \right] \cdot F_{m+1} \qquad \text{pour } m = 1...M \qquad \text{(F-17)}$$

Ce qui permet d'arriver à la formule de récurrence suivante :

$$F_{m+1} = \underline{B}_m^{-1} \cdot F_m \qquad \text{pour } m = 1...M \qquad \text{(F-18)}$$

$$\text{avec} \quad \underline{B}_m = \underline{\Phi}_m \cdot \left[\underline{\Theta}_m^C - \underline{\Theta}_m^S \cdot \underline{T} \cdot \underline{A}_m^{-1} \cdot \underline{\Theta}_m^S \right]$$

En exploitant la récursivité de cette formule, il vient l'expression de F_i en fonction des paramètres des coupleurs directionnels et des déphaseurs des lignes d'indice inférieur à i, ainsi que des coefficients d'alimentation des éléments rayonnants associés à l'alimentation du port a_{i1} :

$$F_i = \underline{B}_{i-1}^{-1} \cdot \underline{B}_{i-2}^{-1} \cdots \underline{B}_{1}^{-1} \cdot F_1 \tag{F-19}$$

Annexe G - Détermination du nombre de croisements de voies dans une matrice de Butler

La topologie particulière des matrices de Butler caractérisées par une alimentation en parallèle de l'ensemble des sorties entraîne des croisements de voies RF, particulièrement contraignants pour des réalisations pratiques. Il nous a paru nécessaire, pour une comparaison plus juste entre matrices orthogonales, de ne pas seulement prendre en compte le nombre de composants mais également le nombre de croisements (ceux-ci étant souvent réalisés par l'ajout de composants supplémentaires dans le cas de réalisations planaires). N'ayant pas trouvé cette information dans la littérature, nous proposons donc une méthode de dénombrement associée à la méthode de dimensionnement détaillée dans ce rapport de thèse, qui est la méthode la plus répandue.

Contrairement aux matrices hybrides pour lesquels la distribution en phase n'a pas d'importance, les croisements de voies dans une matrice de Butler sont imposés à la fois par la distribution en amplitude et en phase. Si l'on ne prend pas en compte la valeur effective des déphaseurs, il est possible d'identifier une formation par itérations des matrices de Butler comparable à celle des matrices hybrides, soit la mise en parallèle de deux sous-matrices ayant chacune deux fois moins de ports que la matrice finale et interconnectées via une couche supplémentaire de coupleurs directionnels. Cette méthode de conception est illustrée sur la Figure 117 pour les premières itérations. On note que l'ajout d'une nouvelle couche de coupleurs directionnels pour passer à la matrice de dimension supérieure induit des croisements de voies avant et après cette dernière couche. En fait, les croisements de voies avant cette dernière couche sont contraints par la distribution en amplitude, tandis que ceux après la dernière couche (et qui ne sont pas nécessaires pour des matrices hybrides) permettent seulement de former la distribution en phase.

Soit X_i le nombre de croisements d'une couche i comportant 2^{i-1} coupleurs, soit 2^i sorties. Cette couche est connectée à deux sous-matrices de Butler de dimension 2^{i-1}. La méthode de dimensionnement retenue impose que l'ensemble des sorties d'une sous-matrice croise l'ensemble des sorties de l'autre sous-matrice, sauf les sorties deux à deux équivalentes (qui se « croisent » via les coupleurs directionnels), soit :

$$X_i = 2^{i-1}\left(2^{i-1} - 1\right) \tag{G-1}$$

189

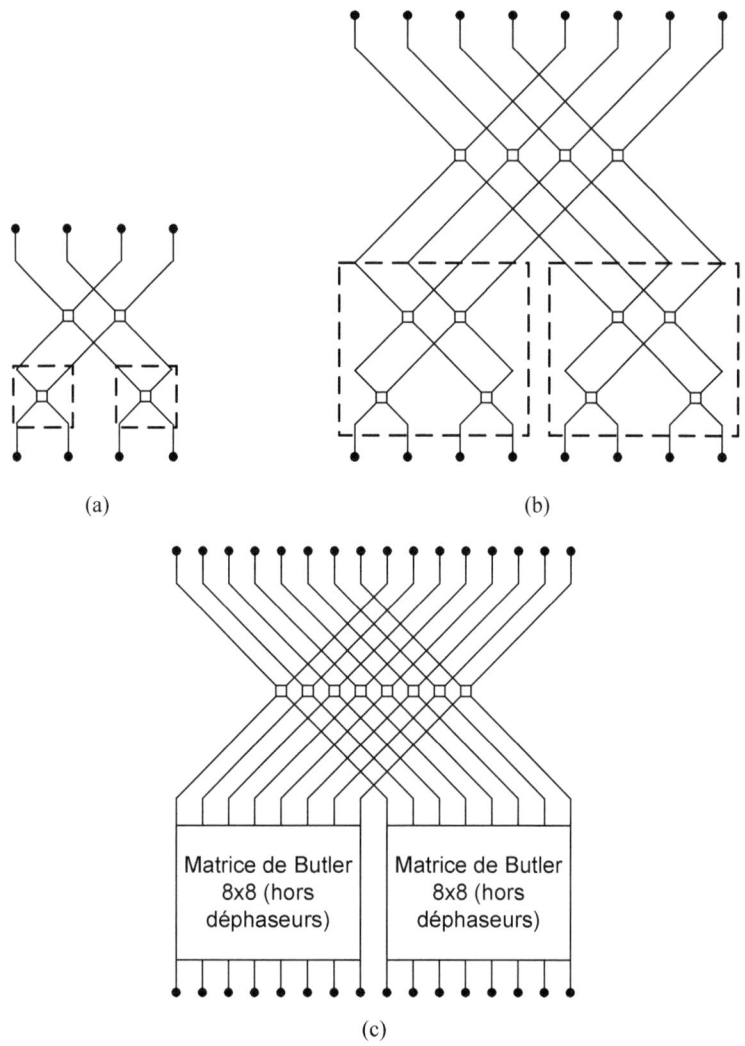

(a)   (b)

Matrice de Butler 8x8 (hors déphaseurs)

Matrice de Butler 8x8 (hors déphaseurs)

(c)

Figure 117 : Dimensionnement itératif des matrices de Butler (hors déphaseurs) illustré pour des matrices à (a) 4, (b) 8 et (c) 16 ports d'entrée

Pour une matrice de dimension 2^n, toute couche comporte nécessairement 2^{n-1} coupleurs directionnels. En utilisant (G-1), l'ensemble des croisements de la couche i d'une matrice à n couches peut s'écrire :

$$X_i^{(n)} = \frac{2^{n-1}}{2^{i-1}} X_i \qquad \text{(G-2)}$$

Soit après simplifications :

$$X_i^{(n)} = 2^{n-1}\left(2^{i-1} - 1\right) \qquad \text{(G-3)}$$

Le nombre total de croisements d'une matrice de Butler à n couches peut s'écrire :

$$X^{(n)} = \sum_{i=1}^{n} X_i^{(n)} = 2^{n-1} \sum_{i=1}^{n}\left(2^{i-1} - 1\right) \qquad \text{(G-4)}$$

Cette écriture fait apparaître la somme des termes d'une suite géométrique de premier terme 1 et de raison 2, et la somme des termes d'une suite constante. En utilisant les propriétés correspondantes, il vient donc :

$$X^{(n)} = 2^{n-1}\left(2^n - n - 1\right) \qquad \text{(G-5)}$$

Annexe H - Écriture matricielle des matrices de Nolen avec des coupleurs hybrides 90°

Cummings [67] a proposé une mise en équation matricielle des matrices de Nolen dans le cas de coupleurs hybrides 180° (coupleurs caractérisés par un port somme et un port différence). Toutefois, les coupleurs hybrides 90° sont plus répandus car souvent plus compacts, nous nous proposons donc d'adapter dans cette annexe la mise en équation des matrices de Nolen de Cummings à de tels coupleurs.

La matrice de transfert d'un nœud de la matrice de Nolen, incluant un coupleur hybride 90° et un déphaseur, peut se mettre sous la forme :

$$[S] = \begin{bmatrix} j\sin\theta_c e^{-j\phi} & \cos\theta_c e^{-j\phi} \\ \cos\theta_c & j\sin\theta_c \end{bmatrix} \tag{H-1}$$

Dans ce développement, la matrice de Nolen est supposée carrée (autant de ports d'entrée que de sortie) sans perte de généralité, puisqu'il suffirait de supprimer les lignes d'alimentation non-utilisées si l'on ne souhaite pas une matrice carrée. Une représentation schématique de la matrice est proposée sur la Figure 118, $\underline{A}$ étant la matrice de transfert ou matrice réduite des paramètres de répartition. La matrice $\underline{A}$ est de dimension $N \times N$.

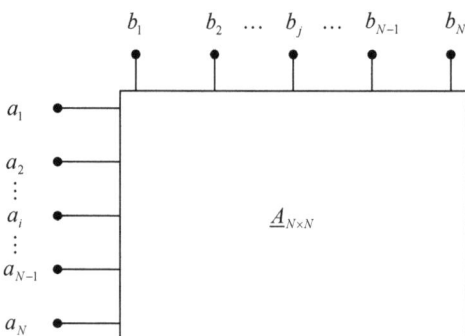

Figure 118 : Représentation matricielle schématique de la matrice de Nolen

L'objectif est de réduire la matrice $\underline{A}$, c'est-à-dire l'écrire comme le produit de matrices élémentaires. La première itération est illustrée sur la Figure 119. On parle de

192

réduction de la matrice de Nolen car la matrice $\underline{A}'$ ainsi obtenue, bien que de dimension $N \times N$ également, comprend un nœud de moins que la matrice de Nolen initiale. Une écriture matricielle simple est obtenue en introduisant la matrice élémentaire $\underline{E}_1$ correspondant au circuit décrit schématiquement sur la Figure 120. La matrice de transfert associée s'écrit :

$$\underline{E}_1 = \begin{bmatrix} 1 & & 0 & 0 & 0 & 0 \\ & \ddots & \vdots & & \vdots & & \vdots \\ 0 & & 1 & 0 & 0 & 0 \\ 0 & \cdots & 0 & 1 & 0 & 0 \\ 0 & \cdots & 0 & 0 & j\sin\theta_{1(N-1)}e^{-j\phi_{1|N-1|}} & \cos\theta_{1(N-1)}e^{-j\phi_{1|N-1|}} \\ 0 & \cdots & 0 & 0 & \cos\theta_{1(N-1)} & j\sin\theta_{1(N-1)} \end{bmatrix}_{N\times N} \qquad \text{(H-2)}$$

Ce qui permet d'écrire l'égalité matricielle suivante :

$$\underline{A} = \underline{E}_1 \cdot \underline{A}' \qquad \text{(H-3)}$$

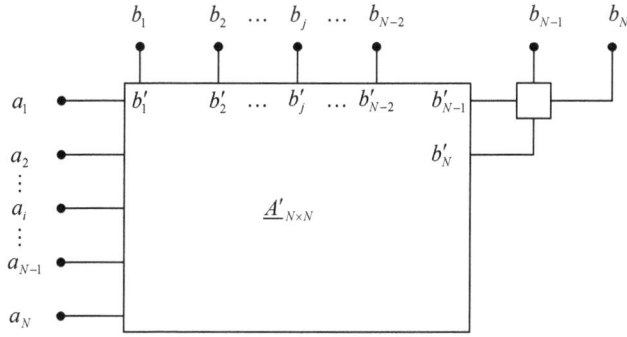

Figure 119 : Première itération de la réduction d'une matrice de Nolen

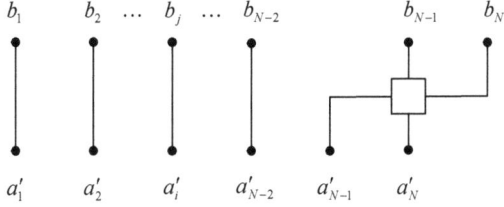

Figure 120 : Schéma correspondant à la première matrice élémentaire de décomposition d'une matrice de Nolen

193

L'étape suivante permet d'extraire un deuxième coupleur de la première ligne d'alimentation selon le schéma illustré sur la Figure 121. Cette étape introduit une matrice réduite $\underline{A}''$ comportant deux coupleurs de moins que la matrice initiale. Nous introduisons la matrice élémentaire $\underline{E}_2$, décrite par :

$$
\underline{E}_2 = \begin{bmatrix}
1 & 0 & 0 & 0 & 0 \\
\ddots & & \vdots & \vdots & \vdots \\
0 & 1 & 0 & 0 & 0 \\
0 & \cdots & 0 & j\sin\theta_{1(N-2)}e^{-j\phi_{1|N-2|}} & \cos\theta_{1(N-2)}e^{-j\phi_{1|N-2|}} & 0 \\
0 & \cdots & 0 & \cos\theta_{1(N-2)} & j\sin\theta_{1(N-2)} & 0 \\
0 & \cdots & 0 & 0 & 0 & 1
\end{bmatrix}_{N\times N} \qquad \text{(H-4)}
$$

L'intérêt de cette formulation, avec des matrices élémentaires dont l'écriture diffère de celles proposées par Cummings par un choix différent de la numérotation des ports, est de conservé la matrice de transfert du nœud considéré comme une sous-matrice de la matrice élémentaire. On note donc que cette sous-matrice « se déplace » progressivement selon la diagonale à mesure que l'on réduit la première ligne de la matrice de Nolen.

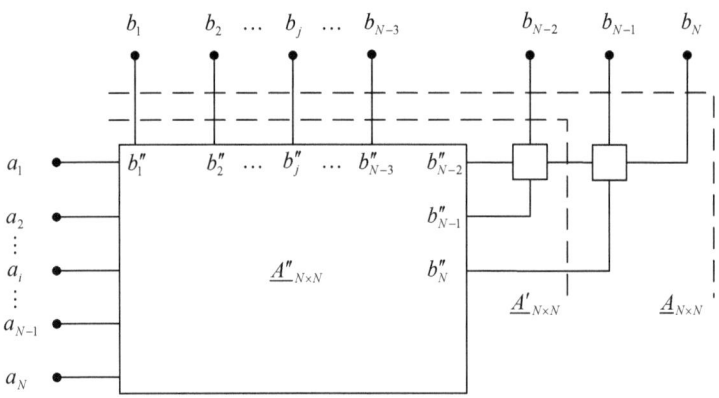

Figure 121 : Deuxième itération de la réduction d'une matrice de Nolen

La dernière itération de la première ligne aboutie donc à la matrice élémentaire $\underline{E}_{N-1}$, décrite par :

$$
\underline{E}_{N-1} = \begin{bmatrix}
j\sin\theta_{11}e^{-j\phi_{11}} & \cos\theta_{11}e^{-j\phi_{11}} & 0 & 0 & \cdots & 0 \\
\cos\theta_{11} & j\sin\theta_{11} & 0 & 0 & \cdots & 0 \\
0 & 0 & 1 & 0 & \cdots & 0 \\
0 & 0 & 0 & 1 & & 0 \\
\vdots & \vdots & \vdots & & \ddots & \vdots \\
0 & 0 & 0 & 0 & \cdots & 1
\end{bmatrix}_{N\times N}
\tag{H-5}
$$

La réduction de la deuxième ligne s'opère de la même façon. La première itération de cette deuxième ligne sera donnée par la matrice élémentaire $\underline{E}_N$, décrite par :

$$
\underline{E}_N = \begin{bmatrix}
1 & & 0 & 0 & 0 & 0 \\
& \ddots & \vdots & & \vdots & \vdots \\
0 & & 1 & 0 & 0 & 0 \\
0 & \cdots & 0 & 1 & 0 & 0 \\
0 & \cdots & 0 & 0 & j\sin\theta_{2(N-2)}e^{-j\phi_{2|N-2|}} & \cos\theta_{2(N-2)}e^{-j\phi_{2|N-2|}} \\
0 & \cdots & 0 & 0 & \cos\theta_{2(N-2)} & j\sin\theta_{2(N-2)}
\end{bmatrix}_{N\times N}
\tag{H-6}
$$

La dernière itération de cette deuxième ligne est donnée par la matrice élémentaire $\underline{E}_{2N-3}$, décrite par :

$$
\underline{E}_{2N-3} = \begin{bmatrix}
1 & 0 & 0 & 0 & \cdots & 0 \\
0 & j\sin\theta_{21}e^{-j\phi_{21}} & \cos\theta_{21}e^{-j\phi_{21}} & 0 & \cdots & 0 \\
0 & \cos\theta_{21} & j\sin\theta_{21} & 0 & \cdots & 0 \\
0 & 0 & 0 & 1 & & 0 \\
\vdots & \vdots & \vdots & & \ddots & \vdots \\
0 & 0 & 0 & 0 & \cdots & 1
\end{bmatrix}_{N\times N}
\tag{H-7}
$$

On note que cette deuxième ligne présente, comme on peut si attendre du fait de la topologie des matrices de Nolen, une itération de moins que la ligne supérieure.

En prolongeant la démarche, il est donc possible de réduire l'ensemble de la matrice avec des matrices élémentaires, dont la forme générique aboutit à une matrice élémentaire pour la première itération de la ligne i sous la forme :

$$
\underline{E}_{\frac{(2N-i)(2N-i-1)}{2}+1} =
\begin{bmatrix}
1 & 0 & 0 & 0 & 0 \\
 & \ddots & \vdots & \vdots & \vdots \\
0 & 1 & 0 & 0 & 0 \\
0 & \cdots & 0 & 1 & 0 & 0 \\
0 & \cdots & 0 & 0 & j\sin\theta_{i(N-i)}e^{-j\phi_{i(N-i)}} & \cos\theta_{i(N-i)}e^{-j\phi_{i(N-i)}} \\
0 & \cdots & 0 & 0 & \cos\theta_{i(N-i)} & j\sin\theta_{i(N-i)}
\end{bmatrix}_{N\times N}
\tag{H-8}
$$

La sous-matrice correspondant au nœud considéré se déplace ensuite selon la diagonale jusqu'à arriver à la dernière itération de la ligne i sous la forme :

$$
\underline{E}_{\frac{(2N-i-1)(2N-i-2)}{2}=i^{eme}} = i^{eme}
\begin{bmatrix}
1 & 0 & 0 & 0 & 0 & \cdots & 0 \\
 & \ddots & \vdots & \vdots & \vdots & \vdots & \vdots \\
0 & 1 & 0 & 0 & 0 & \cdots & 0 \\
0 & \cdots & 0 & j\sin\theta_{i1}e^{-j\phi_{i1}} & \cos\theta_{i1}e^{-j\phi_{i1}} & 0 & \cdots & 0 \\
0 & \cdots & 0 & \cos\theta_{i1} & j\sin\theta_{i1} & 0 & \cdots & 0 \\
0 & \cdots & 0 & 0 & 0 & 1 & 0 \\
\vdots & \vdots & \vdots & \vdots & \vdots & & \ddots \\
0 & \cdots & 0 & 0 & 0 & 0 & 1
\end{bmatrix}_{N\times N}
$$

$$\tag{H-9}$$

La dernière itération correspondant au seul coupleur de la dernière ligne donne donc :

$$
\underline{E}_{N(N-1)/2} =
\begin{bmatrix}
1 & 0 & 0 & 0 & 0 \\
 & \ddots & \vdots & \vdots & \vdots \\
0 & 1 & 0 & 0 & 0 \\
0 & \cdots & 0 & 1 & 0 & 0 \\
0 & \cdots & 0 & 0 & j\sin\theta_{(N-1)1}e^{-j\phi_{(N-1)1}} & \cos\theta_{(N-1)1}e^{-j\phi_{(N-1)1}} \\
0 & \cdots & 0 & 0 & \cos\theta_{(N-1)1} & j\sin\theta_{(N-1)1}
\end{bmatrix}_{N\times N}
\tag{H-10}
$$

Finalement, la matrice de transfert de la matrice de Nolen peut se décomposer avec l'ensemble des matrices élémentaires :

$$
\underline{A} = \underline{E}_1 \cdot \underline{E}_2 \cdot \underline{E}_3 \cdots \underline{E}_{\frac{N(N-1)}{2}}
\tag{H-11}
$$

196

Comme la matrice de Nolen considérée est carrée, elle est orthogonale, ce qui se traduit par :

$$\underline{A}^T \cdot \underline{A}^* = \underline{I}_N \tag{H-12}$$

où $\underline{I}_N$ est la matrice unité de dimension $N \times N$.

Cummings [67] propose d'utiliser le caractère orthogonal de la matrice combiné à la décomposition précédente donnée par l'équation (H-11) pour évaluer l'ensemble des coupleurs directionnels. Mathématiquement parlant, la propriété d'orthogonalité suffit dans le cas des coupleurs hybrides 180° car les matrices obtenues sont à coefficients réels. Dans le cas traité ici, les matrices sont à coefficients complexes, il faut donc exploiter plus précisément le caractère unitaire de la matrice $\underline{A}$, ce qui se traduit par :

$$\underline{A}^* \cdot \underline{A} = \underline{A} \cdot \underline{A}^* = \underline{I}_N \tag{H-13}$$

Soit en combinant (H-11) et (H-13) :

$$\underline{A}^* \cdot \underline{E}_1 \cdot \underline{E}_2 \cdot \underline{E}_3 \cdots \underline{E}_{\frac{N(N-1)}{2}} = \underline{I}_N \tag{H-14}$$

L'évaluation des inconnues peut se faire de proche en proche, mais la mise en écriture complète reste relativement lourde.

Annexe I - Résultats de mesure de la matrice de Nolen 4×4 réalisée

Pour ne pas alourdir le présent rapport de thèse, nous avons préféré reporter l'ensemble des résultats de mesure de la matrice de Nolen réalisée en bande S dans cette annexe. Le détail de ces résultats est très intéressant pour mettre en évidence l'excellente corrélation entre les performances simulées et mesurées.

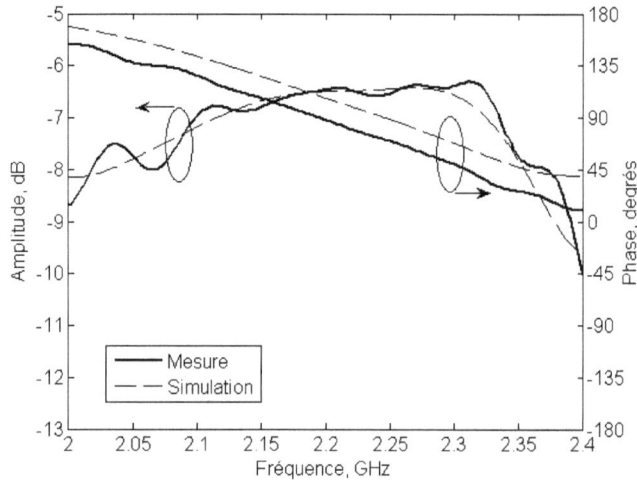

Figure 122 : Coefficient de transmission de l'entrée 1 vers la sortie 1

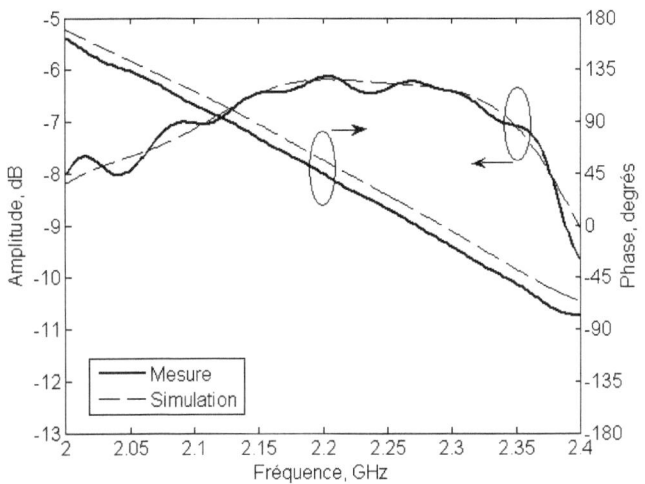

Figure 123 : Coefficient de transmission de l'entrée 1 vers la sortie 2

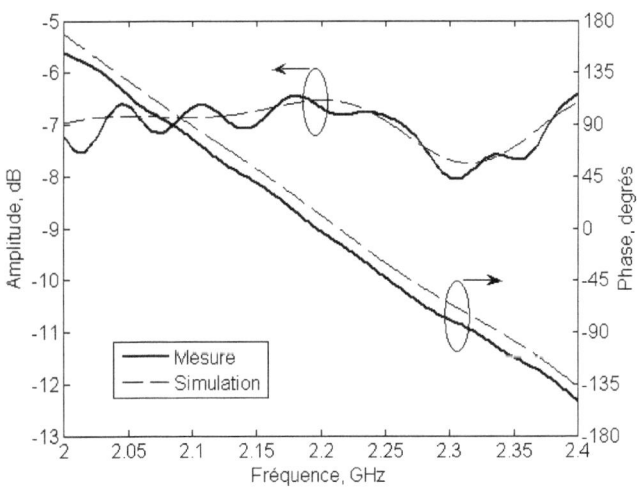

Figure 124 : Coefficient de transmission de l'entrée 1 vers la sortie 3

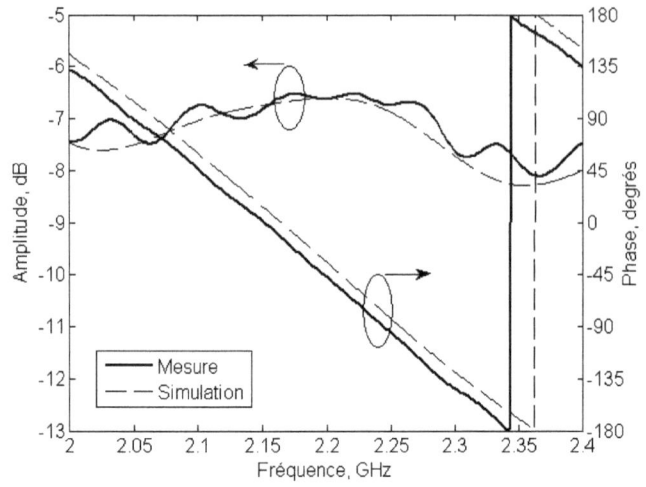

Figure 125 : Coefficient de transmission de l'entrée 1 vers la sortie 4

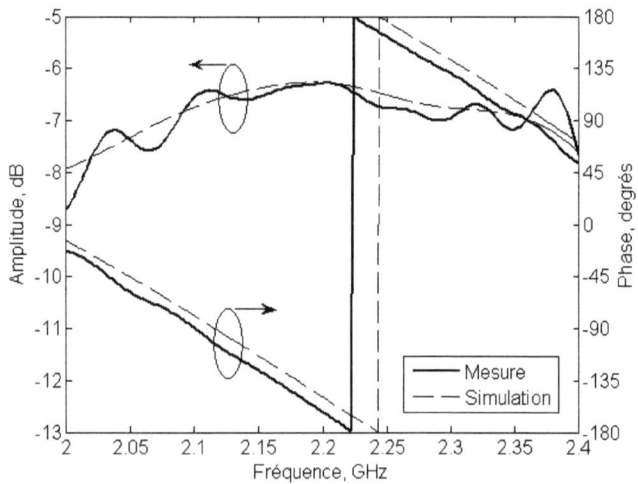

Figure 126 : Coefficient de transmission de l'entrée 2 vers la sortie 1

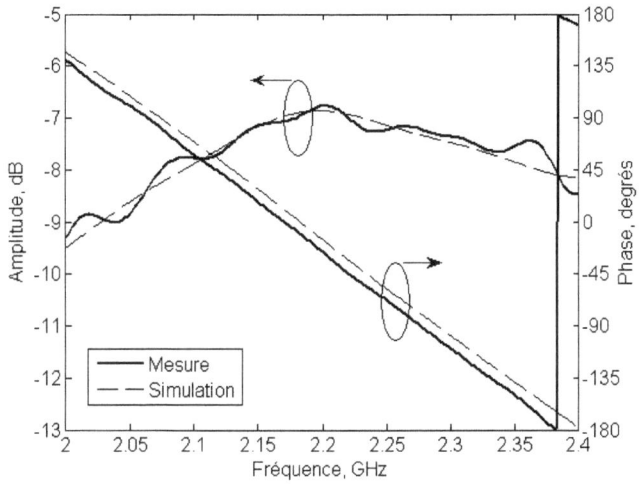

Figure 127 : Coefficient de transmission de l'entrée 2 vers la sortie 2

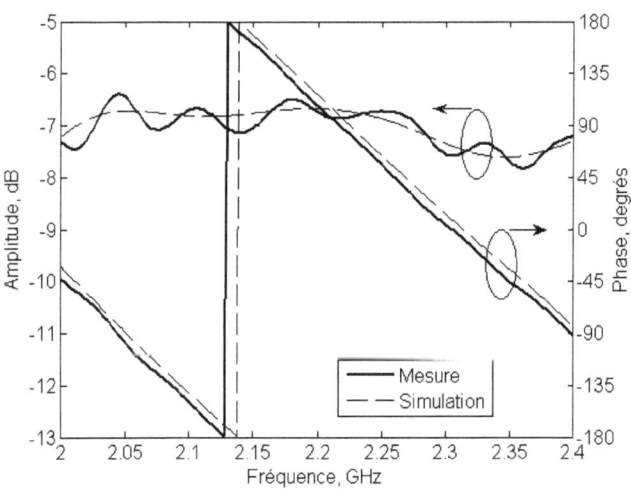

Figure 128 : Coefficient de transmission de l'entrée 2 vers la sortie 3

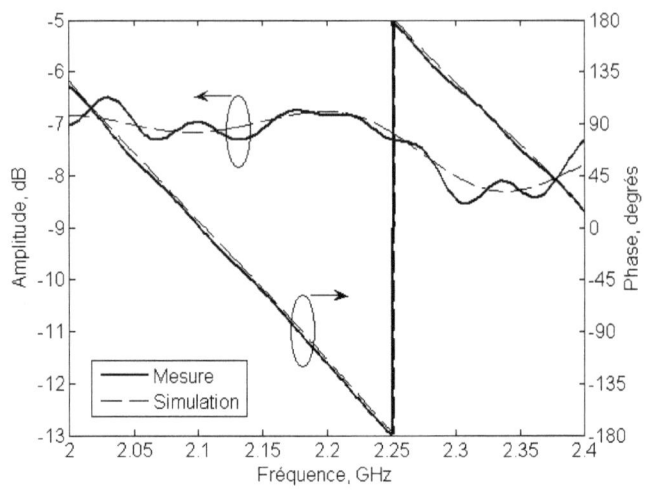

Figure 129 : Coefficient de transmission de l'entrée 2 vers la sortie 4

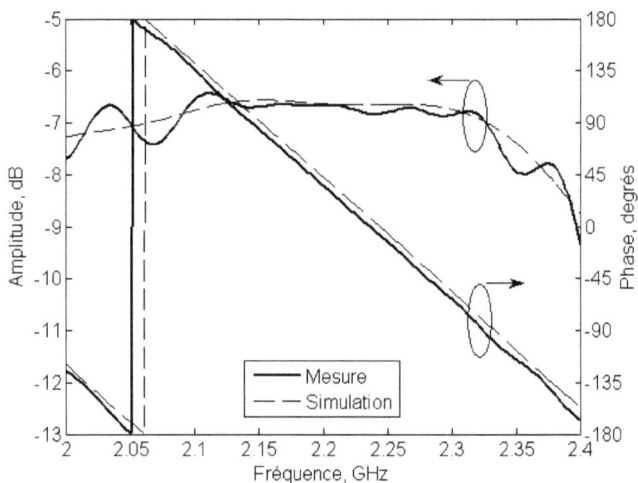

Figure 130 : Coefficient de transmission de l'entrée 3 vers la sortie 1

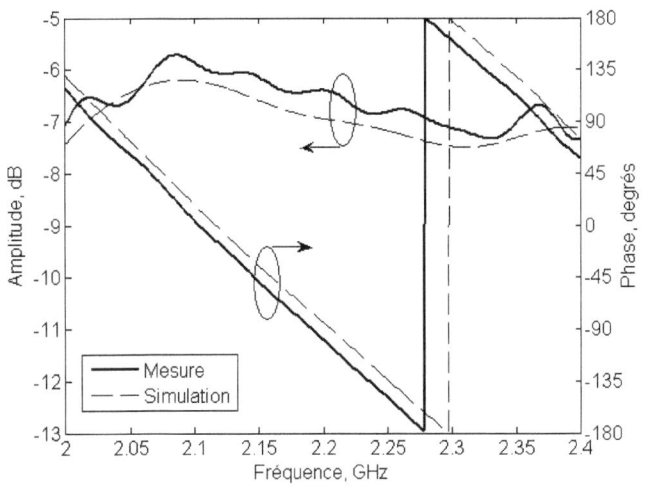

Figure 131 : Coefficient de transmission de l'entrée 3 vers la sortie 2

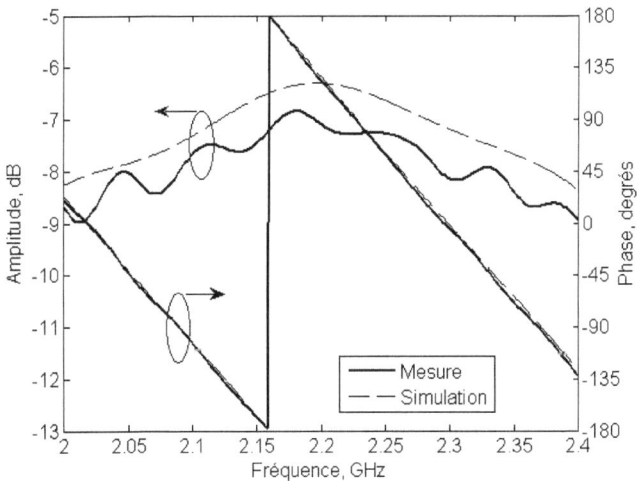

Figure 132 : Coefficient de transmission de l'entrée 3 vers la sortie 3

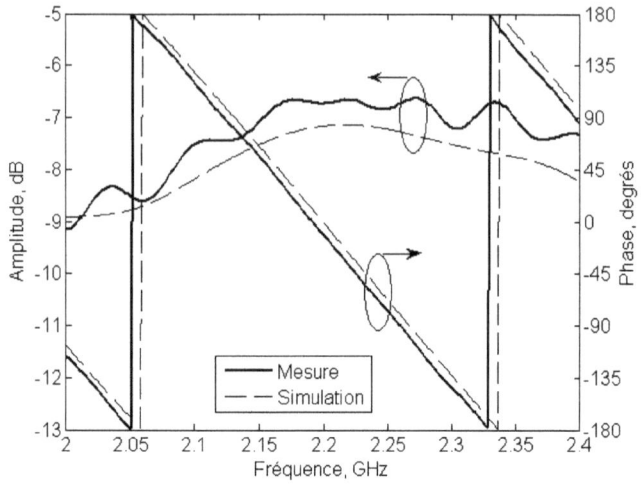

Figure 133 : Coefficient de transmission de l'entrée 3 vers la sortie 4

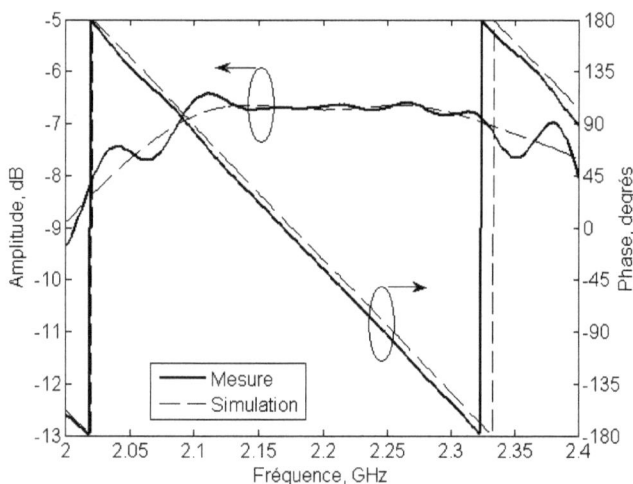

Figure 134 : Coefficient de transmission de l'entrée 4 vers la sortie 1

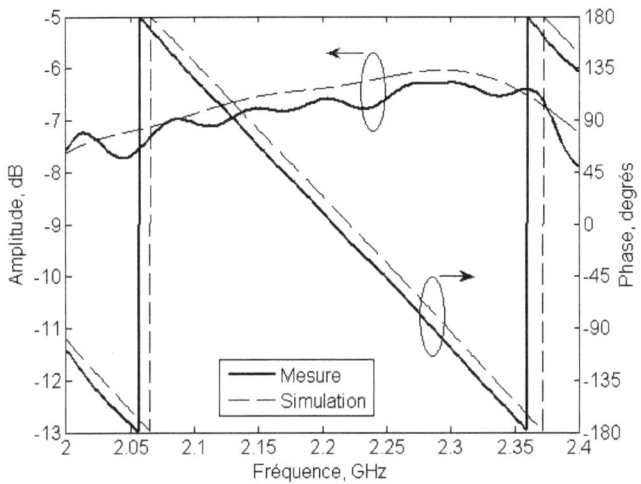

Figure 135 : Coefficient de transmission de l'entrée 4 vers la sortie 2

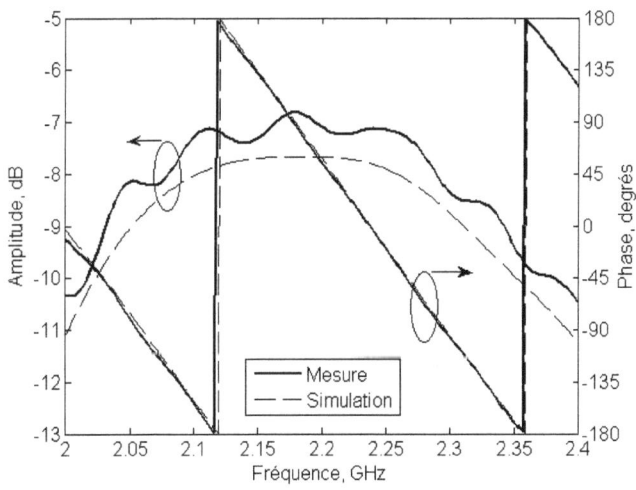

Figure 136 : Coefficient de transmission de l'entrée 4 vers la sortie 3

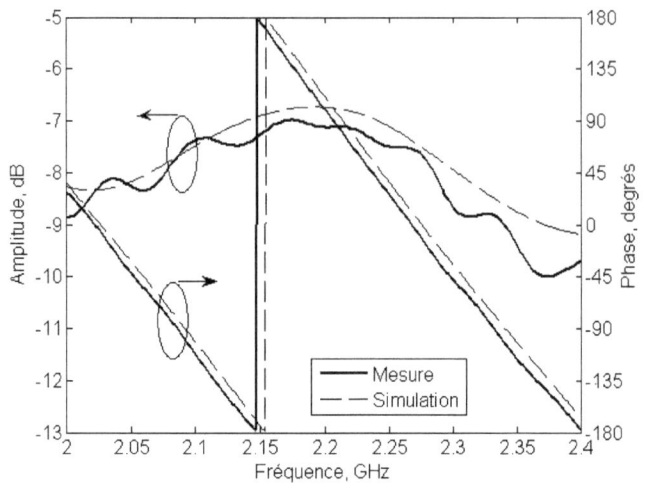

Figure 137 : Coefficient de transmission de l'entrée 4 vers la sortie 4

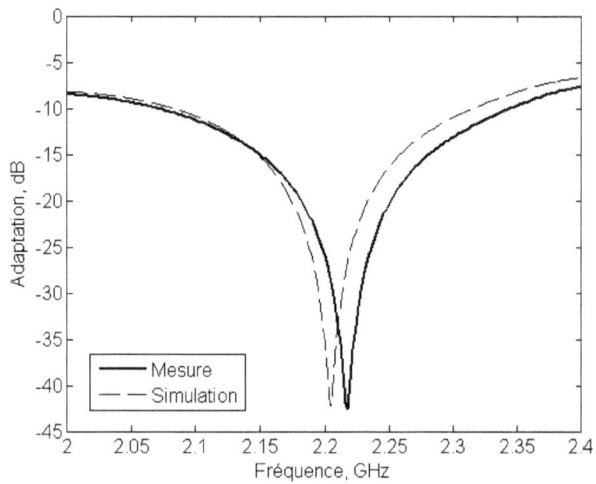

Figure 138 : Coefficient d'adaptation de l'entrée 1

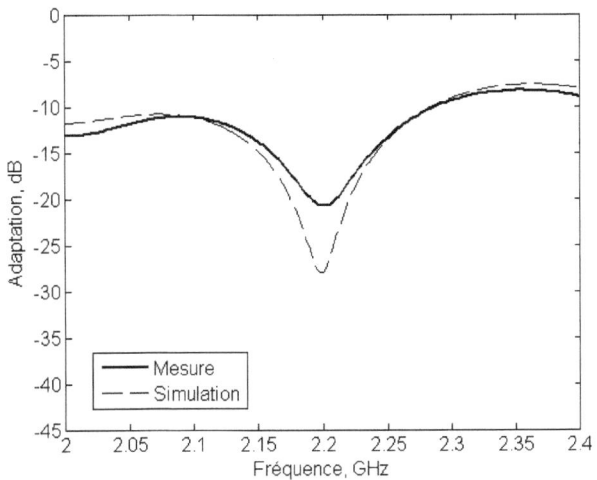

Figure 139 : Coefficient d'adaptation de l'entrée 2

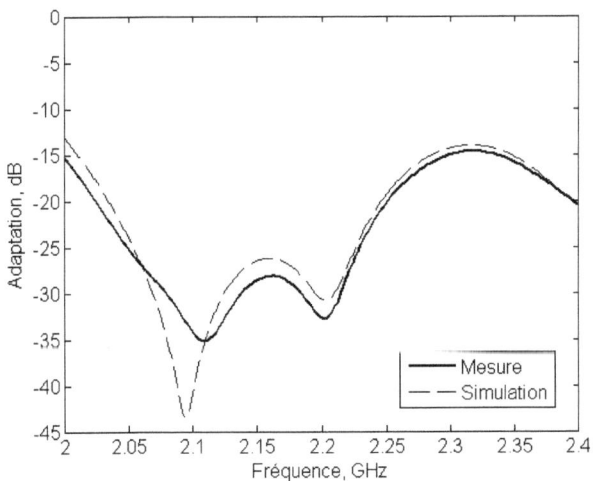

Figure 140 : Coefficient d'adaptation de l'entrée 3

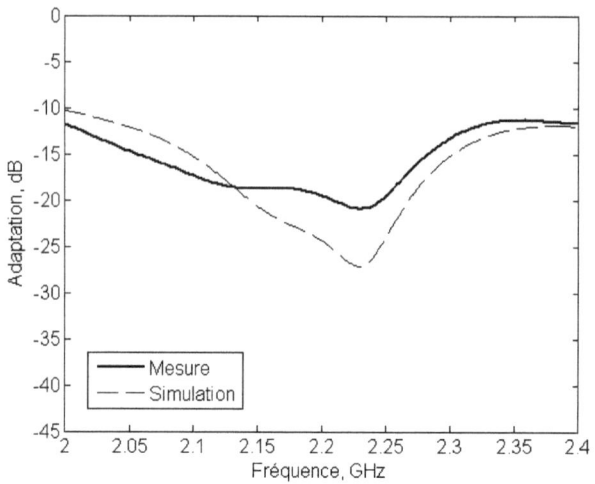

Figure 141 : Coefficient d'adaptation de l'entrée 4

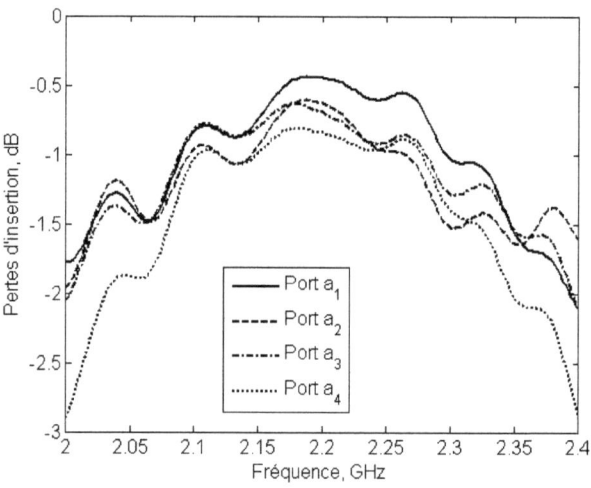

Figure 142 : Pertes d'insertion mesurées des 4 ports d'entrée

Annexe J - Résultats de mesure des réseaux périodiques multifaisceaux réalisés

Les résultats de mesure des différents réseaux d'alimentation périodiques ou C-BFN multifaisceaux décrits dans ce rapport de thèse sont détaillés dans cette annexe. Les résultats sont introduits par ordre d'apparition des matrices dans ce rapport de thèse.

Pour le réseau d'alimentation périodique refermé, seuls trois ports sur les 7 disponibles sont présentés afin d'illustrer la bonne reproductibilité des résultats sans surcharger ce mémoire. Par ailleurs, les ports retenus ne sont pas situés dans la zone de raccordement, le mode de réalisation utilisé visant la simplicité de fabrication plutôt que la performance RF. Il est attendu qu'un mode de réalisation mieux adapté ou une technologie différente assurerait une meilleure reproductibilité sur l'ensemble des ports, ce qui est évidemment indispensable pour des applications pratiques. Les ports sont numérotés de gauche à droite pour les structures planaires et dans le sens des aiguilles d'une montre vue des entrées en prenant comme référence la zone de raccordement et en tournant dans un même sens pour les entrées et les sorties pour la structure refermée.

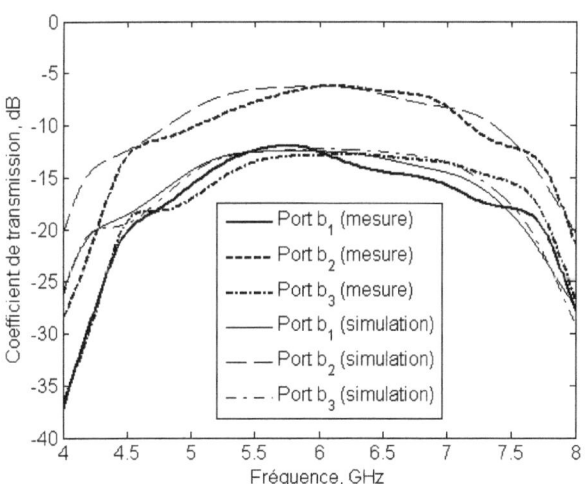

Figure 143 : Coefficients de transmission associés à l'entrée 1 du réseau périodique 3 vers 5 à 2 couches

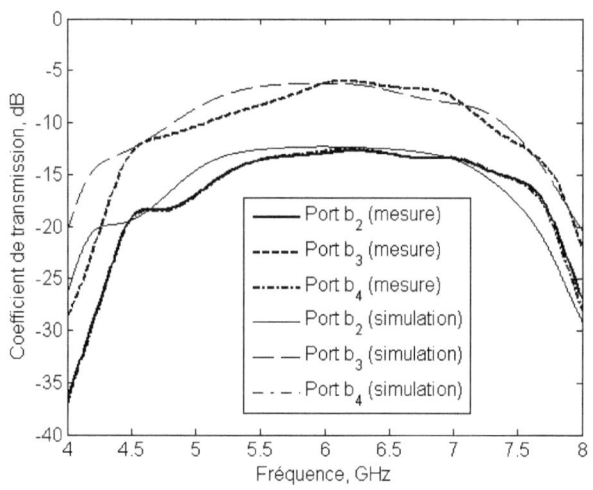

**Figure 144 : Coefficients de transmission associés à l'entrée 2
du réseau périodique 3 vers 5 à deux couches**

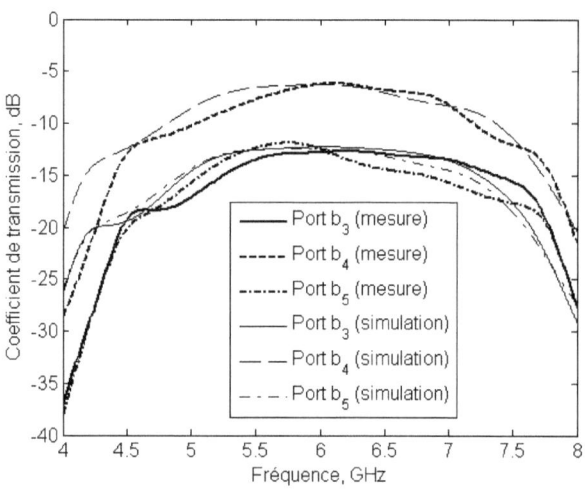

**Figure 145 : Coefficients de transmission associés à l'entrée 3
du réseau périodique 3 vers 5 à deux couches**

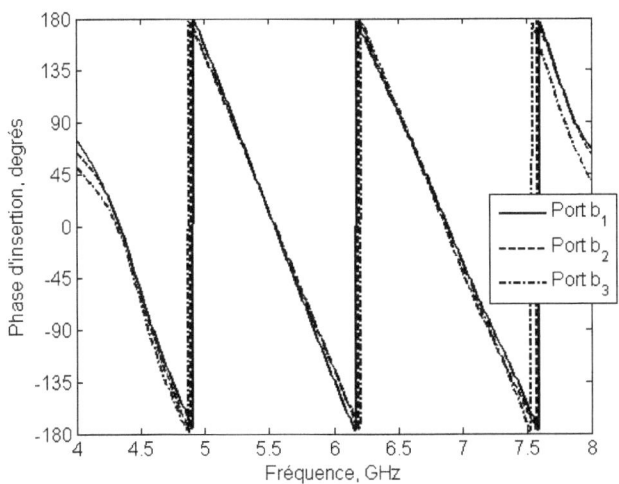

**Figure 146 : Phases d'insertion associées à l'entrée 1
du réseau périodique 3 vers 5 à deux couches**

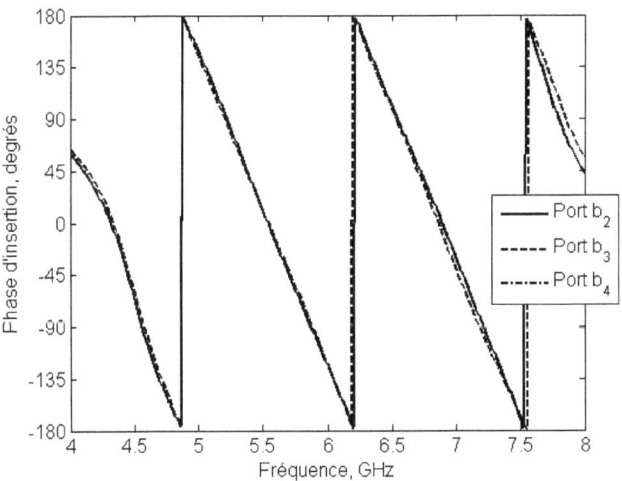

**Figure 147 : Phases d'insertion associées à l'entrée 2
du réseau périodique 3 vers 5 à deux couches**

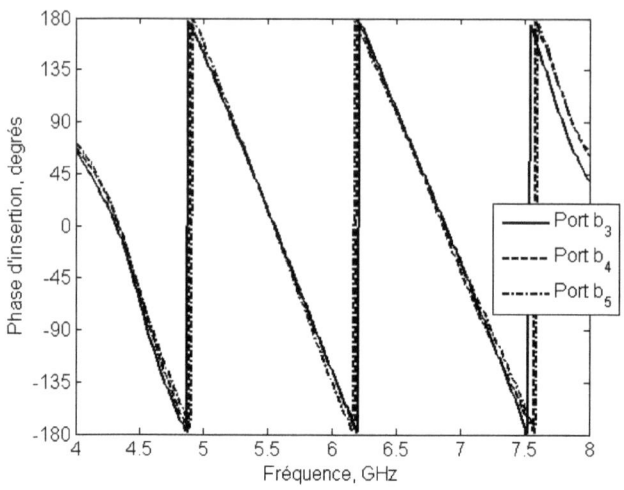

**Figure 148 : Phases d'insertion associées à l'entrée 3
du réseau périodique 3 vers 5 à deux couches**

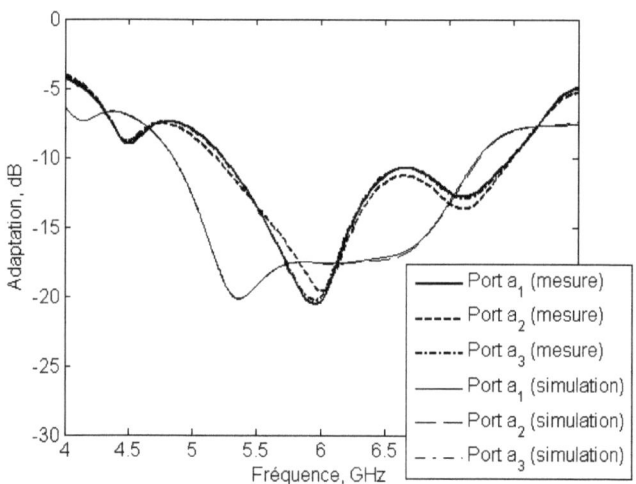

**Figure 149 : Adaptation des entrées du réseau
périodique 3 vers 5 à deux couches**

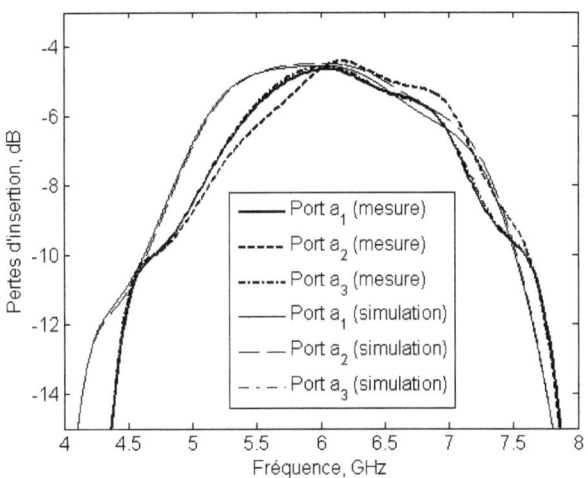

**Figure 150 : Pertes d'insertion par entrées du réseau
périodique 3 vers 5 à deux couches**

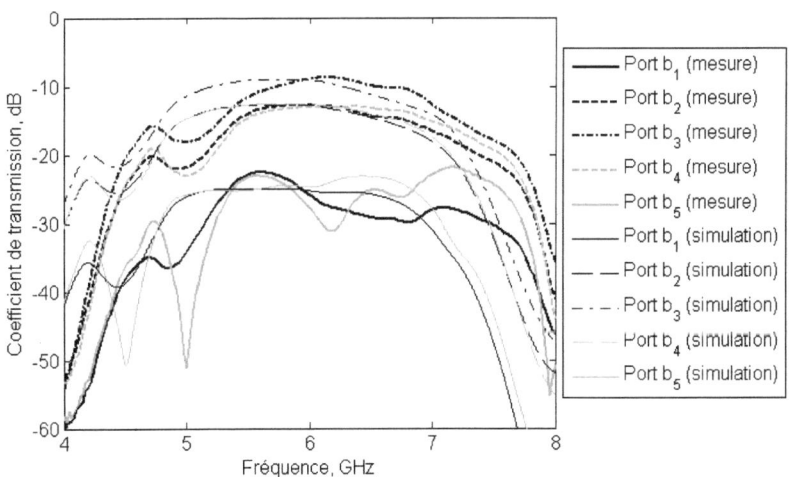

**Figure 151 : Coefficients de transmission associés à l'entrée 1
du réseau périodique 3 vers 7 à quatre couches**

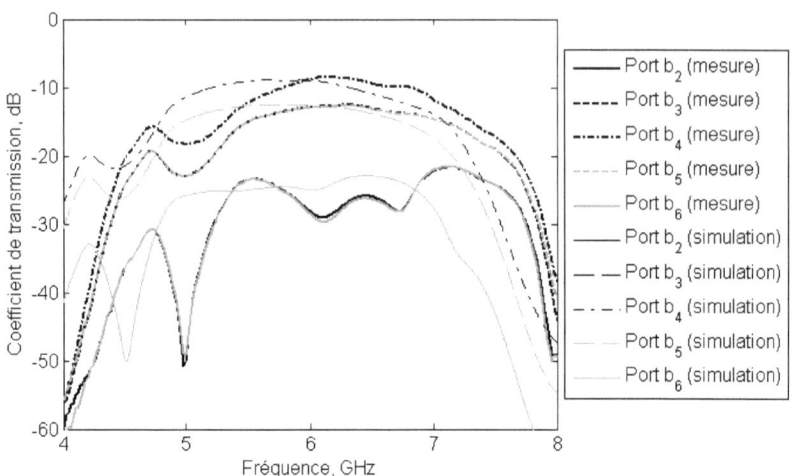

**Figure 152 : Coefficients de transmission associés à l'entrée 2
du réseau périodique 3 vers 7 à quatre couches**

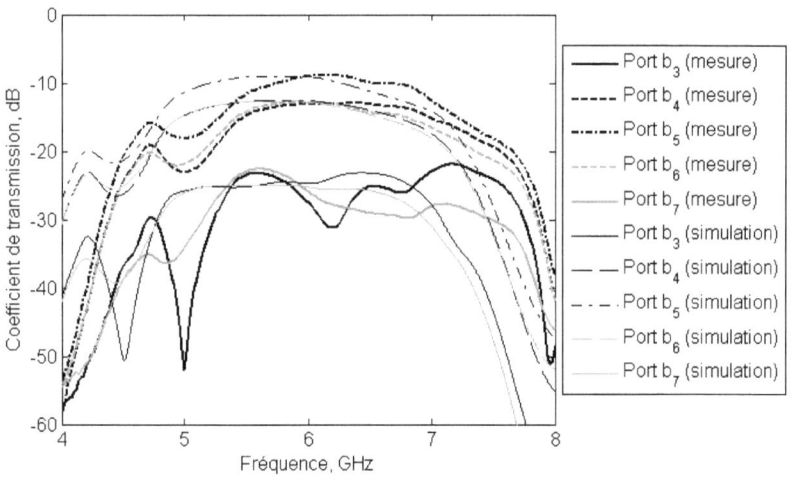

**Figure 153 : Coefficients de transmission associés à l'entrée 3
du réseau périodique 3 vers 7 à quatre couches**

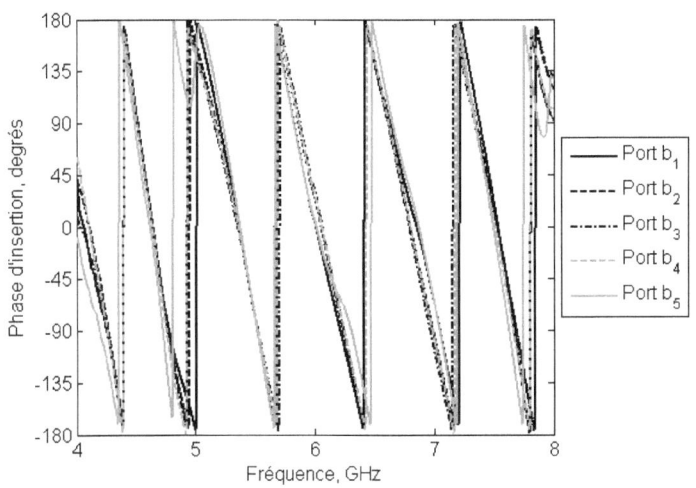

**Figure 154 : Phases d'insertion associées à l'entrée 1
du réseau périodique 3 vers 7 à quatre couches**

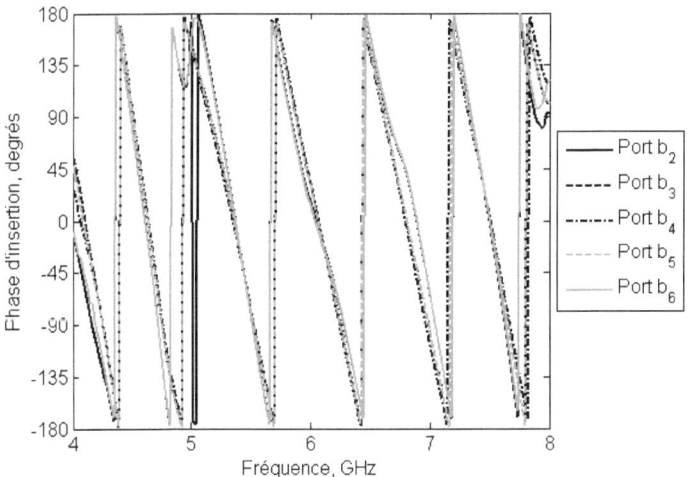

**Figure 155 : Phases d'insertion associées à l'entrée 2
du réseau périodique 3 vers 7 à quatre couches**

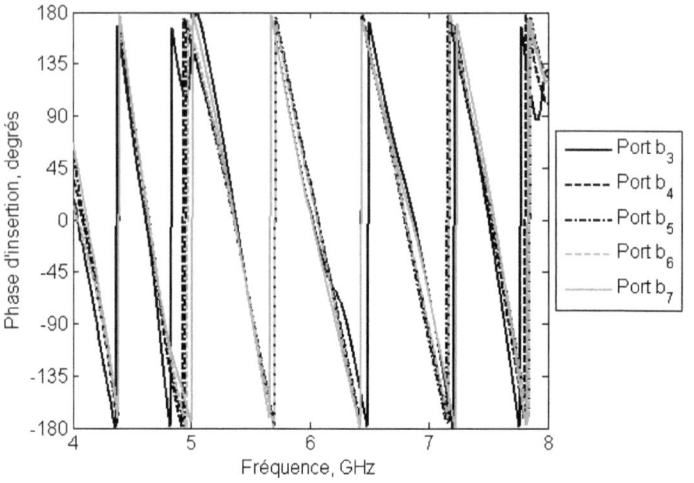

**Figure 156 : Phases d'insertion associées à l'entrée 3
du réseau périodique 3 vers 7 à quatre couches**

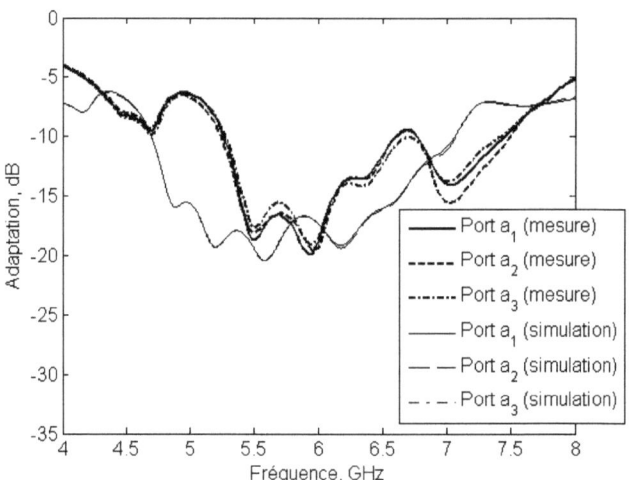

**Figure 157 : Adaptation des entrées du réseau
périodique 3 vers 7 à quatre couches**

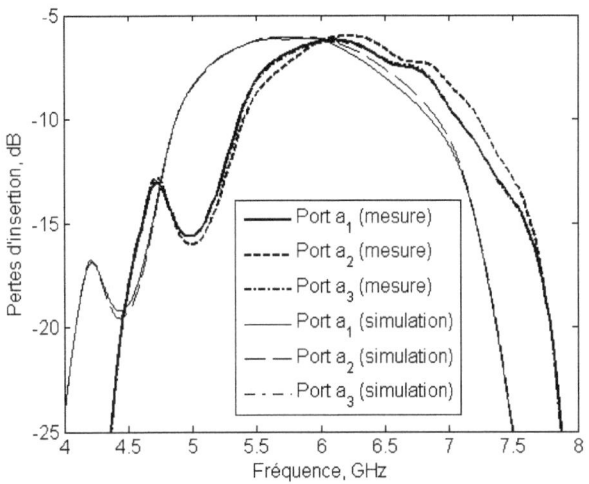

**Figure 158 : Pertes d'insertion par entrées du réseau
périodique 3 vers 7 à quatre couches**

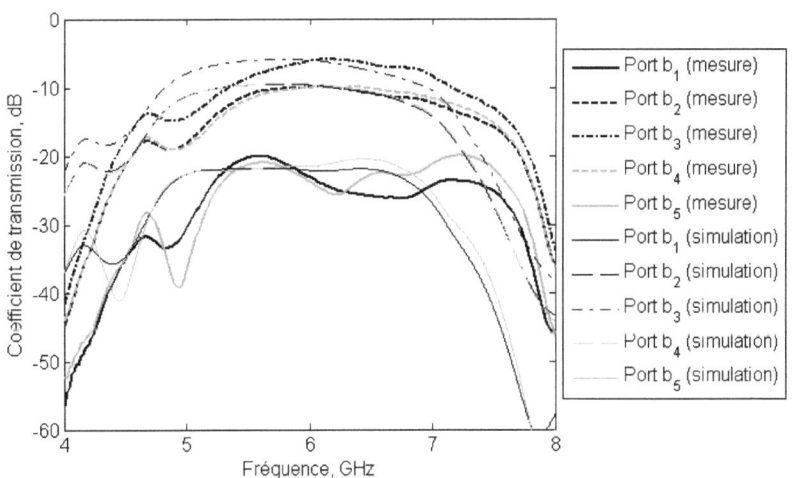

**Figure 159 : Coefficients de transmission associés à l'entrée 1
du réseau périodique 2 vers 7 à quatre couches**

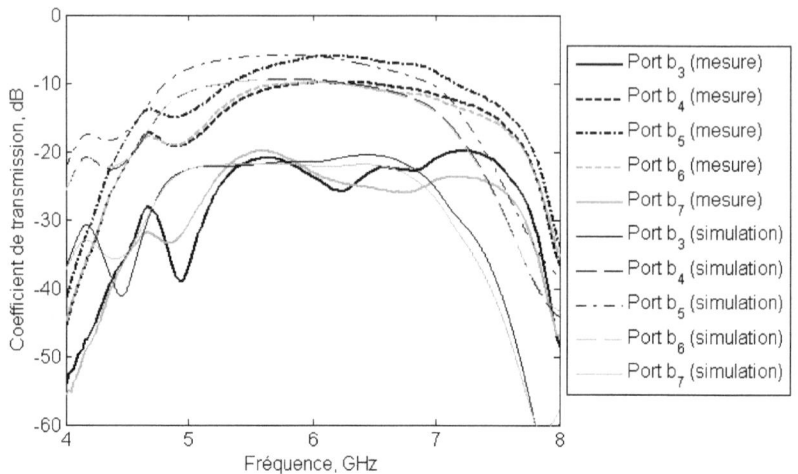

**Figure 160 : Coefficients de transmission associés à l'entrée 2
du réseau périodique 2 vers 7 à quatre couches**

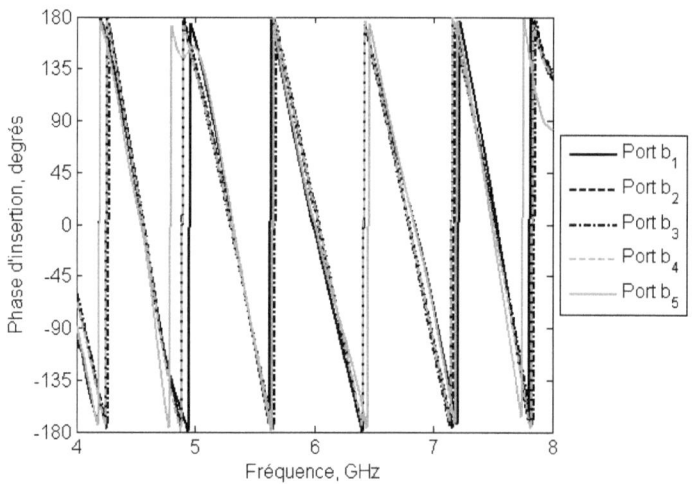

**Figure 161 : Phases d'insertion associées à l'entrée 1
du réseau périodique 2 vers 7 à quatre couches**

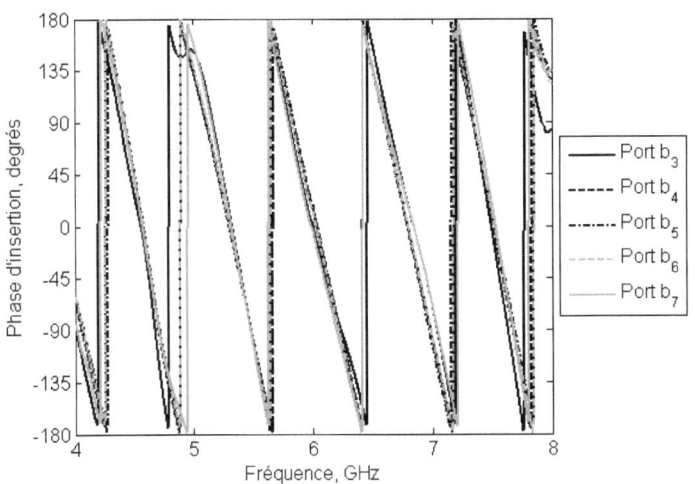

**Figure 162 : Phases d'insertion associées à l'entrée 2
du réseau périodique 2 vers 7 à quatre couches**

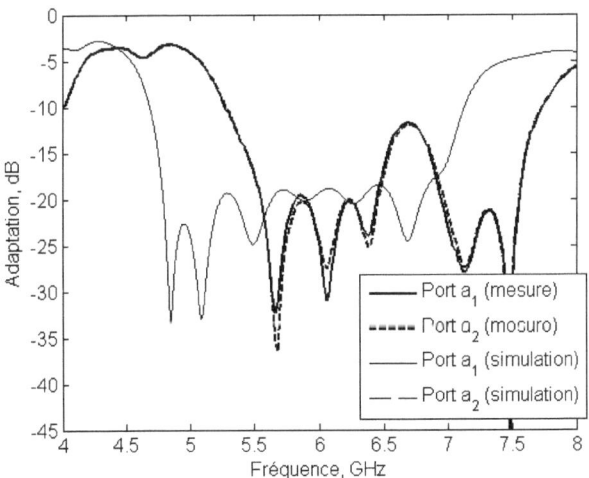

**Figure 163 : Adaptation des entrées du réseau
périodique 2 vers 7 à quatre couches**

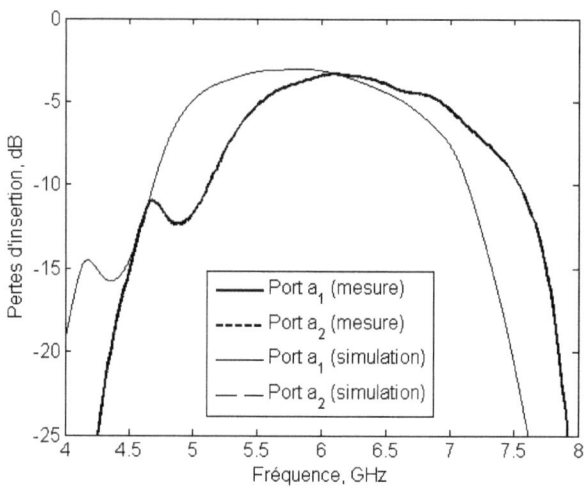

**Figure 164 : Pertes d'insertion par entrées du réseau
périodique 2 vers 7 à quatre couches**

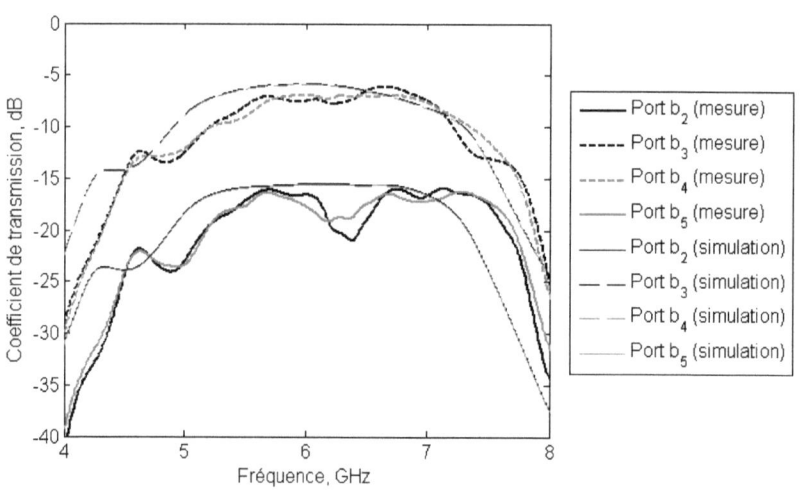

**Figure 165 : Coefficients de transmission associés à l'entrée 2
du réseau périodique refermé 7 vers 14 à trois couches**

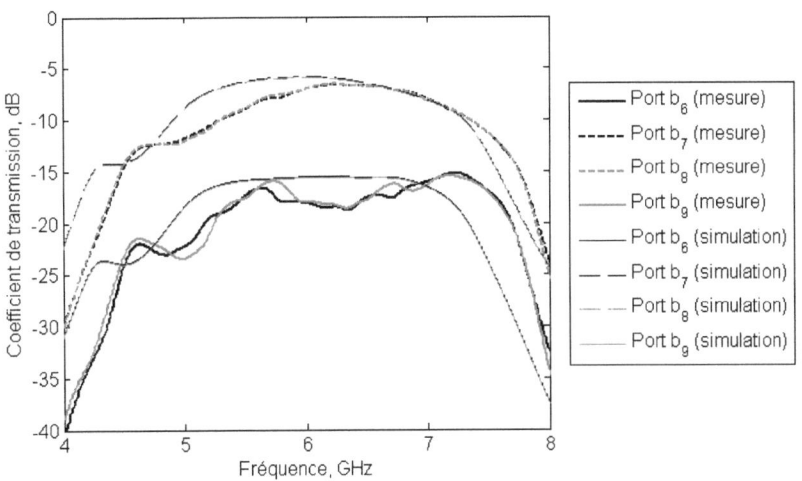

**Figure 166 : Coefficients de transmission associés à l'entrée 4
du réseau périodique refermé 7 vers 14 à trois couches**

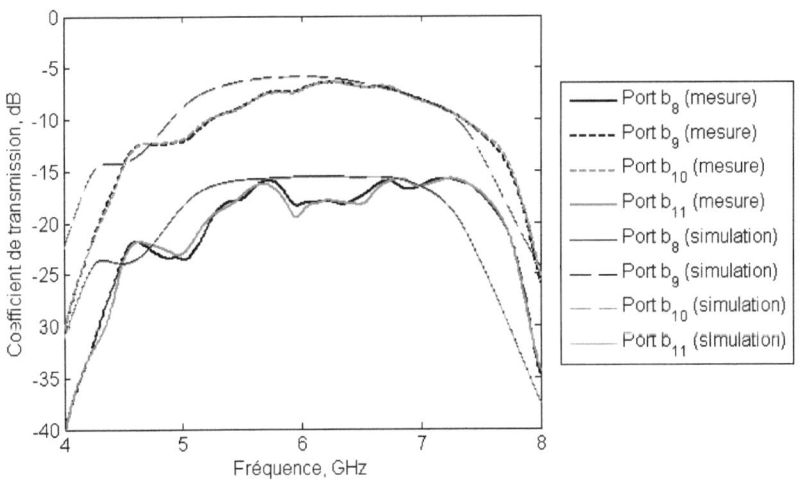

**Figure 167 : Coefficients de transmission associés à l'entrée 5
du réseau périodique refermé 7 vers 14 à trois couches**

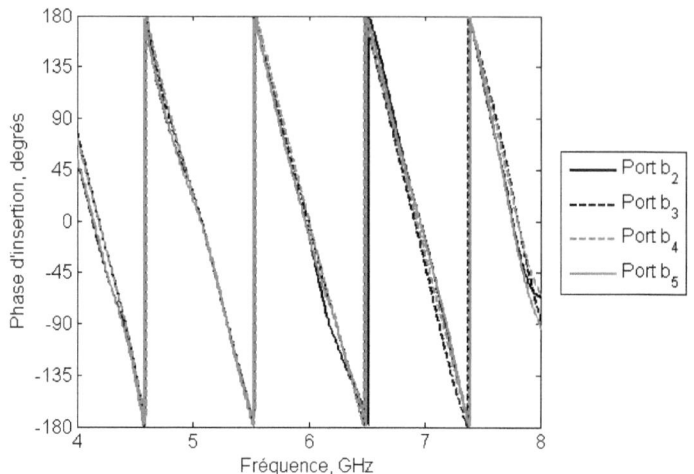

**Figure 168 : Phases d'insertion associées à l'entrée 2
du réseau périodique refermé 7 vers 14 à trois couches**

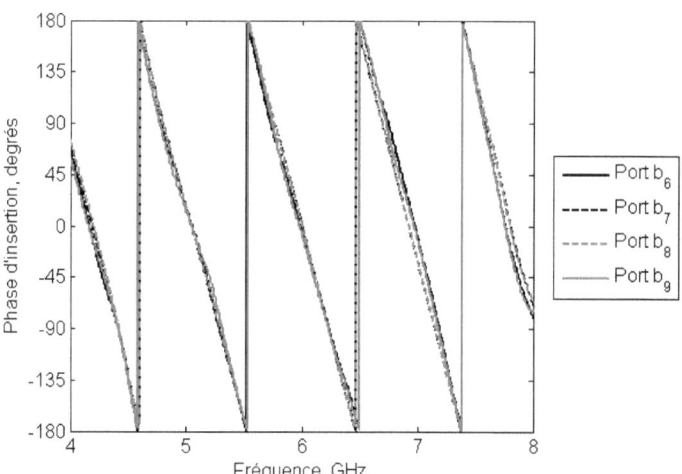

**Figure 169 : Phases d'insertion associées à l'entrée 4
du réseau périodique refermé 7 vers 14 à trois couches**

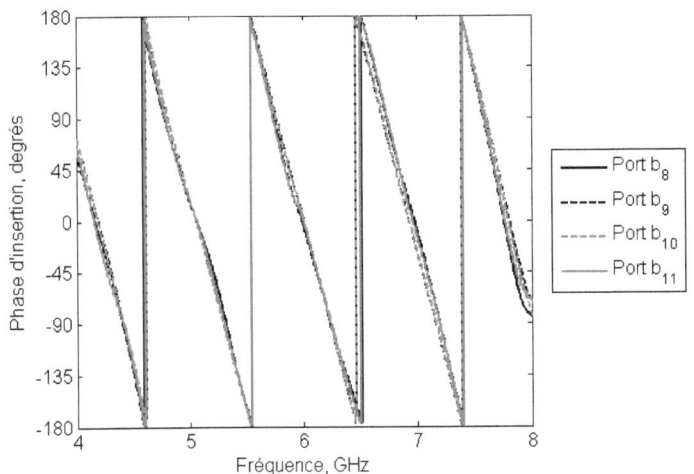

**Figure 170 : Phases d'insertion associées à l'entrée 5
du réseau périodique refermé 7 vers 14 à trois couches**

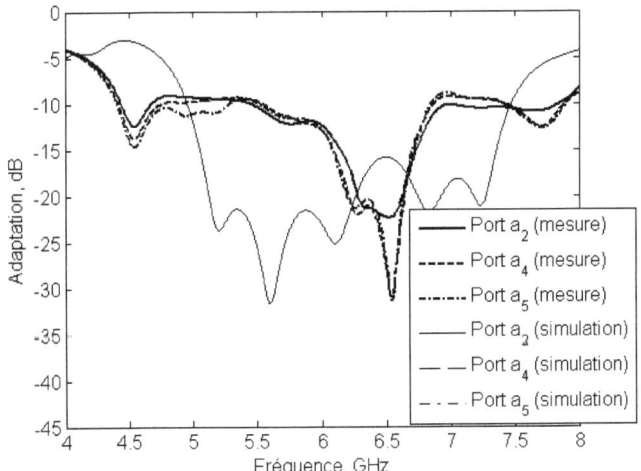

**Figure 171 : Adaptation des entrées du réseau
périodique refermé 7 vers 14 à trois couches**

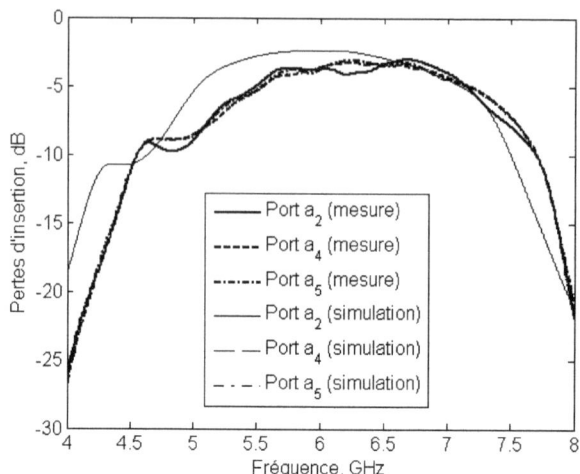

**Figure 172 : Pertes d'insertion par entrées du réseau
périodique refermé 7 vers 14 à trois couches**

Bibliographie

[1] R.K. Luneburg, *Mathematic Theory of Optics*, Brown University Press, 1944, pp. 189-212.

[2] W. Rotman, R. Turner, "Wide-Angle Microwave Lens for Line Source Applications," *IEEE Transactions on Antennas and Propagation*, Vol. 11, Issue 6, Novembre 1963, pp. 623-632.

[3] W. Rotman, "Multiple Beam Radar Antenna System," US Patent 3,170,159, 16 Février 1965.

[4] J.P. Shelton, "Focusing Characteristics of Symmetrically Configured Bootlace Lenses," *IEEE Transactions on Antennas and Propagation*, Vol. 26, Juillet 1978, pp. 513-518.

[5] J. Thornton, A. White, D. Gray, "Multi-beam Lens-Reflector for Satellite Communications: Construction Issues and Ground Plane Effects," *European Conference on Antennas and Propagation (EuCAP)*, Berlin, Mars 2009, pp. 1377-1380.

[6] M.J. Goonan, W.S. Davies, "A Novel Luneburg Lens Feed for Multiple Beam Antennas," *Antennas and Propagation Society International Symposium (AP-S)*, 28 Juin – 2 Juillet 1993, pp. 1628-1631.

[7] D.H. Archer, "Lens-fed Multiple Beam Arrays," *Microwave Journal*, Octobre 1975, pp. 37-42.

[8] J.S. Herd, D.M. Pozar, "Design of a Microstrip Antenna Array fed by a Rotman Lens," *Antennas and Propagation Society International Symposium (AP-S)*, 1984, Vol. 22, Juin 1984, pp. 729-732.

[9] D. Nüßler, H.-H. Fuchs, R. Brauns, "Rotman Lens for the Millimeter Wave Frequency Range," *Proceedings of the 37th European Microwave Conference*, 9-12 Octobre 2007, pp. 696-699.

[10] J. Kim, C.S. Cho, F.S. Barnes, "Dielectric Slab Rotman Lens for Microwave/Millimeter-Wave Applications," *IEEE Transactions on Microwave Theory and Techniques*, Vol. 53, No. 8, Août 2005, pp. 2622-2627.

[11] E. Sbarra, L. Marcaccioli, R. Vincenti Gatti, R. Sorrentino, "A Novel Rotman Lens in SIW Technology," *Proceedings of the 4th European Radar Conference* (EuRAD 2007), 10-12 Octobre 2007, pp. 236-239.

[12] J. Butler, R. Lowe, "Beam-Forming Matrix Simplifies Design of Electronically Scanned Antennas," *Electronic Design*, Avril 1961, pp. 170-173.

[13] J. Blass, "Multidirectional Antenna, a New Approach to Stacked Beams," *IRE International Conference Record*, Vol. 8, Part 1, 1960, pp. 48-50.

[14] J.C. Nolen, "Synthesis of Multiple Beam Networks for Arbitrary Illuminations," *PhD Thesis*, Bendix Corporation, Radio Division, Baltimore, 21 Avril 1965.

[15] E.H. Kadak, "Conformal Array Beam Forming Network," US Patent 3,868,695, 25 Février 1975.

[16] D. Betancourt, C. del Río Bocio, "A Novel Methodology to Feed Phased Array Antennas," *IEEE Transactions on Antennas and Propagation*, Vol. 55, No. 9, Septembre 2007, pp. 2489-2494.

[17] R.C. Hansen, *Phased Array Antennas* – Chapter 10: Multiple-Beam Antennas, Wiley Series in Microwave and Optical Engineering, Kai Chang, Series Editor, 1998.

[18] J.S. Stone, "Directive Antenna Array," US Patent 1,643,323, 27 Septembre 1927.

[19] S.A. Shelkunoff, "A Mathematical Theory of Linear Arrays," *Bell System Technical Journal*, Vol. 22, 1943, pp. 80-107.

[20] S.K. Rao, "Parametric Design and Analysis of Multiple-Beam Reflector Antennas for Satellite Communications," *IEEE Antennas and Propagation Magazine*, Vol. 45, No. 4, Août 2003, pp. 26-34.

[21] D. Le Doan, E. Amyotte, C. Mok, J. Uher, "Anik-F2 Ka-Band Transmit Multibeam Antenna," *International Symposium on Antenna Technology and Applied Electromagnetics (ANTEM)*, Ottawa, Canada, 20-23 juillet 2004.

[22] G. Toso, P. Angeletti, C. Mangenot, "A Comparison of Density and Amplitude Tapering for Transmit Active Arrays," 3rd *European Conference on Antennas and Propagation (EuCAP)*, Berlin, Allemagne, Mars 2009, pp. 840-843.

[23] S. Hebib, N. Raveu, H. Aubert, "Cantor Spiral Array for the Design of Thinned Arrays," *IEEE Antennas and Wireless Propagation Letters*, Vol. 5, Issue 1, Décembre 2006, pp. 104-106.

[24] M.C. Viganò, G. Toso, G. Caille, C. Mangenot, I.E. Lager, "Spatial Density Tapered Sunflower Antenna Array," 3rd *European Conference on Antennas and Propagation (EuCAP)*, Berlin, Allemagne, Mars 2009, pp. 778-782.

[25] M.C. Viganò, G. Toso, S. Selleri, C. Mangenot, P. Angeletti, G. Pelosi, "GA Optimized Thinned Hexagonal Arrays for Satellite Applications," *IEEE Antennas and Propagation International Symposium (AP-S)*, Honolulu, Hawaii (USA), 10-15 Juin 2007.

[26] S. Stirland, A. Couchman, R. Evans, P. Gidney, "Decimated Array for Ku-Band Reconfigurable Multi-beam Coverage," 3rd *European Conference on Antennas and Propagation (EuCAP)*, Berlin, Allemagne, Mars 2009, pp. 2022-2025.

[27] J.L. Allen, "A theoretical Limitation on the Formation of Lossless Multiple Beams in Linear Arrays," *IEEE Transactions on Antennas and Propagation*, Vol. 9, No. 7, Juillet 1961, pp. 350-352.

[28] W.K. Kahn, H. Kurss, "The Uniqueness of the Lossless Feed Network for a Multibeam Array," *IRE Transactions on Antennas and Propagation*, Vol. AP-10, Janvier 1962, pp. 100-101.

[29] W.D. White, "Pattern Limitations in Multiple-Beam Antennas," *IRE Transactions on Antennas and Propagation*, Vol. AP-10, Juillet 1962, pp. 430-436.

[30] S. Stein, "On Cross Coupling in Multiple-Beam Antennas," *IRE Transactions on Antennas and Propagation*, Vol. AP-10, Septembre 1962, pp. 548-557.

[31] D.M. Pozar, *Microwave Engineering* – Chapter 7: Power Dividers and Directional Coupleurs, Third Edition, John Wiley & Sons, Inc., 2004.

[32] B.M. Oliver, "Directional Electromagnetic Couplers," *Proceedings of the IRE*, Vol. 42, Issue 11, Novembre 1954, pp. 1686-1692.

[33] S.R. Rengarajan, "Compound Coupling Slots for Arbitrary Excitation of Waveguide-fed Planar Slot Arrays," *IEEE Transactions on Antennas and Propagation*, Vol. 38, No. 2, Février 1990, pp. 276-280.

[34] E. Hadge, "Compact Top-Wall Hybrid Junction," *Transactions of the IRE Professional Group on Microwave Theory and Techniques*, Vol. 1, Issue 1, Mars 1953, pp. 29-30.

[35] W.R. Jones, E.C. DuFort, "On the Design of an Optimum Dual-Series Feed Networks," *IEEE Transactions on Microwave Theory and Techniques*, Vol. MTT-19, No. 5, Mai 1971, pp. 451-458.

[36] S. Mosca, F. Bilotti, A. Toscano, L. Vegni, "A Novel Design Method for Blass Matrix Beam-Forming Networks," *IEEE Transactions on Antennas and Propagation*, Vol. 50, No. 2, Février 2002, pp. 225-232.

[37] T.T. Taylor, "Design of Line-Source Antennas for Narrow Beam Width and Low Side-Lobes," *IRE Transactions Antennas and Propagation*, Vol. AP-3, Janvier 1955, pp. 16-28.

[38] W.L. Stutzman, G.A. Thiele, *Antenna Theory and Design* – Chapter 8: Antenna Synthesis, Second Edition, John Wiley and Sons, 1998.

[39] K. Jery Varghese, A.K. Singh, S. Christopher, "Experimental Characterisation of Moreno Cross-Slot Couplers for Blass Matrix Design," *Defence Science Journal*, Vol. 48, No 4, Octobre 1998, pp. 413-416.

[40] J.L. Butler, *Microwave Scanning Antennas, Vol. III Array Systems* – Chapter 3: Digital, Matrix, and Intermediate-Frequency Scanning, Academic Press, 1966.

[41] F. Casini, R.V. Gatti, L. Marcaccioli, R. Sorrentino, "A Novel Design Method for Blass Matrix Beam-Forming Networks," *37ᵗʰ European Microwave Conference*, 9-12 Octobre 2007, pp. 1511-1514.

[42] P. Chen, W. Hong, Z. Kuai, J. Xu, "A Double Layer Substrate Integrated Waveguide Blass Matrix for Beamforming Applications," *IEEE Microwave and Wireless Components Letters*, Vol. 19, No. 6, Juin 2009, pp. 374-376.

[43] D. Deslandes, K. Wu, "Integrated Microstrip and Rectangular Waveguide in Planar Form," *IEEE Microwave Wireless Component Letters*, Vol. 11, Février 2001, pp. 68-70.

[44] M. Bonnedal, I. Karlsson, K. Van't Klooster, "A Dual Beam Slotted Waveguide Array Antenna for SAR Applications," *IEE 7th International Conference on Antennas and Propagation*, 15-18 Avril 1991, pp. 559-562, Vol. 2.

[45] P. Mc Veigh, R. Rudish, "A Wideband Shaped-Beam Low-Sidelobe Conformal Array Step-Scannable via a Modified Blass Network," *IEEE Antennas and Propagation Society International Symposium (AP-S)*, Vol. 19, Juin 1981, pp. 191-194.

[46] J.P. Shelton, K.S. Kelleher, "Multiple Beams from Linear Arrays," *IRE Transactions on Antennas and Propagation*, Vol. 9, Mars 1961, pp. 154-161.

[47] J. Butler, "Multiple Beam Antenna," Sanders Associate, Nashua, N.H., *Internal Memo* RF-3849, 8 Janvier 1960.

[48] S. Egami, M. Kawai, "An Adaptive Multiple Beam System Concept," *IEEE Journal on Selected Areas in Communications*, Vol. SAC-5, No. 4, Mai 1987, pp. 630-636.

[49] H.J. Moody, "The Systematic Design of the Butler Matrix," *IEEE Transactions on Antennas and Propagation*, Vol. 12, Issue 6, Novembre 1964, pp. 786-788.

[50] T. MacNamara, "Simplified Design Procedures for Butler Matrices Incorporating 90° hybrids or 180° hybrids," *IEE Proceedings on Microwaves, Antennas and Propagation*, Vol. 134, Issue 1, Février 1987, pp. 50-54.

[51] J.P. Shelton, "Reduced Sidelobes for Butler-Matrix-Fed Linear Arrays," *IEEE Transactions on Antennas and Propagation*, Vol. 17, Issue 5, Septembre 1969, pp. 645-647.

[52] J. Hirokawa, M. Furukawa, K. Tsunekawa, N. Goto, "Double-Layer Structure of Rectangular-Waveguides for Butler Matrix," *32ⁿᵈ European Microwave Conference*, Octobre 2002.

[53] J. Remez, R. Carmon, "Compact Designs of Waveguide Butler Matrices," *IEEE Antennas and Wireless Propagation Letters*, Vol. 5, 2006, pp. 27-31.

[54] M. Nedil, T.A. Denidni, L. Talbi, "Novel Butler Matrix Using CPW Multilayer Technology," *IEEE Transactions on Microwave Theory and Techniques*, Vol. 54, No. 1, Janvier 2006, pp. 499-507.

[55] H. Hayashi, D.A. Hitko, C.G. Sodini, "Four-Element Planar Butler Matrix Using Half-Wavelength Open Stubs," *IEEE Microwave and Wireless Components Letters*, Vol. 12, No. 3, Mars 2003, pp. 73-75.

[56] C. Dall'Omo, T. Monedière, B. Jecko, F. Lamour, I. Wolk, M. Elkael, "Design and realization of a 4×4 Microstrip Butler Matrix Without any Crossings in Millimeter Waves," *Microwave and Optical Technology Letters – Wiley Periodicals*, 2003, pp. 462-465.

[57] K. Uehara, T. Seki, K. Kagoshima, "A Planar Sector Antenna for Indoor High-Speed Wireless Communication Terminals," *IEEE Antennas and Propagation Society International Symposium (AP-S)*, Vol. 2, 13-18 Juillet 1997, pp. 1352-1355.

[58] S.-C. Gao, L.-W. Li, M.-S. Leong, T.-S. Yeo, "Integrated Multibeam Dual-Polarised Planar Array," *IET Microwave, Antennas and Propagation*, Vol. 148, No. 3, Juin 2001, pp. 174-178.

[59] O.U. Khan, "Design of X-Band 4×4 Butler Matrix for Microstrip Patch Antenna Array," *TENCON 2006, IEEE Region 10 Conference*, 14-17 Novembre 2006.

[60] K. Wincza, S. Gruszczynski, K. Sachse, "Reduced Sidelobe Four-Beam Antenna Array Fed by Modified Butler Matrix," *IET Electronics Letters*, Vol. 42, No. 9, 27 Avril 2006, pp. 508-509.

[61] P. Chen, W. Hong, Z. Kuai, J. Xu, H. Wang, J. Chen, H. Tang, J. Zhou, K. Wu, "A Multibeam Antenna Based on Substrate Integrated Waveguide Technology for MIMO Wireless Communications," *IEEE Transactions on Antennas and Propagation*, Vol. 57, No. 6, Juin 2009, pp. 1813-1821.

[62] J.R. Wallington, "Analysis, Design and Performance of a Microstrip Butler Matrix," *3rd European Microwave Conference*, Vol. 1, Octobre 1973.

[63] A. Ali, N.J.G. Fonseca, F. Coccetti, H. Aubert, "Novel Two-Layer Broadband 4×4 Butler Matrix in SIW Technology for Ku-Band Applications," *Asia-Pacific Microwave Conference (APMC)*, Décembre 2008.

[64] T. Djerafi, N.J.G. Fonseca, K. Wu, "Design and Implementation of a Planar 4×4 Butler Matrix in SIW Technology for Wideband Applications," *40th European Microwave Conference (EuMC)*, 28-30 Septembre 2010, Paris, France.

[65] W.C. Cummings, "Multiple Beam Forming Networks," *Technical Note* 1978-1979, Lincoln Laboratory, 18 Avril 1978.

[66] A.R. Lopez, "Monopulse Networks for Series Feeding an Array Antenna," *IEEE Trans. Antennas and Propagation*, Vol. AP-16, No. 4, Juillet 1968, pp. 436-440.

[67] S. Mano, M. Kimata, N. Inagaki, N. Kikuma, "Application of Planar Multibeam Array Antennas to Diversity Reception," *Electronics and Communications in Japan*, Part 1, Vol. 79, No. 11, 1996, pp. 176-184.

[68] N.J.G. Fonseca, M. Coudyser, J.-J. Laurin, J.-J. Brault, "On the Design of a Compact Neural Network-Based DOA Estimation System," *IEEE Transactions on Antennas and Propagation*, Vol. 58, No. 2, Février 2010, pp. 357-366.

[69] T. Djerafi, N.J.G. Fonseca, K. Wu, "Architecture and Implementation of Planar 4×4 Ku-Band Nolen Matrix using SIW Technology," *Asia Pacific Microwave Conference (APMC)*, 16-20 Décembre 2008.

[70] T. Djerafi, N.J.G. Fonseca, K. Wu, "Planar Ku-Band 4×4 Nolen Matrix in SIW Technology," *IEEE Transactions on Microwave Theory and Techniques*, Vol. 58, No. 2, Février 2010, pp. 259-266.

[71] A. Ali, N.J.G. Fonseca, F. Coccetti, H. Aubert, "Novel Two-Layer 4×4 SIW Nolen Matrix for Multi-beam Antenna Application in Ku-Band," *3ʳᵈ European Conference on Antennas and Propagation (EuCAP)*, 23-27 Mars 2009, pp. 241-243.

[72] A. Ali, N.J.G. Fonseca, F. Coccetti, H. Aubert, "Nouvelles Structures Passives Bicouches à Base de GIS pour des Matrices de Répartitions Multifaisceaux Compactes," *16èmes Journées Nationales Micro-ondes (JNM)*, 27-29 Mai 2009.

[73] W.H. Nester, "The Fast Fourier Transform and the Butler Matrix," *IEEE Trans. Antennas and Propagation*, Mai 1968, p. 360.

[74] J.P. Shelton, "Fast Fourier Transform and Butler Matrices," *Proceedings of the IEEE*, Mars 1968, p. 350.

[75] D. Betancourt, C. del Río, "Designing Feeding Networks with CORPS: Coherently Radiating Periodic Structures," *Microwave and Optical Technology Letters*, Vol. 48, No. 8, 30 Mai 2006, pp. 1599-1602.

[76] D. Betancourt, C. del Río, "Using CORPS-BFN to Feed Multibeam Antenna Systems," *29ᵗʰ ESA Antenna Workshop*, 18-20 Avril 2007.

[77] D. Betancourt, C. del Río, "A Beam Forming Network for Multibeam Antenna Arrays Based on Coherent Radiating Periodic Structures," *2ⁿᵈ European Conference on Antennas and Propagation (EuCAP)*, 11-16 Novembre 2007.

[78] D. Betancourt, C. del Río, "Novel Circular In-Phase Hybrid Ring Power Divider," *Microwave and Optical Technology Letters*, Vol. 49, No. 9, 19 Juin 2007, pp. 2314-2317.

[79] G. Mitchell, "Steerable Directional Random Antenna Array," US Patent 3,056,961, 2 Octobre 1962.

[80] P.L. Metzen, "Satellite Communication Antennas for Globalstar," *Journées Internationales de Nice sur les Antennes (JINA)*, 12-14 Novembre 1996.

[81] P.L. Metzen, "Globalstar Satellite Phased Array Antennas," *IEEE International Conference on Phased Array Systems and Technology*, 21-25 Mai 2000, pp. 207-210.

[82] J.J. Schuss, J. Upton, B. Myers, T. Sikina, A. Rohwer, P. Makridakas, R. Francois, L. Wardle, R. Smith, "The IRIDIUM Main Mission Antenna Concept," *IEEE Transactions on Antennas and Propagation*, Vol. 47, No. 3, Mars 1999, pp. 416-424.

[83] W. Davis, R. Hladek, "Phased Array Antenna Architecture Having Digitally Controlled Centralized Beam Forming," US Patent 6,972,716 B2, 6 Décembre 2005.

[84] K.K. Chan, S.K. Rao, "Design of a Rotman Lens Feed Network to Generate a Hexagonal Lattice of Multiple Beams," *IEEE Trans. Antennas and Propagation*, Vol. 50, No. 8, Août 2002, pp. 1099-1108.

[85] S.K. Rao, P. Ramanujam, R.E. Vaughan, P.H. Law, "Reconfigurable Multiple Beam Satellite Phased Array Antenna," US Patent 5,936,588, 10 Août 1999.

[86] M. Maybell, J. Demas, "EHF Rotman Lens Fed Linear Array Multibeam Planar Near-Field Range Measurements," *29ᵗʰ Annual Antenna Measurement Techniques Association (AMTA) Symposium*, 4-9 Novembre 2007.

[87] D. Betancourt, C. del-Río, "PSP Planar Lens: A CORPS BFN to Improve Radiation Features of Arrays," *3ʳᵈ European Conference on Antennas and Propagation (EuCAP)*, 23-27 Mars 2009.

[88] G.E. Evans, "Coupling Matrix for a Circular Array Microwave Antenna," US Patent 5,028,930, 2 Juillet 1991.

[89] M. Schneider, C. Hartwanger, E. Sommer, H. Wolf, "Test Results for the Multiple Spot Beam Antenna Project 'Medusa'," *4ᵗʰ European Conference on Antennas and Propagation (EuCAP)*, 12-16 Avril 2010.